GONGCHENG SHIXUN JIANMING JIAOCHENG

工程实训简明教程

主编　王洪立　贾宏俊

中国矿业大学出版社

· 徐州 ·

内 容 提 要

本书是根据教育部高等学校机械基础课程教学指导分委员会和教育部高等学校工程训练教学指导委员会对工程实训实践教学环节的要求，结合多年的工程实训教学实践经验融入课程思政内容编写而成的。全书包括工程实训基础知识、铸造、锻压、焊接、热处理、钳工、车工、铣刨磨工、数控加工、特种加工等内容，各章附有复习思考题，使读者能更好地理解和掌握所学知识和操作要领。

本书主要作为各类普通高等工科院校和中、高等职业技术院校工科各专业工程实训教材，同时也可作为企业技术培训和相关从业人员的参考书。

图书在版编目(CIP)数据

工程实训简明教程 / 王洪立，贾宏俊主编. —徐州：中国矿业大学出版社，2023.11

ISBN 978-7-5646-6057-4

Ⅰ. ①工… Ⅱ. ①王… ②贾… Ⅲ. ①工程技术—高等学校—教材 Ⅳ. ①TB

中国国家版本馆 CIP 数据核字(2023)第 218454 号

书　　名 工程实训简明教程
主　　编 王洪立　贾宏俊
责任编辑 耿东锋
出版发行 中国矿业大学出版社有限责任公司
（江苏省徐州市解放南路　邮编 221008）
营销热线 (0516)83885370　83884103
出版服务 (0516)83995789　83884920
网　　址 http://www.cumtp.com　**E-mail**:cumtpvip@cumtp.com
印　　刷 苏州市古得堡数码印刷有限公司
开　　本 787 mm×1092 mm　1/16　**印张** 15　**字数** 384 千字
版次印次 2023 年 11 月第 1 版　2023 年 11 月第 1 次印刷
定　　价 37.50 元

序

制造业是立国之本、兴国之器、强国之基。在建设中国特色社会主义的新时代,坚持走中国特色新型工业化道路,加快制造强国建设,加快发展先进制造业,对于实现中华民族伟大复兴的中国梦具有重要的意义。

我国是全世界唯一拥有联合国产业分类中所列全部工业门类的国家,有200多种工业产品产量居世界第一位。随着供给侧结构性改革的深化和产业转型升级步伐的加快,中国制造所涵载的产品、技术、装备、品牌、结构与效益得到优化或升级,不断向价值链的中高端攀升,高质量发展的态势逐步显现。特别是一批"国之重器""国家名片"的闪亮面世,增强了中国制造的科技优势和产业优势。目前,中国在轨道交通(包括高铁)、超临界燃煤发电、特高压输变电、超级计算机、基础设施建设、移动支付、稀土分离提纯技术、核聚变装置、民用无人机等领域居于世界领先水平;在全球导航定位系统、载人深潜、深地探测、5G移动通信、语音人脸识别、工程机械、大型振动平台、可再生能源、新能源汽车、第三代核电、港口装备、载人航天、人工智能、3D打印、部分特种钢材、大型压水堆和温气冷核电、可燃冰试采、量子技术、纳米材料等领域整体进入世界先进行列;在集成电路、大型客机、高档数控机床、桌面操作系统、大型船舶制造、碳硅材料、节能环保技术等领域迈出加快追赶世界先进水平的步伐。近些年,国产龙门五轴联动机床、8万t模锻压力机、深海石油钻井平台、绞吸式挖泥船等重大装备的入役,填补了国内空白,解决了一些"卡脖子"难题。可以说,中国已经拥有全球范围内产业门类齐全、独立完整性强、产业配套性好且价值链地位不断攀升的工业体系。在以信息化为基本特征的全球第三次工业革命进程中,中国制造实现了从小变大、由全球制造业的"追赶者"成为"并跑者"和局部领域"领先者"的第二次伟大转变。

做好中国制造,需要有一种精神。这种精神在过去表现为自力更生、艰苦奋斗,而在今天则是企业家精神、科学家精神、担当精神和工匠精神的有机组合。我们要以坚定的意志和韧劲,恪守初心、担当使命,既高瞻远瞩、运筹帷幄,又锲而不舍、滴水穿石,铸就中国制造业新的辉煌。

王洪立

2023年6月

前　言

工程实训是高等学校实践教学体系和工程素质教育体系的重要组成部分，是“四新”人才培养中不可或缺的重要环节，给学生以“工程实践的教育、工业制造的了解、工业文化的体验”，在培养学生的工程素质、工程能力、实践技能、创新意识方面，有着其他课程无法替代的作用。

习近平总书记在全国高校思想政治工作会议上指出：“使各类课程与思想政治理论课同向同行，形成协同效应。”这意味着立德树人不仅是思政课的任务，也是其他各门课程的任务。高校思想政治教育是培养有理想、有信念、有担当的时代新人，工程实训课程思政也是培养有爱国精神、有家国情怀的工程技术人员。本书根据课程特点、时代要求、社会需要，将工程实训的知识点进行编排与规划，通过对教学知识体系的把握，以工匠精神为思政主线，将习近平新时代中国特色社会主义思想、中华优秀传统文化、民族精神、大国工匠精神等具有我国特色的优秀文化的工程思政题材嵌入相关章节，从而使工程实训内容与思政教育内容相辅相成、相互衔接，同时又能够满足不同教学功能需求，确保在课程思政中顺利推进工程实训课程内容的优化整合。

工程实训是学生进行工程训练、培养工程意识、学习工艺知识、提高工程实践能力的重要的实践性教学环节，是学生学习机械制造系列课程必不可少的先修课程，也是建立机械制造生产过程的概念、获得机械制造基础知识的奠基课程和必修课程。通过学生直接参加生产实践，操作各种设备，使用各类工具、夹具、量具，独立完成简单零件的加工制造全过程，培养他们对简单零件具有初步选择加工方法和分析工艺过程的能力，并具有操作主要设备和加工作业的技能，初步掌握技术技能型、应用型人才应具备的基础知识和基本技能。工程实训一般在校内场所集中进行，实训现场不同于教室，它是实践、教学、科研三结合的基地，教学内容丰富，实训环境多变，接触面宽广。这样一个特定的教学环境融合思政教育，可引导学生树立良好的工程素养、爱国情怀和工匠精神，实现知识传授与价值引领的有机统一，培养德才兼备、适应社会经济发展需求的复合型工科人才。

本教材由山东科技大学王洪立、贾宏俊任主编，白鹏、高登攀、程文泉任副主编。参加编写工作的还有范涛、李保银、郭凡灿、柴佳媛、吕保平、谭亚武、尹传良、栾兆群等同志。

本书在编写过程中，参考了许多相关的教材和资料，在此向作者和出版单位表示衷心感谢。

由于水平所限，书中难免有不足之处，敬请广大读者和同仁批评指正。

编　者

2023 年 6 月

目　　录

第1章 课程概述

1.1 制造业的发展

制造业(manufacturing industry)是指利用某些资源(物料、能源、设备、工具、资金、技术、信息和人力等),按照要求,通过制造过程,转化为可供人们使用和利用的工具、工业品与生活消费产品的行业。

制造业直接体现了一个国家的生产力水平,是区别发展中国家和发达国家的重要因素,制造业在发达国家的国民经济中占有重要份额。自18世纪中叶开启工业文明以来,世界强国的兴衰史和中华民族的奋斗史一再证明,没有强大的制造业,就没有国家和民族的强盛。打造具有国际竞争力的制造业,是我国提升综合国力、保障国家安全、建设世界强国的必由之路。

制造业是国民经济的支柱,是立国之本、兴国之器、强国之基,推动制造业高质量发展是建设现代化经济体系的内在要求。制造业是国家创新的主要载体和国家安全的重要保障,能够吸纳各种技能人员就业。制造业是产业链、供应链体系的重要构成,外部与农业、服务业等产业领域关联互动,内部涵盖了从原材料、中间产品到最终产品生产与流通的一系列环节。制造业健康发展是产业链、供应链安全稳定的主要标志和基本前提。制造业为产业链、供应链循环提供源源不断的产品和要素,为经济社会稳定运行和健康发展提供了不可或缺的物质保障。

1.1.1 制造业的过去

作为人类文明四大物质支柱(材料、能源、信息和制造)之一的制造始终伴随人类发展。直立行走和制造工具使人类从自然界中脱颖而出,成为万物之灵。石器时代的石刀石斧和简单的木质工具是机械最原始的形态。我国出土的越王勾践剑、后母戊鼎(原称司母戊鼎)和土耳其出土的铜柄铁刃匕首,显示几千年前的青铜器时代和铁器时代的金属冶炼和铸锻技术已经达到了很高的水平。此后相当长一段时间制造业处于沉寂和缓慢发展之中,直到18世纪中叶,以瓦特制造的世界上第一台有实用价值的蒸汽机为标志,第一次工业革命从英国率先发起,人类社会进入机器时代。19世纪发明的内燃机因其热能利用率高、体积小、重量轻、操作方便和启动快等优点,逐渐取代蒸汽机作为原动机,促进了汽车业和造船业的发展。19世纪末到20世纪初,以电灯、发电机和电动机的发明和应用为标志,电力被广泛应用,人类社会进入电气时代,引发第二次工业革命。20世纪40年代开始,以电子计算机、原子能和空间技术的发明和发展为标志,人类社会进入信息时代,也称为第三次工业革命。

1.1.2 制造业的现在

进入 21 世纪，以互联网产业化、工业智能化和一体化为代表，以人工智能、清洁能源、无人控制技术、量子信息技术等为主的新一轮技术革命（第四次工业革命，也称为绿色工业革命）初现端倪。今天，制造业依然是“永远不落的太阳”。小到一针一线，大到航空母舰、空间站，无一可以离开制造。从世界范围来看，国民生产总值的 1/3 是制造业创造的，工业生产总值的 4/5 是制造业创造的，国家财政收入的 1/3 是制造业提供的，出口的 90% 是制造业提供的。

目前，我国高度重视制造业自主创新能力的培育和提高，已经吹响了由制造大国向制造强国进军的号角——“嫦娥四号”顺利着陆月背，并发回清晰的月球表面照片；神舟系列载人飞船经常往返于太空和地球之间；“天问一号”探测器成功着陆火星。这标志着我国的自主创新在航天领域取得了辉煌的成就，也标志着我国的制造业已经发展到一个崭新的阶段。另外，中国在轨道交通（包括高铁）、超临界燃煤发电、特高压输变电、超级计算机、基础设施建设、移动支付、稀土分离提纯技术、核聚变装置、民用无人机等领域居于世界领先水平；在全球导航定位系统、载人深潜、深地探测、5G 移动通信、语音人脸识别、工程机械、大型振动平台、可再生能源、新能源汽车、第三代核电、港口装备、载人航天、人工智能、3D 打印、部分特种钢材、大型压水堆和温气冷核电、可燃冰试采、量子技术、纳米材料等领域整体进入世界先进行列；在集成电路、大型客机、高档数控机床、桌面操作系统、大型船舶制造、碳硅材料、节能环保技术等领域迈出加快追赶世界先进水平的步伐。近些年，国产龙门五轴联动机床、8 万 t 模锻压力机、深海石油钻井平台、绞吸式挖泥船等重大装备的入役，填补了国内空白，解决了一些“卡脖子”难题。

1.1.3 制造业的未来

对于制造业的未来，该领域的专家总结了以下几个方面的转变：① 从非数字制造到数字制造（数字化制造）；② 从非精密制造到精密制造（精密制造）；③ 从替代体力的机械制造到替代脑力的机械制造（智能制造）；④ 从宏观制造到微观制造（微纳制造）；⑤ 从非生态化制造到生态化制造（绿色制造）；⑥ 从无生命制造到有生命制造（生物制造）。

众所周知，制造业是实体经济的基础，是未来经济高质量发展的关键。利用数字化技术发展更智能、更可持续、更具韧性的制造业，已然成为全球各国推动经济发展的战略共识。中国的制造业未来将会加快数字化转型的步伐，不断推动制造业向高端化、智能化和绿色化发展。

我们正处于第四次工业革命（工业 4.0）。第三次工业革命给我们带来了数字技术，而工业 4.0 将带来超级自动化、物联网、智能工厂和大数据。这些技术的进步使得数字经济实现了质的飞跃。第四次工业革命建立在数字革命的基础上，目前的技术将不断深化物理世界和网络世界的连接。

做好中国制造，需要有一种精神。这种精神在过去表现为自力更生、艰苦奋斗，而在今天则是企业家精神、科学家精神、担当精神和工匠精神、爱国精神的有机融合。我们要以坚定的意志和韧劲，恪守初心、担当使命，既高瞻远瞩、运筹帷幄，又锲而不舍、滴水穿石，铸就中国制造业新的辉煌。

1.2 课程的性质、目的和要求

1.2.1 课程性质

“工程实训”是一门实践性的技术基础课，是高等学校相关专业重要的实践性教学环节之一，是学生学习机械制造的基本工艺方法、完成工程基本训练、培养工程素质和创新精神的重要必修课，是学习“金属工艺学”“工程材料及机械制造基础”“机械制造工艺学”等课程的先修课程。

1.2.2 课程的目的

“工程实训”是学生进行工程训练、培养工程意识、学习工艺知识、提高工程实践能力的重要的实践性教学环节，是学生学习机械制造系列课程必不可少的先修课程，也是建立机械制造生产过程的概念、获得机械制造基础知识的奠基课程和必修课程。开设该课程的目的如下：

(1) 建立起对机械制造生产基本过程的感性认识，学习机械制造的基础工艺知识，了解机械制造生产的主要设备。

在实训中，学生要学习机械制造的各种主要加工方法及所用主要设备的基本结构、工作原理和操作方法，并正确使用各类工具、夹具、量具，熟悉各种加工方法、工艺技术、图纸文件和安全技术，了解加工工艺过程和工程术语，使学生对工程问题从感性认识上升到理性认识。这些实践知识将为以后学习有关专业技术基础课、专业课及做毕业设计等打下良好的基础。

(2) 培养实践动手能力，进行工程师的基本训练。

学生通过直接参加生产实践，操作各种设备，使用各类工具、夹具、量具，独立完成简单零件的加工制造全过程，培养对简单零件具有初步选择加工方法和分析工艺过程的能力，并具有操作主要设备和加工作业的技能，初步掌握技术技能型、应用型人才应具备的基础知识和基本技能。

(3) 全面进行素质教育，树立实践观、劳动观和团队协作观，培养高质量人才。

工程实践与训练一般在学校工程培训中心的现场进行。实训现场不同于教室，它是生产、教学、科研三结合的基地，教学内容丰富，实训环境多变，接触面宽广。这样一个特定的教学环境正是对学生进行思想政治教育的好场所。

工程实训对学好后续课程有着重要意义，特别是技术基础课和专业课，都与工程实训有着重要联系。工程实训场地是校内的工业环境，学生在实训时置身于工业环境之中，接受实训指导老师思想品德教育，培养工程技术人员应具备的综合素质。因此，工程实训是强化学生工程意识的良好教学手段。

1.2.3 课程的要求

1. 实训要求

工程实训作为重要的实践教学环节，其基本要求是：按大纲要求，完成车工、钳工、焊工、铸工和锻工等工种的基本操作和学习相关金属工艺基础知识，使学生了解机械制造的一般过程，熟悉机械零件常用加工方法及所用设备结构原理，工、卡、量具的操作，具有独立完成简单零件加工的能力；使学生通过简单零件加工，巩固和加深机械制图知识及其应用，学会对工艺过程的分析；培养学生的劳动观点、理论联系实际的工作作风和经济观点；实训报告是实习质量考核的形式之一。

2. 能力培养要求

加深对学生专业能力的培养；促使学生养成发现问题、分析问题、运用所学过的知识和技能独立解决问题的能力和习惯；鼓励并着重培养学生的创新意识和创新能力；结合教学内容，注重培养学生的工程意识、产品意识、质量意识，提高其工程素质。

3. 安全要求

在实训过程中，强调“安全第一”的观念，进行入场安全教育，宣传安全生产规则，教育学生遵守劳动纪律和严格执行安全操作规程。

1.3　工程实训安全规则

工程实训是培养学生工程实践能力、创新精神和社会责任感的重要载体，是大学生在学校第一次全方位的生产技术实践活动。在此过程中，学生要接触、操作大量的设备，安全工作显得十分重要，必须把安全工作放在工程实训的第一位。

工程实训的第一堂课应该讲解安全文明生产和开展安全教育，让学生牢固树立安全责任意识，提高自我保护和防范的能力。实训过程中，学生必须严格遵守各实训内容的安全操作规程，遵守工艺流程。

(1) 学生训练前必须学习安全操作规程、规则和各项制度，并进行必要的安全考核。

(2) 操作时必须精神集中，不准操作手机、与别人闲谈、阅读书刊和收听广播等。

(3) 不准在实训现场追逐、打闹、喧哗。

(4) 在开始工作以前，必须穿戴好劳保用品，扣好纽扣，扎好袖口。女同学必须戴上安全帽，把长发盘进帽子里，不准穿裙子或长衣宽袖、短裤、背心、拖鞋、凉鞋、高跟鞋进入实训地点，不准戴围巾、手套工作，以免造成工伤事故。

(5) 未了解设备的性能和未得到实训指导教师的许可，不得擅自开动设备。

(6) 开车前必须对下列各项进行检查：

① 设备各转动部分的润滑情况是否良好。

② 主轴、刀架、工作台在运转时是否受到阻碍。

a. 防护装置是否已经装好；

b. 设备上及其周围是否堆放有影响安全的物品。

③ 装夹刀具及工件时必须停车，装夹必须牢固可靠。

④ 不要把刀具、工件及其他物品放置在设备导轨和工作台台面上。

⑤ 刀具和工件接触时，必须缓慢小心，以免损伤刀具及造成其他事故。

(7) 开车后应注意下列事项：

① 不得用手去触摸工作中的刀具、工件或其他运转部件，不得将身体靠在设备上；

② 如遇刀具或工件破裂，应立即停车并向实训指导教师报告；

③ 切断工件时，不要用手抓住将要断离的工件；

④ 禁止直接用手去清除切屑，应该用特备的钩子或刷子；

⑤ 禁止在设备运行时测量工件的尺寸或进行试探机床、润滑液等操作；

⑥ 如遇电动机发热、出现噪声等不正常现象，或接触设备有“麻电”感觉时，应立即停车并向实训指导教师报告。

⑦ 两人以上同时操作一台机器时，需密切配合，开车时应打招呼，以免发生事故。

⑧ 离开设备或停电时，应随手关闭机床开关。

(8) 工作完毕后，必须整理工具并做好设备的清洁工作。

第2章　工程实训基本知识

【学习要点及工程思政】

1. 实训要求

(1) 了解工程材料的分类及应用。

(2) 掌握金属材料的力学性能及常用钢和铸铁的牌号、性能及用途。

(3) 了解常用量具的构成。

(4) 掌握常用量具的使用方法。

2. 工程实训操作规程

(1) 文明操作,合理使用。使用后将量具放置在工具盒内(防变形及损坏),如长时间不用则在测量面上涂防锈油,量具不乱拿乱放。

(2) 卡尺、千分尺及内径表等量具禁止当作其他工具使用,如拿量具当榔头敲击工件、拿卡尺用卡脚画线等。

(3) 卡尺:检查"0"位是否准确,各测量面合拢时不应有可见白光。

(4) 千分尺:检查测头合拢"0"位是否准确。调整测量范围时,应手握尺身,转动微分筒(微分旋钮)使测杆移至所需位置后再测工件;测量工件时应转动棘轮,力过大或过小都会增大测量误差。

(5) 巧用内径表:表类量具在测量前应将测杆压缩在 0.3～0.5 mm 量程范围,调整"0"位后进行测量,以消除间隙和空行程。使用前检查校对"0"位是否正确,拨动测杆,查看表头回位稳定性及是否准确。

3. 工程思政

◆ 中国钢企的"高精尖"逆袭之路

用于特定产品的特种钢,一般产量较少,生产技术难度大,利润较高。我国虽然钢产量全球第一,但是很多特种钢长期依赖进口,技术始终被德国、日本的企业垄断掌握。比如剃须刀的刀刃厚度可以达到纳米级,不锈钢材料含有任何杂质都可能发生刀刃崩裂或锈蚀,唯一可用的 6Cr13 马氏体不锈钢,一直被日德企业垄断。还有薄如纸片的手撕钢,用于航天、电子领域重要零部件的生产,同样一直被日德企业垄断。"大路货多、高精尖少",很长时期都是中国钢铁工业的现实,但最近情况突然逆转。

2018 年,甘肃酒钢集团下属的宏兴钢铁股份有限公司开始研发剃须刀用不锈钢,公司到 2020 年即实现了 6Cr13 马氏体不锈钢生产技术的突破。

天津冶金集团旗下的天材科技发展有限公司 2020 年开始手撕钢的研发,只用一年时间就研发出了 0.03 mm 手撕钢。

近年来类似的特种钢突破还有笔尖钢、桥梁用缆索钢、高速重载列车用车轴钢等。

曾经被认为只会粗放生产、污染环境的中国钢企,怎么就突然"高精尖"起来了呢?中国钢企在短则一两年，长则三四年的时间内完成了多个特种钢的研发，特种钢的生产技术到底难不难？

应该说难是肯定难，不过远远没到“愚公移山”的程度。以前这些技术都是被日德的“隐形冠军”企业把持，“隐形冠军”企业为了“隐形”，一般很少在媒体曝光自己。为什么要隐形？因为这些企业多为中小企业，他们最怕和大资本企业竞争，所以不想让自己的产品引起大企业的注意。怕竞争，这正说明他们的技术并非高不可攀。中国钢企过去是粗放型生产，但其中一部分企业随着国内市场竞争的需要，以及国家环保政策的收紧，必然要努力向高技术的特种钢领域进军。这时位于产业链上游的日德企业就藏不住了，它们成了中国钢企竞争、逐鹿的目标。比如，酒钢集团宏兴股份公司负责人就说：“中国不锈钢市场竞争激烈，为了发展，我们公司必须加大科技投入，研发高附加值产品。‘高精尖’是我们的必由之路。”中国企业入局特种钢，竞争的结果可能是那些日德企业最怕看到的：它们中的一些可能被淘汰出局。比如现在酒钢宏兴的剃须刀用 6Cr13 马氏体不锈钢，已成功替代进口，应用于小米、奔腾、飞科、飞利浦等品牌产品上，国内市场占有率达 80%。

除此之外，改革是中国钢企近年来快速进步的又一个重要因素。

比如天津冶金集团旗下的天材科技公司，2019 年完成混合所有制改革，改革让天材科技更有动力去追求高利润的产品，所以他们选择了手撕钢。从 0.08 mm 的手撕钢做起，0.07 mm、0.05 mm、0.03 mm，直至稳定量产 0.02 mm，厚度每降一级，难度成倍增长，利润也大幅增加。

中国钢企近年来在特种钢领域的井喷式跃进，说明中国工业随着资本和技术的积累、改革的推进，已经到了向产业链上游快速跃进的关键时期，未来会有更多新的技术突破，“中国钢”正在迎来全新的形象。

◆ 中国历史上的超前量器

目前机械工程领域使用的计量器具很多是国外发明的，但是中国在测量器具的研究上有着有悠久的历史，如曲尺。曲尺最早的名称是“矩”，又名鲁班尺，相传为鲁班发明。《续文献通考·乐考·度量衡》中提到，“鲁班尺即今木匠所用曲尺，盖自鲁班传至于唐，由唐至今用之”。曲尺是用来校验刨削后的板材、方材以及结构之间是否垂直的木工工具，它是人类不可多得、构造简单、功用多样的实用工具，直到现在仍被广泛应用，并流传到世界各地。

在我们的认知里认为游标卡尺是现代产品，是工业文明开始才大量使用的物品，中国的卡尺是由国外引进的，然而我国一件古代文物颠覆了这一认知，王莽青铜卡尺一度被认为是现代人穿越的产物。一般认为，现代测量用游标卡尺由法国人约尼尔·比尔发明，而中国一件出土文物却打破了游标卡尺的发明年代。在 1992 年 5 月扬州市邗江区甘泉乡发掘一座东汉早期的墓室中出土了一件造型非常奇怪的青铜器，后被鉴定为汉、王莽新朝时期卡尺，是已知全世界发现最早的卡尺，制造于新朝，距今已 2 000 年。青铜卡尺，长 13.3 cm，卡爪长 5.2 cm，宽 0.9 cm，厚 0.5 cm。其使用方法与现代游标卡尺一般无二，可测量被测物的直径、长、宽、厚。青铜卡尺与现代游标卡尺极为相似，现代游标卡尺的主尺、游标等主要构件，青铜卡尺都具备，而从组成的主要构件来看，青铜卡尺已经具备现代游标卡尺的所有功用。

2.1 金属材料的性能

金属材料的性能分为使用性能和工艺性能。使用性能是指金属材料在使用过程中表现出来的特性,包括力学性能(强度、塑性、硬度等)、物理性能(电、磁、热性能等)和化学性能(耐腐蚀、抗高温氧化等)等。工艺性能是指材料对各种加工工艺适应的能力,包括铸造性能、锻造性能、焊接性能、切削加工性能和热处理工艺性能等。

在选用金属和制造机械零件时,主要考虑力学性能和工艺性能。在某些特定条件下工作的零件,还要考虑物理性能和化学性能。金属材料的使用性能如表 2-1 所示。

工业上将碳的质量分数小于2.11%的铁碳合金称为钢。钢具有良好的使用性能和工艺性能,因此获得了广泛的应用。

表 2-1 金属材料的使用性能

<table>
<tr><td colspan="2">物理性能</td><td>物理性能是指金属材料在各种物理条件作用下所表现出的性能,如密度、熔点、热膨胀性、导热性、导电性和磁性等</td></tr>
<tr><td colspan="2">化学性能</td><td>机械材料的化学性能主要是指在常温或高温时,抵抗各种活泼介质的化学侵蚀能力,如耐酸性、耐碱性、抗氧化性等</td></tr>
<tr><td rowspan="5">力学性能</td><td>强度</td><td>强度是指金属材料在静载荷作用下抵抗塑性变形和断裂的能力,包括屈服强度、抗拉强度、抗弯强度、抗剪强度、抗压强度等</td></tr>
<tr><td>硬度</td><td>硬度是指金属材料抵抗更硬的物体压入其内的能力。常用的硬度测定方法有布氏硬度(HBS、HBW)、洛氏硬度(HRA、HRB、HRC)和维氏硬度(HV)</td></tr>
<tr><td>塑性</td><td>塑性是金属材料产生塑性变形而不被破坏的能力,通常用伸长率和断面收缩率表示材料塑性的好坏</td></tr>
<tr><td>冲击韧性</td><td>冲击韧性是指金属材料在冲击载荷作用下,抵抗破坏的能力</td></tr>
<tr><td>疲劳强度</td><td>疲劳强度是指金属材料经无数次循环载荷作用而不致引起断裂的最大应力</td></tr>
</table>

2.2 常用金属材料简介

2.2.1 钢的分类

钢的分类方法很多,常用的分类方法有以下几种:

(1) 按化学成分分。碳素钢可以分为低碳钢(含 C 量≤0.25%)、中碳钢(含 C 量 0.25%~0.6%)、高碳钢(含 C 量≥0.6%);合金钢可以分为低合金钢(合金元素总含量≤5%)、中合金钢(合金元素总含量 5%~10%)、高合金钢(合金元素总含量≥10%)。

(2) 按用途分。可分为结构钢(主要用于制造各种机械零件和工程构件)、工具钢(主要用于制造各种刀具、量具和模具等)、特殊性能钢(具有特殊的物理、化学性能的钢,可分为不锈钢、耐热钢、耐磨钢等)。

(3) 按品质分。可分为普通碳素钢(P 含量≤0.045%,S 含量≤0.05%)、优质碳素钢(P 含量≤0.035%,S 含量≤0.035%)、高级优质碳素钢(P 含量≤0.025%,S 含量≤0.025%)。

2.2.2　碳素钢的牌号、性能及用途

常见碳素结构钢的牌号用“Q＋数字”表示，其中“Q”为“屈服点”中“屈”字的汉语拼音首字母，数字表示屈服强度的数值。若牌号后标注字母，则表示钢材质量等级不同。优质碳素结构钢的牌号用两位数字表示钢的平均含碳量的质量分数的万分数，常见碳素结构钢的牌号、机械性能及用途见表 2-2。

表 2-2　常见碳素结构钢的牌号、机械性能及用途

<table>
<tr><th rowspan="2">类别</th><th rowspan="2">常用牌号</th><th colspan="3">机械性能</th><th rowspan="2">用途</th></tr>
<tr><th>屈服强度 R_{eH} /(N/mm^2)</th><th>抗拉强度 R_m /(N/mm^2)</th><th>伸长率(厚度或直径<40 mm)A /%</th></tr>
<tr><td rowspan="7">碳素结构钢</td><td>Q195</td><td>195</td><td>315～430</td><td>33</td><td rowspan="4">塑性较好，有一定的强度，通常轧制成钢筋、钢板、钢管等。可作为桥梁、建筑物等的构件，也可用于制作螺钉、螺帽、铆钉等</td></tr>
<tr><td>Q215</td><td>215</td><td>335～450</td><td>31</td></tr>
<tr><td>Q235</td><td rowspan="4">235</td><td rowspan="4">370～500</td><td rowspan="4">26</td></tr>
<tr><td>Q235B</td></tr>
<tr><td>Q235C</td><td>可用于重要的焊接件</td></tr>
<tr><td>Q235D</td><td rowspan="2">强度较高，可轧制成型钢、钢板，作构件用</td></tr>
<tr><td>Q275</td><td>275</td><td>410～540</td><td>22</td></tr>
<tr><td rowspan="8">优质碳素结构钢</td><td>08F</td><td>175</td><td>295</td><td>35</td><td>塑性好，可制造冷冲压零件</td></tr>
<tr><td>10</td><td>205</td><td>335</td><td>31</td><td rowspan="2">冷冲压性与焊接性能良好，可用作冲压件及焊接件，经过热处理也可以制造轴、销等零件</td></tr>
<tr><td>20</td><td>245</td><td>410</td><td>25</td></tr>
<tr><td>35</td><td>315</td><td>530</td><td>20</td><td rowspan="4">经调质处理后，可获得良好的综合机械性能，用来制造齿轮、轴类、套筒等零件</td></tr>
<tr><td>40</td><td>335</td><td>570</td><td>19</td></tr>
<tr><td>45</td><td>355</td><td>600</td><td>16</td></tr>
<tr><td>50</td><td>375</td><td>630</td><td>14</td></tr>
<tr><td>60</td><td>400</td><td>675</td><td>12</td><td>主要用来制造弹簧</td></tr>
</table>

2.2.3　合金钢的牌号、性能及用途

为了提高钢的性能，在碳素钢基础上特意加入合金元素所获得的钢种称为合金钢。合金结构钢的牌号用“两位数(平均碳质量分数的万分之几)＋元素符号＋数字(该合金元素质量分数，小于 1.5%不标出；1.5%～2.5%标 2；2.5%～3.5%标 3，依次类推)”表示。

对合金工具钢的牌号而言，当碳的质量分数小于 1%时，用“一位数(表示碳质量分数的千分之几)＋元素符号＋数字”表示；当碳的质量分数大于 1%时，用“元素符号＋数字”表示

(注:高速钢碳的质量分数小于 1%,其含碳量也不标出)。常见合金钢的牌号、机械性能及用途见表 2-3。

表 2-3 常见合金钢的牌号、机械性能及用途

类别	常用牌号	机械性能			用途
		屈服强度 R_{eH} /(N/mm²)	抗拉强度 R_m /(N/mm²)	伸长率(厚度或直径<40 mm)A /%	
低合金高强度结构钢	Q355	≥355	450~630	17~22	具有高强度、高韧性、良好的焊接性能和冷成型性能。主要用于制造桥梁、船舶、车辆、锅炉、高压容器、输油输气管道、大型钢结构等
	Q390	≥390	470~650	19~21	
	Q420	≥420	500~680	19~20	
	Q460	≥460	530~720	17~18	
合金渗碳钢	20Cr	540	835	10	主要用于制造汽车、拖拉机中的变速齿轮,内燃机上的凸轮轴、活塞销等机器零件
	20CrMnTi	850	1 080	10	
	20Cr2Ni4	1 080	1 180	10	
合金调质钢	40Cr	785	980	9	主要用于制造汽车和机床上的轴、齿轮等
	30CrMnTi	—	1 470	9	
	38CrMoAl	835	980	14	

2.2.4 铸钢的牌号、性能及用途

铸钢主要用于制造形状复杂,具有一定强度、塑性和韧性的零件。碳是影响铸钢性能的主要元素,随着碳质量分数的增加,屈服强度和抗拉强度均增加,而且抗拉强度比屈服强度增加得更快,但当碳的质量分数大于 0.45%时,屈服强度增加很少,而塑性、韧性却显著下降。所以,在生产中使用最多的铸钢是 ZG230-450、ZG270-500、ZG310-570 三种。常见铸钢的牌号、机械性能及用途见表 2-4。

表 2-4 常见铸钢的成分、机械性能及用途

牌号	化学成分			机械性能					用途
	C	Mn	Si	σ_s	σ_b	δ	ψ	a_k	
ZG200-400	0.20	0.80	0.50	200	400	25	40	600	机座、变速箱壳等
ZG230-450	0.30	0.90	0.50	230	450	22	32	450	机座、锤轮、箱体等
ZG270-500	0.40	0.90	0.50	270	500	18	25	350	飞轮、机架、蒸汽锤、水压机、工作缸等
ZG310-570	0.50	0.90	0.60	310	570	15	21	300	联轴器、汽缸、齿轮、齿轮圈等
ZG340-640	0.60	0.90	0.60	340	640	10	18	200	起重运输机中齿轮、联轴器等

2.2.5 铸铁的牌号、性能及用途

铸铁是碳质量分数大于 2.11%,并含有较多 Si、Mn、S、P 等元素的铁碳合金。同钢材相

比，铸铁的生产工艺和生产设备简单，价格便宜，虽然强度、塑性和韧性较低，但具有优良的铸造性能、很高的减摩和耐磨性、良好的消振性和切削加工性以及低的缺口敏感性等一系列优点，所以应用非常广泛，是工程上常用的金属材料之一。

铸铁按照碳存在的形式可以分为白口铸铁、灰口铸铁、麻口铸铁，白口铸铁主要作为炼钢原料，灰口铸铁应用较为广泛。按铸铁中石墨的形态不同又可以将灰口铸铁分为灰铸铁、可锻铸铁、球墨铸铁、蠕墨铸铁。灰铸铁中的碳大部分以片状石墨形式存在，其断口呈暗灰色，适合制作床身、底座等承压件；可锻铸铁中石墨呈团絮状，适合制作薄壁件和小件；球墨铸铁中石墨以球状形式存在，其力学性能较高，尤其是其疲劳强度可与钢媲美，常用于制造负荷较大、受力复杂的机器零件；蠕墨铸铁中石墨以蠕虫状形式存在。常见灰铸铁的牌号及用途见表 2-5。

表 2-5　常见灰铸铁的牌号及其用途

<table>
<tr><th rowspan="2">牌号</th><th rowspan="2">铸件壁厚
t/mm</th><th colspan="2">力学性能</th><th rowspan="2">用途</th></tr>
<tr><th>抗拉强度
R_m/MPa</th><th>HBS</th></tr>
<tr><td>HT100</td><td>2.5～10</td><td>—</td><td>110～166</td><td>适用于制造载荷小、对摩擦和磨损无特殊要求的不重要的零件，如防护罩、盖、油盘、手轮、支架、底板、重锤等</td></tr>
<tr><td>HT150</td><td>2.5～5
5～10
10～20</td><td>220
200
180</td><td>137～205
119～179
110～166</td><td>适用于制作承受中等载荷的零件，如机座、支架、箱体、刀架、床身、轴承座、工作台、带轮、阀体、飞轮、电动机座等</td></tr>
<tr><td>HT200</td><td>2.5～10
10～20
20～30</td><td>220
195
170</td><td>157～236
148～222
134～200</td><td rowspan="2">适用于制作承受较大载荷和要求一定气密性或耐腐蚀性等较重要的零件，如气缸、齿轮、机座、飞轮、床身、活塞、齿轮箱、刹车轮、联轴器盘、阀体、泵体、液压缸、阀门等</td></tr>
<tr><td>HT250</td><td>5～10
10～20
20～40</td><td>250
225
195</td><td>175～262
164～247
157～236</td></tr>
<tr><td>HT300</td><td>10～20
20～40
40～0</td><td>270
235
210</td><td>182～272
168～251
161～241</td><td rowspan="2">适用于制作承受高载荷、耐磨和高气密性的重要零件，如大型发动机的气缸体、缸套、气缸盖，重型机床、剪床、压力机、自动机床的床身、机座、机架、高压液压件、活塞环、齿轮、凸轮，车床卡盘、衬套等</td></tr>
<tr><td>HT350</td><td>10～20
20～40
30～80</td><td>315
275
240</td><td>199～298
182～272
171～257</td></tr>
</table>

2.3　常用量具

加工出的零件是否符合图纸要求，需要用测量工具进行测量，这些测量工具简称量具。由于零件有各种不同的形状，其精度要求也不一样，因此我们就要用不同的量具去测量。一般工程实训常用量具有钢直尺、游标卡尺、卡钳、千分尺、百分表等。

2.3.1 常用量具及其使用方法

1. 钢直尺

钢直尺是最简单的长度量具，用不锈钢片制成，可直接用来测工件尺寸，如图 2-1 所示。它的测量长度规格有 150 mm、200 mm、300 mm、500 mm 等几种。测量工件的外径和内径尺寸时，常与卡钳配合使用。测量精度一般只能达到 0.2～0.5 mm。

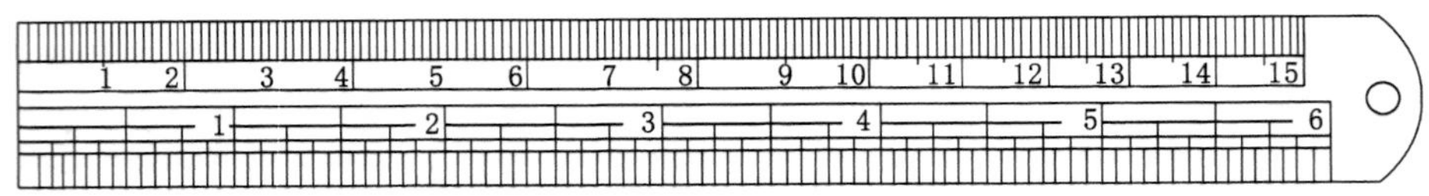

图 2-1 钢直尺

2. 卡钳

卡钳是一种间接度量工具，常与钢直尺配合使用，用来测量工件的外径和内径。卡钳分内卡钳和外卡钳两种，如图 2-2 所示，其使用方法如图 2-3 所示。

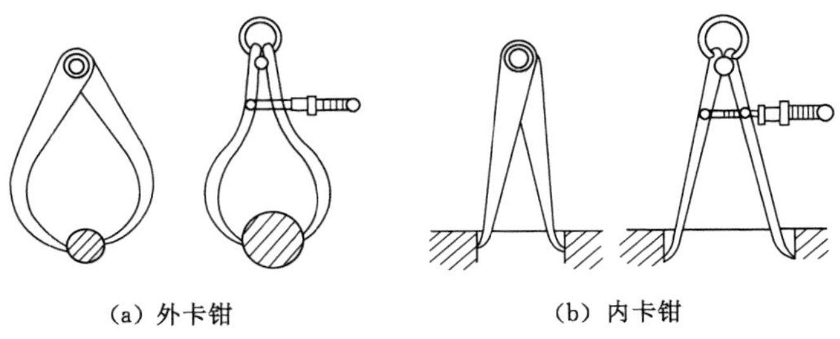

(a) 外卡钳　　(b) 内卡钳

图 2-2 卡钳

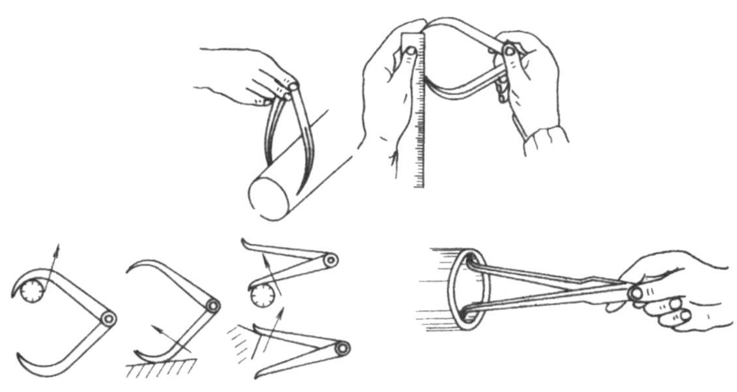

图 2-3 卡钳的使用方法

3. 游标卡尺

游标卡尺是一种中等精度的量具，可直接测量工件的外径、内径、长度、宽度和深度等尺寸。按用途不同，游标卡尺可分为普通游标卡尺、游标深度尺、游标高度尺等几种。

游标卡尺的测量精度有 0.1 mm、0.05 mm、0.02 mm 等三种，测量范围有 0～125 mm、

0～150 mm、0～200 mm、0～300 mm 等。

图 2-4 所示为一普通游标卡尺，它主要由尺身和游标组成，尺身上刻有以 1 mm 间距为一格的刻度，并刻有尺寸数字，其刻度全长即为游标卡尺的规格。

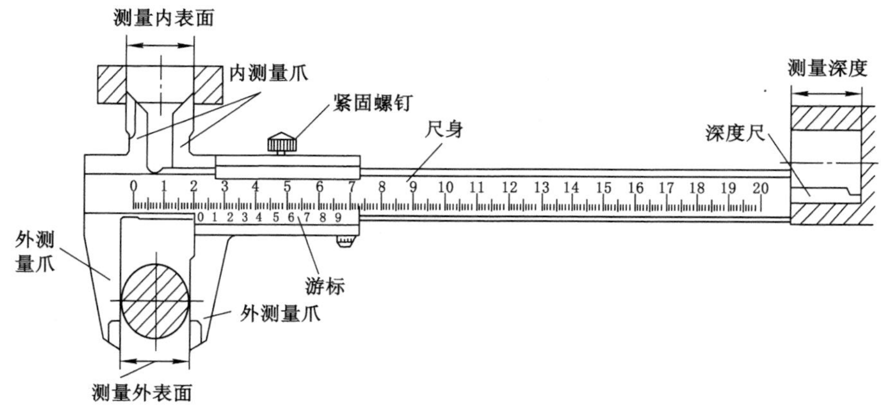

图 2-4　游标卡尺

游标上的刻度间距，随测量精度而定。现以精度值为 0.02 mm 的游标卡尺的刻线原理和读数方法为例简介如下：尺身一格为 1 mm，游标一格为 0.98 mm，共 50 格。尺身和游标每格之差为 1－0.98＝0.02 (mm)，如图 2-5 所示。读数方法是游标零位指示的尺身整数，加上游标刻线与尺身线重合处的游标刻线乘以精度值之和，如图 2-6 所示。

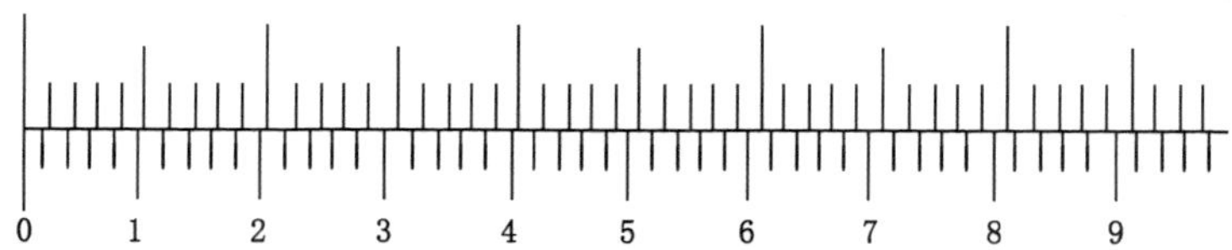

图 2-5　0.02 mm 精度游标卡尺的刻线原理

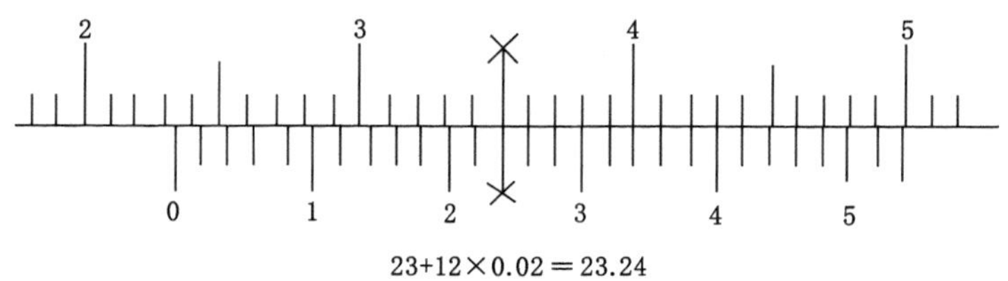

图 2-6　0.02 mm 精度游标卡尺的读数方法

用游标卡尺测量工件的方法如图 2-7 所示，使用时应注意下列事项。

(1) 检查零线：使用前应首先检查量具，确保在检定周期内，然后擦净卡尺，使量爪闭合，检查尺身与游标的零线是否对齐。若未对齐，则应在测量后根据原始误差修正读数值。

(2) 放正卡尺：测量内外圆直径时，尺身应垂直于轴线；测量内外孔直径时，应使两量爪处于直径处。

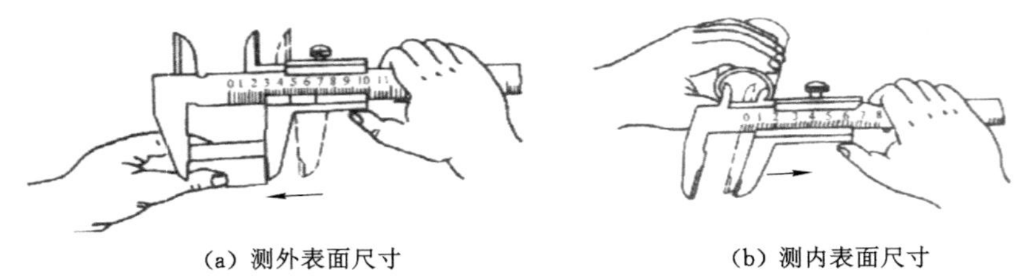

(a) 测外表面尺寸　　(b) 测内表面尺寸

图 2-7　游标卡尺的使用

(3) 用力适当:测量时应使量爪逐渐与工件被测量表面靠近,最后达到轻微接触,不能把量爪用力抵紧工件,以免变形和磨损,影响测量精度。读数时为防止游标移动,可锁紧游标;视线应垂直于尺身。

(4) 勿测毛坯面:游标卡尺仅用于测量已加工的表面,表面粗糙的毛坯件不能用游标卡尺测量。

4. 千分尺

千分尺是一种比游标卡尺更精密的量具,测量精度为 0.01 mm,测量范围有0～25 mm、25～50 mm、50～75 mm 等规格。常用的千分尺分为外径千分尺和内径千分尺。

外径千分尺的构造如图 2-8 所示。千分尺的测微螺杆 3 和微分筒 7 连在一起,当转动微分筒时,测微螺杆和微分筒一起沿轴向移动。内部的测力装置用于测微螺杆与被测工件接触时保持恒定的测量力,以便测出正确尺寸。当转动测力装置时,千分尺两测量面接触工件,超过一定的压力时,棘轮 10 沿着内部棘爪的斜面滑动,发出嗒嗒的响声,这时就可读出工件尺寸。测量时为防止尺寸变动,可转动锁紧装置 4 锁紧测微螺杆 3。

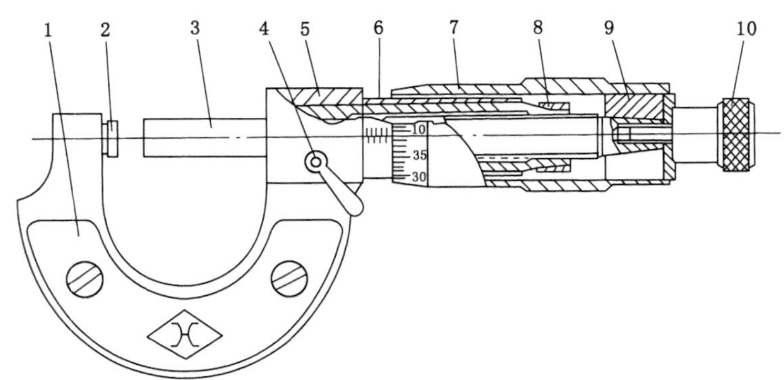

1—尺架;2—砧座;3—测微螺杆;4—锁紧装置;5—螺纹轴套;6—固定套管;7—微分筒;8—螺母;9—接头;10—棘轮。

图 2-8　外径千分尺

千分尺的读数机构由固定套管和微分筒组成,如图 2-9 所示。固定套管在轴线方向上有一条中线,中线上、下方都有刻线,相互错开 0.5 mm;在微分筒左侧锥形圆周上有 50 等分的刻度线。因测微螺杆的螺距为 0.5 mm,即螺杆转一周,轴向移动 0.5 mm,故微分筒上每一小格的读数为 0.5/50=0.01 (mm),所以千分尺的测量精度为 0.01 mm。测量时,读数分三步:

(1) 先读出固定套管上露出刻线的整毫米数和半毫米数(0.5 mm),注意看清露出的是上方刻线还是下方刻线,以免错读 0.5 mm。

(2) 看准微分筒上哪一格与固定套管纵向刻线对准,将刻线的序号乘以 0.01 mm,即为小数部分的数值。

(3) 上述两部分读数相加,即为被测工件的尺寸。

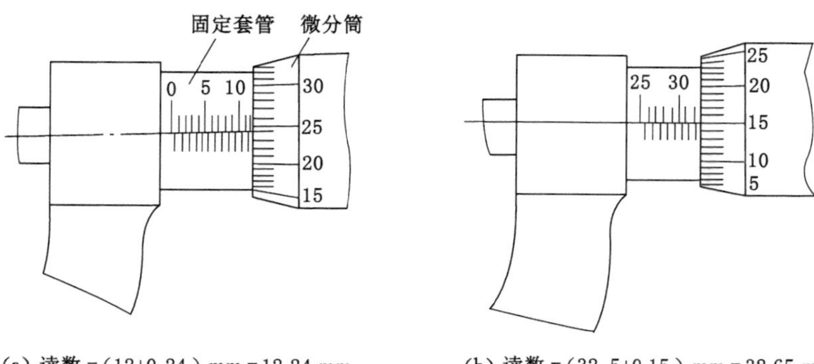

(a) 读数 =(12+0.24)mm = 12.24 mm　　(b) 读数 =(32.5+0.15)mm = 32.65 mm

图 2-9　千分尺的刻线原理与读数方法

使用千分尺应注意以下事项:

(1) 校对零点。将砧座与螺杆接触,看圆周刻度零线是否与纵向中线对齐,且微分筒左侧棱边应与尺身的零线重合,如有误差修正读数。

(2) 合理操作。手握尺架,先转动微分筒,当测微螺杆快要接触工件时,必须使用端部棘轮,严禁再拧微分筒,当棘轮发出嗒嗒声时应停止转动。

(3) 擦净工件测量面。测量前应将工件测量表面擦净,以免影响测量精度。

(4) 不偏不斜。测量时应使千分尺的砧座与测微螺杆两侧面准确放在被测工件的直径处,不能偏斜。

图 2-10 所示是用来测量内孔直径及槽宽等尺寸的内径千分尺。其内部结构与外径千分尺相同。

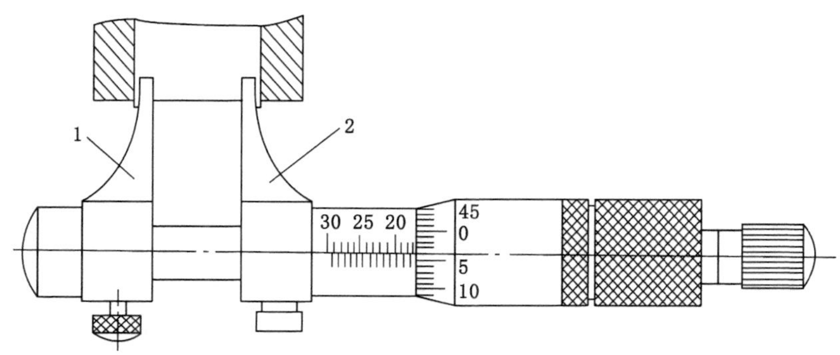

1—尺架;2—内外量爪。

图 2-10　内径千分尺

5. 百分表

百分表是一种指示量具，主要用于校正工件的装夹位置、检查工件的形状和位置误差及测量工件内径等。百分表的刻度值为 0.01 mm，刻度值为 0.001 mm 的叫千分表。

钟式百分表的结构原理如图 2-11 所示。当测量杆 4 向上或向下移动 1 mm 时，通过齿轮传动系统带动大指针 2 转一圈，小指针 3 转一格。刻度盘在圆周上有 100 个等分格，每格的读数值为 0.01 mm，小指针每格读数为 1 mm。测量时指针读数的变动量即为尺寸变化量。小指针处的刻度范围为百分表的测量范围。钟式百分表使用时常装在专用的表架上，如图 2-12 所示。

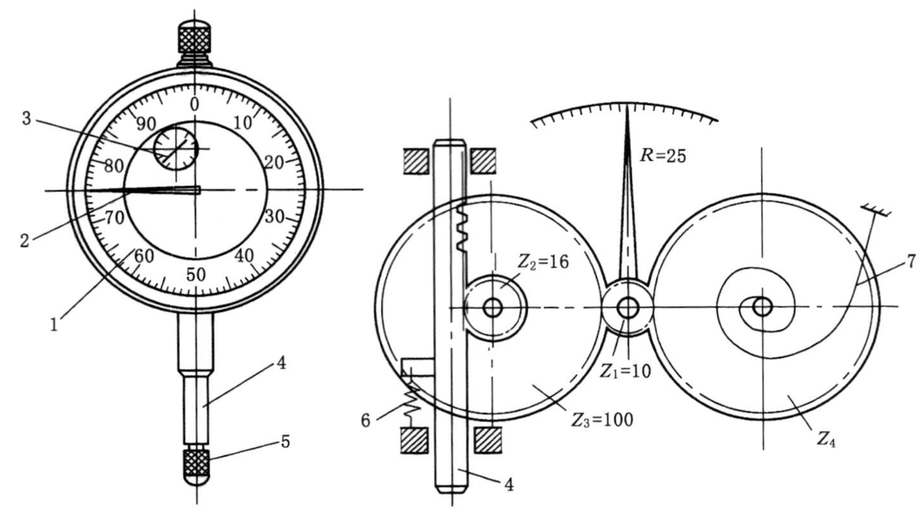

1—表盘；2—大指针；3—小指针；4—测量杆；5—测量头；6—弹簧；7—游丝。

图 2-11　百分表及其结构原理

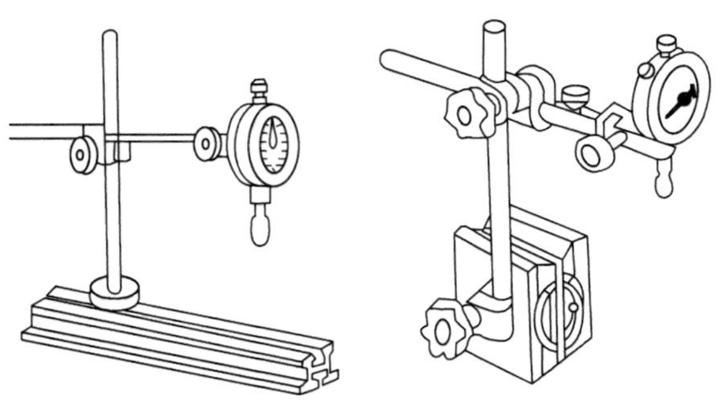

图 2-12　百分表装在专用百分表架上使用

内径百分表是用来测量孔径及其形状精度的一种精密的比较量具。图 2-13所示的是内径百分表的结构。它附有成套的可换插头，读数准确度为 0.01 mm，测量范围有 6～100 mm、10～180 mm、18～350 mm、35～50 mm、50～100 mm、100～150 mm 等多种。内径百分表是测量公差等级 IT7 以上精度孔的常用量具，其使用方法如图 2-14 所示。

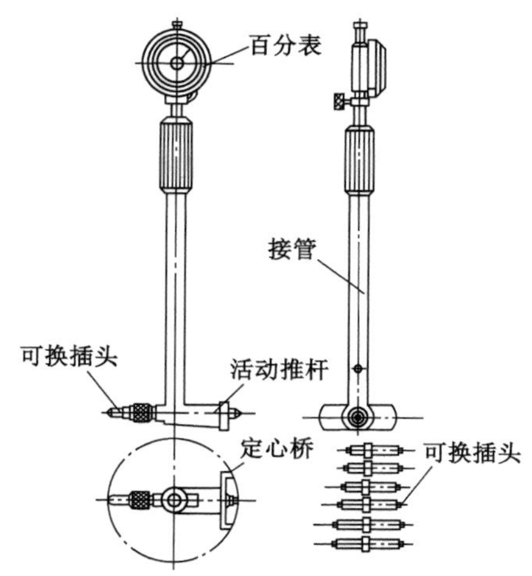

图 2-13　内径百分表

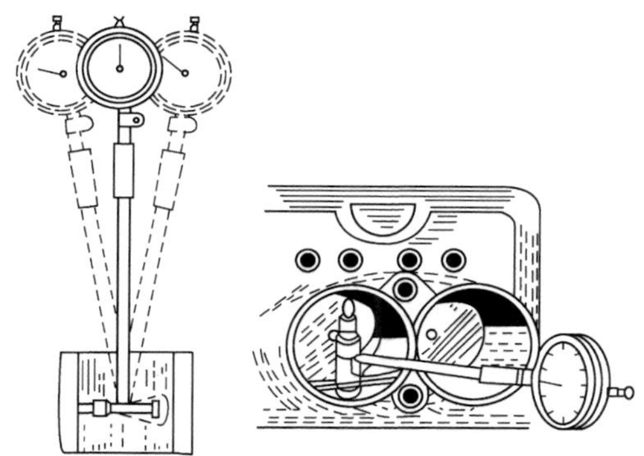

图 2-14　内径百分表的使用方法

2.3.2　量具维护与保养

量具是用来测量工件尺寸的工具，在使用过程中应加以精心的维护与保养，这样才能保证零件测量精度，延长量具的使用寿命。因此，必须做到以下几点：

（1）在使用前应擦干净，用完后必须拭洗干净、涂油并放入专用量具盒内。

（2）不能随便乱放、乱扔，应放在规定的地方。

（3）不能用精密量具去测量毛坯尺寸、运动着的工件或温度过高的工件。测量时用力适当，不能过猛、过大。

（4）量具如有问题，不能私自拆卸修理，应交实训指导教师处理。精密量具必须定期送计量部门鉴定。

复习思考题

1. 常用金属材料的力学性能指哪些？

2. 什么叫金属的工艺性能？主要包括哪几个方面？
3. Q235A 钢、45 钢、HT200 的名称是什么？它们常用于制造什么工件？
4. 铸铁按其中的石墨形态分为哪几种？
5. 常用的量具有哪几种？它们的刻度读数原理有何异同？分别使用在什么场合？
6. 试说明 0.02 mm 精度游标卡尺的刻线原理和读数方法。
7. 量具在使用过程中应满足哪些要求？
8. 怎样正确使用和保养量具？

第3章　铸　　造

【学习要点及工程思政】

1. 实训要求

(1) 了解铸造生产的工艺过程和特点。

(2) 掌握砂型的结构，零件、模型和铸件之间的关系。

(3) 能正确使用工具进行简单的两箱手工造型。

2. 实训操作规程

(1) 进入实训场地要听从指导教师安排，安全着装，认真听讲，仔细观摩，严禁嬉戏打闹，保持场地干净整洁。

(2) 必须先学习安全操作规程，在掌握相关设备和工具的正确使用方法后，才能进行操作。未经许可或指导教师不在场的情况下，严禁私自开机。

(3) 造型操作前，要注意砂箱、工具及模样的安放位置。

(4) 造型使用手风器时，要朝向无人方向，禁止用嘴吹分型砂。

(5) 所用工具应放于工具箱内，砂箱不得随便乱放，以免损坏或妨碍他人操作。

(6) 在实习实训场内行走时，应注意脚下，以免踏坏砂型。

(7) 不能用手、脚触及未冷却的铸件，以免烫伤。

(8) 必须将铁钉、毛刺、铁丝、木片等杂物及时从型砂中清除，以防造型时发生事故。

(9) 实训结束后，物归原处，整理好场地卫生。

3. 工程思政

◆ “一点不能差，差一点也不行”

从青铜器开始，铸造业在中国已有约4 000年的历史。传统铸造业流行一句老话：“差一寸、不算差”，意思是说，在铸造产品中，一寸以内的误差都可以忽略不计。而中国铸造走向世界的新标准则是“零缺陷、零误差”。从“土法上马”到“精雕细琢”，中国铸造正在不断地以技术创新应对着全球市场的升级换代。

2012年，法国阿尔斯通公司向全球供货商发出通知，要用铸铁代替锻钢生产汽轮机叶片，由于产品对铸造工艺要求极高，当时全球没有几家公司敢接单。而大连机车公司却接下了这笔生意，用铸造车间主任的话说：“敢拿下这一单，靠的是我们有毛正石这样的技术团队。”

毛正石，中车集团大连机车车辆公司的高级技师，出身于工人世家，是厂子里最拔尖的技术能手，30余年的潜心钻研和苦苦求索，让他攻克了铸造战线上一道道技术难关，成为行业技术权威。在大连机车，毛正石有以自己名字命名的劳模创新工作室，全面负责车间技术工作。

但是，对于阿尔斯通公司的这项任务，毛正石心里也不是很有底。“用铸铁代替锻钢，对于阿尔斯通来说是降低一半多的采购成本，但对我们来说是一次不小的挑战。之前生产的铸铁最高检测标准是二级，就是用超声波探伤，可以允许有 400 mm^2，相当于大拇指盖儿大小的蜂窝状缺陷，现在是升级到一级检测，一点缺陷都不能有。”这种棘手的活儿对于毛正石来说已经是家常便饭，他喜欢接受挑战。这一次，关键的突破点在温度。“铁水出炉的温度在 1 400 ℃左右，对于传统铸造产品来说，浇注过程中允许有四五十摄氏度的温差，但我们尝试着把温差控制在 10 ℃以内。”1 400 ℃的铁水，温差不能超过 10 ℃，如此精细的拿捏，关键却在“眼力”。毛正石说，“我们就看这个铁水花，如果说达到 2.5 cm，就证明温度在 1 380～1 390 ℃，可以开始浇注了。如果说铁水花变大了，达到 3.5 cm 左右，这一炉铁水就不行了，要回炉。”

铸铁质量的好坏，浇注这个环节很重要。如果每一炉铁水都盯着看，对眼睛伤害很大，因为铁水产生的强光有时比电焊光对眼睛的刺激更强。通常，铸造师浇注时都要戴上墨镜，保护眼睛，而毛正石为了看清铁水花，只带一副普通的防护镜，这让他从四十岁开始就成了老花眼。

毛正石的徒弟讲，师傅最常说的一句话是：一点不能差，差一点也不行。

铸造工艺复杂，废品率高是一大顽疾。毛正石带领的技术组，将工艺重新调整，废品率从 7％下降到 2.5％，而国际先进水平的废品率在 3％左右，实现了超越。

3.1 铸造概述

铸造工艺是将金属熔融后得到的液态金属注入预制好的铸型中使之冷却、凝固，获得一定形状和性能铸件的金属成型方法。铸造生产的铸件一般作为毛坯，经过机械加工后才能成为机器零件，少数对尺寸精度和表面粗糙度要求不高的零件也可以直接铸造。

铸造工艺具有以下特点。

1. 适用范围广

几乎不受零件的形状复杂程度、尺寸大小、生产批量的限制，可以铸造壁厚 0.3 mm～1 m、质量从几克到 300 多吨的各种金属铸件。

2. 可制造各种合金铸件

很多能熔化成液态的金属材料可以用于铸造生产，如铸钢、铸铁、铝合金、铜合金、镁合金、钛合金及锌合金等。生产中铸铁应用最广，约占铸件总产量的 70％以上。

3. 形状相似度高

铸件的形状和尺寸与图样设计零件非常接近，加工余量小；尺寸精度一般比锻造件、焊接件高。

4. 成本低廉

由于铸造容易实现机械化生产，铸造原料又可以大量利用废、旧金属材料，加之铸造动能消耗比锻造动能消耗小，因而铸造的综合经济性能好。

铸造生产方法很多，按生产方法不同，可分为砂型铸造和特种铸造。砂型铸造应用最为广泛，砂型铸件约占铸件总产量的 80％以上，其铸型（砂型和芯型）是用型砂制作的。

3.1.1 砂型铸造的生产工序

砂型铸造是目前生产中用得最多、最基本的铸造方法。

砂型铸造的主要生产工序有制模、配砂、造型、造芯、合模、熔炼、浇注、落砂、清理和检验。

根据零件形状和尺寸，设计并制造模样和芯盒；配制型砂和芯砂；利用模样和芯盒等工艺装备分别制作砂型和芯型；将砂型和芯型合为整体铸型；将熔融的金属浇注入铸型，完成充型过程；冷却凝固后落砂，取出铸件；最后对铸件清理并检验。主要生产过程如图 3-1 所示。

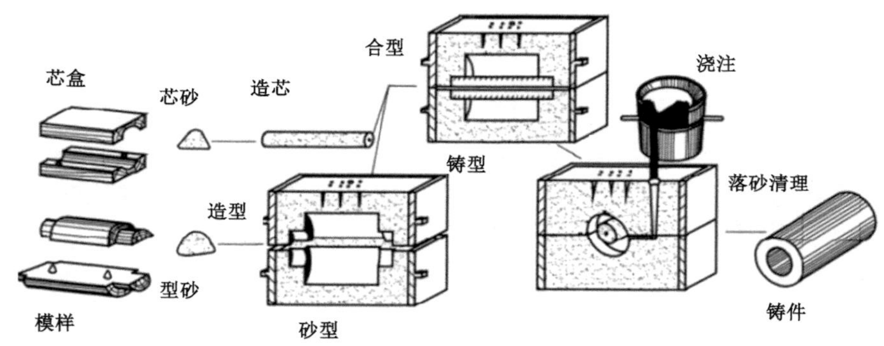

图 3-1　砂型铸造的主要生产过程

3.1.2　常用特种铸造及应用

熔模铸造、金属型铸造、压力铸造、低压铸造和离心铸造等为特种铸造。

1. 熔模铸造

熔模铸造又名失蜡铸造，其主要工艺流程如图 3-2 所示。这种方法是用易熔材料（如蜡料、松香料等）制成熔模样件，然后在模样表面涂敷多层耐火材料，干燥固化后加热熔出模料，其壳型经高温焙烧后浇入金属液即得到熔模铸件。

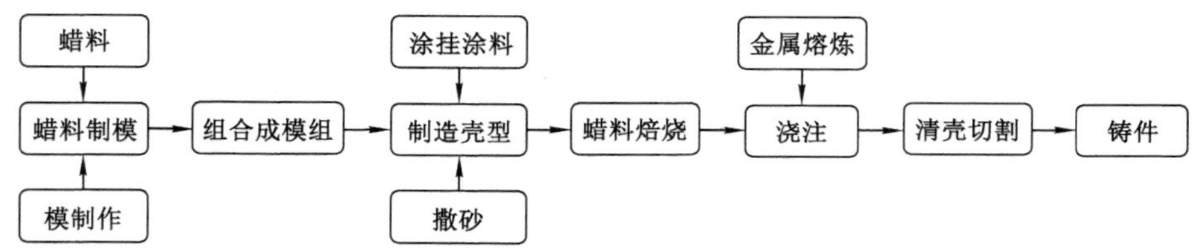

图 3-2　熔模铸造工艺流程

熔模铸造的特点是铸件尺寸精度高，能铸造外形复杂的零件，生产批量不受限制，适于各种铸造合金，铝、镁、铜、钛、铁、钢等合金零件都能用此方法铸造，产品如铸铝热交换器、不锈钢叶轮、铸镁金属壳体等。

2. 金属型铸造

金属型铸造即采用金属材料如铸铁、铸钢、碳钢、合金钢、铜或铝合金等制造铸型，在重力下将熔融的金属浇入铸型获得铸件的工艺方法。

金属型按分型面的不同，有水平分型式、垂直分型式、复合分型式等。金属型导热快，无退让性和透气性，铸件容易产生浇不足、冷隔、裂纹、气孔等缺陷。此外，在高温金属液的冲刷下型腔易损坏。为此，需要采取如下工艺措施：浇注前预热，浇注过程中适当冷却，使金属型在一定温度范围内工作；型腔内刷耐火涂料，以起到保护铸型、调节铸件冷却速度、改善铸件表面质量的作用；在分型面上做出通气槽、出气孔等；掌握好开型的时间，以利于取件和防止铸件产生裂纹等缺陷。

由于铸件冷却速度快，组织致密，其力学性能比砂型铸件高15%左右。图3-3为水平分型式和垂直分型式金属型结构示意图。

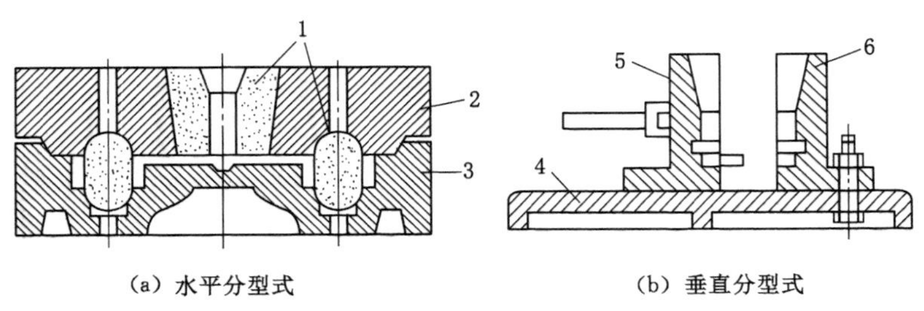

1—型芯；2—上型；3—下型；4—模底板；5—动型；6—定型。

图3-3 金属型结构示意图

金属型铸造一般适用于铸造不太复杂的中小型零件，很多合金零件都可采用金属型铸造，而其中又以铝、镁合金零件应用金属型铸造工艺最为广泛。

3. 压力铸造

压力铸造是将液态或半液态金属，在高压(5～150 MPa)作用下，以较高的速度填充金属型腔，使其在压力下快速凝固而获得铸件的一种铸造方法。压力铸造所用的模具称为压铸模。压铸是通过压铸机完成的，图3-4为立式压铸机工作过程示意图。合型后把金属液浇入压室[图3-4(a)]，压射活塞向下推进，将液态金属压入型腔[图3-4(b)]，保压冷凝后，压射活塞退回，下活塞上移顶出余料，动型移开，利用顶杆顶出铸件[图3-4(c)]。

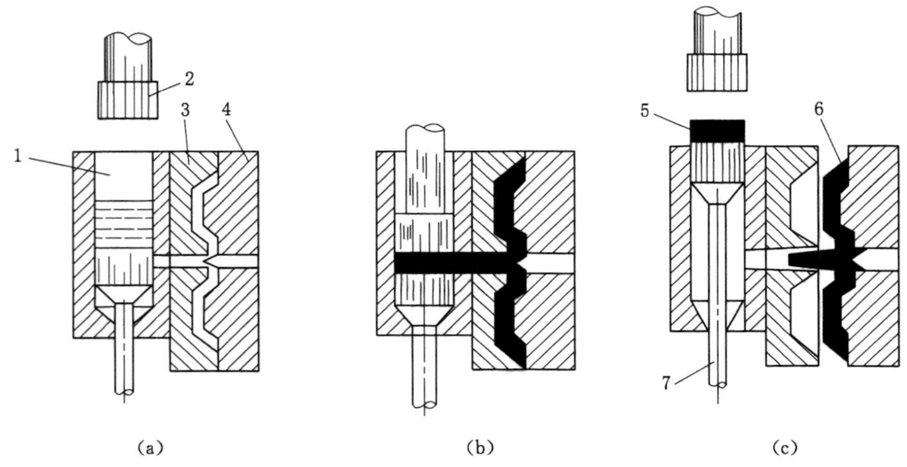

1—压室；2—压射活塞；3—定型；4—动型；5—余料；6—压铸件；7—下活塞。

图3-4 立式压铸机工作过程示意图

压力铸造工艺的优点是生产速度快，产品质量好，经济效果好。采用的压铸合金分为非铁合金和钢铁材料，目前应用广泛的是非铁合金，如铝、镁、铜、锌、锡、铅等的合金。

4. 离心铸造

离心铸造是将熔化的金属通过浇注系统注入旋转的金属型内，在离心力的作用下充型，最后形成铸件的一种铸造方法。离心铸造在离心机上进行，按旋转轴的空间位置有卧式和立式两种离心机，图 3-5 所示为离心铸造示意图。金属型模的旋转速度应保证金属液在金属型腔内有足够的离心力，不产生淋落现象。

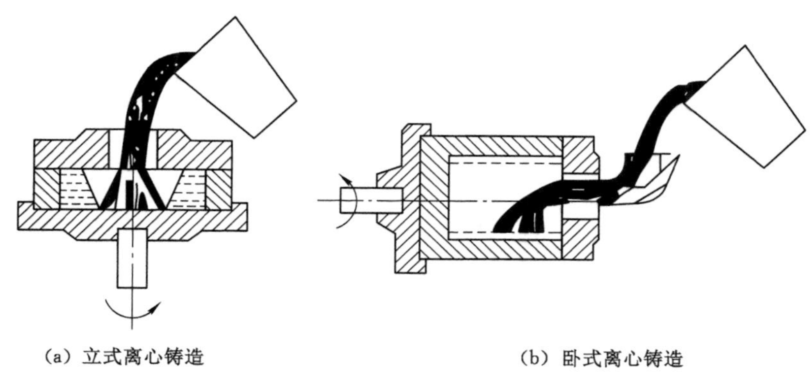

(a) 立式离心铸造　　(b) 卧式离心铸造

图 3-5　离心铸造示意图

离心铸造的特点是铸件致密度高，气孔、夹杂等缺陷少；由于离心力的作用，可生产薄壁铸件；生产中型芯用量、浇注系统和冒口系统的金属消耗小。离心铸造工艺主要应用于铸管、缸盖、轧辊、轴套、轴瓦等零件的生产。

5. 低压铸造

低压铸造是用较低压力将金属液由铸型底部注入型腔，使之在压力下凝固以获得铸件的方法，是一种压力介于重力铸造与压力铸造之间的铸造工艺方法。

低压铸造的特点是充型平稳且易控制，减少了冲击、飞溅现象，不易产生夹渣、砂眼、气孔等缺陷，提高了产品合格率；低压铸造适用于各种铸型、各种合金和各种大小的铸件，浇注系统简单，金属利用率高；与重力铸造(砂型、金属型)比较，铸件的轮廓清晰，力学性能较高，劳动条件改善，易于实现机械化和自动化。

低压铸造目前主要用于质量要求高的铝、镁合金铸件，如气缸体、气缸盖、铝活塞等。图 3-6 所示为低压铸造示意图。

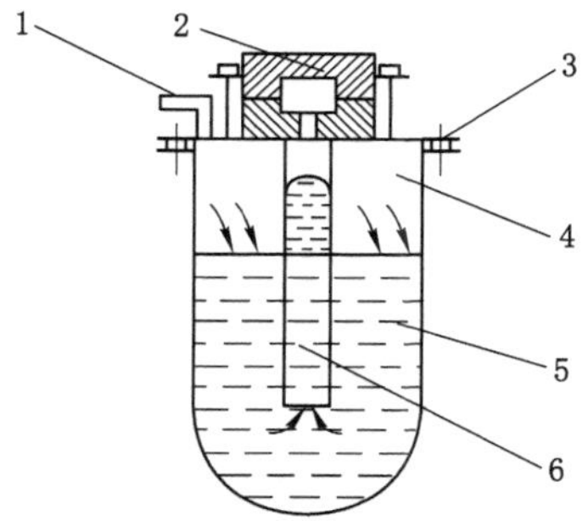

1—进气管；2—铸型；3—密封盖；4—坩埚；5—金属液；6—升液导管。

图 3-6　低压铸造示意图

3.2 造型与制芯

造型和制芯是利用造型材料和工艺装备制作铸型的工序，按成型方法总体可分成手工造型(制芯)和机器造型(制芯)。本节主要介绍应用广泛的砂型造型及制芯。

3.2.1 铸型的组成

铸型是根据零件形状用造型材料制成的。铸型一般由上砂型、下砂型、型芯和浇注系统等部分组成，如图 3-7 所示。上砂型和下砂型之间的接合面称为分型面。

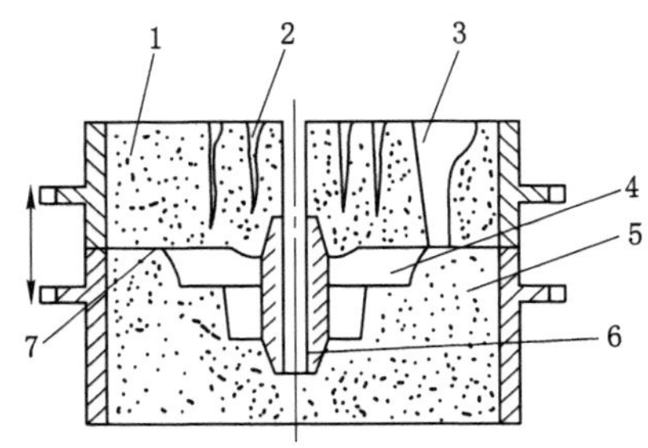

1—上砂型；2—出气孔；3—浇注系统；4—型腔；5—下砂型；6—型芯；7—分型面。

图 3-7 铸型装配图

铸型中由砂型面和型芯面所构成的空腔部分，用于在铸造生产中形成铸件本体，称为型腔。型芯一般用来形成铸件的内孔和内腔。金属液流入型腔的通道称为浇注系统。出气孔的作用在于排出浇注过程中产生的气体。

3.2.2 模样、芯盒、砂箱及造型工具

砂型铸造造型时使用的主要工艺装备有模样、芯盒与砂箱，还有各种造型工具。

1. 模样

模样是根据零件形状设计制作，用以在造型中形成铸型型腔的工艺装备。设计模样要考虑铸造工艺参数，如铸件最小壁厚、加工余量、铸造圆角、铸造收缩率和起模斜度等。

(1) 铸件最小壁厚：在一定的铸造条件下，铸造合金能充满铸型的最小厚度。铸件设计壁厚若小于铸件工艺允许最小壁厚，则易产生浇不足和冷隔等缺陷。

(2) 加工余量：为保证铸件加工面尺寸和零件精度，在铸件设计时预先增加的金属层厚度。该厚度在铸件机械加工成零件的过程中去除。

(3) 铸造收缩率：铸件浇注后在凝固冷却过程中，会产生尺寸收缩。其中以固态收缩阶段产生的尺寸缩小对铸件的形状和尺寸精度影响最大，此时的收缩率又称线收缩率。

(4) 起模斜度：若零件本身没有足够的结构斜度，为保证造型时容易起模，避免损坏砂型，应在铸件设计时给出铸件的起模斜度。

图 3-8 所示为零件图、铸造工艺图与模样图的关系示意图。

2. 芯盒

芯盒是制造芯型的工艺装备。按制造材料可分为金属芯盒、木质芯盒、塑料芯盒和金木

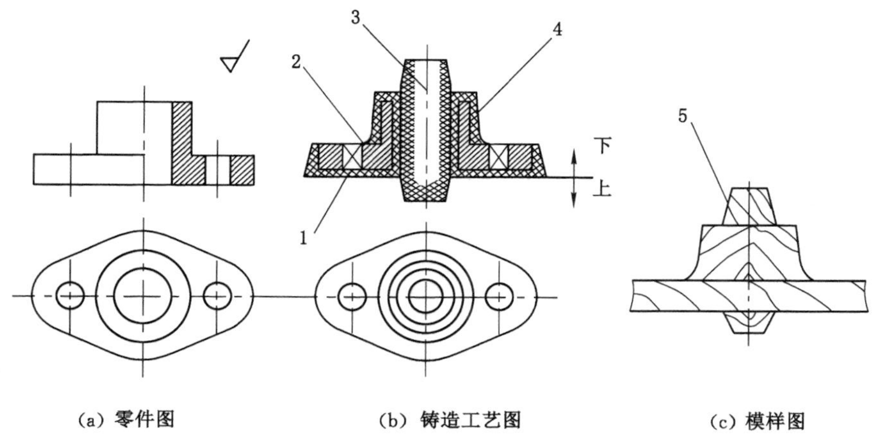

1—加工余量；2—铸造圆角；3—砂芯；4—拔模斜度；5—芯头。

图 3-8　零件图、铸造工艺图与模样图的关系

结构芯盒四类。在大量生产中，为了提高砂芯精度和芯盒耐用性，多采用金属芯盒。按芯盒结构又可分为敞开整体式、分式、敞开脱落式和多向开盒式多种。

开式芯盒制芯是常用的手工制芯方法，适用于圆形截面的较复杂型芯，见图 3-9。

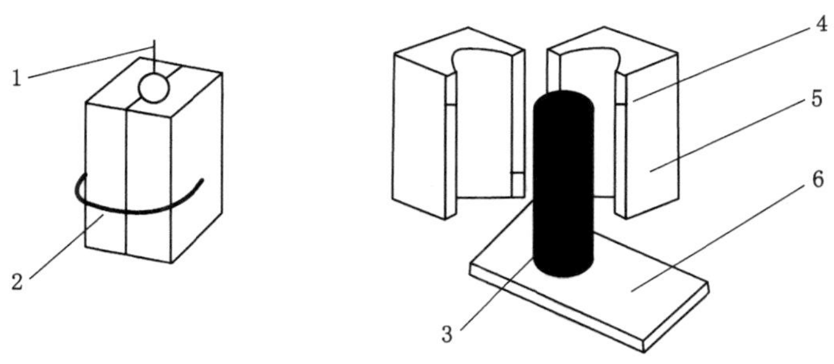

1—芯骨；2—夹钳；3—型芯；4—定位销；5—芯盒；6—底板。

图 3-9　芯盒示意图

3. 砂箱

砂箱是铸件生产中必备的工艺装备之一，用于容纳和紧固砂型。一般根据铸件的尺寸、造型方法设计及选择合适的砂箱。按砂箱制造方法可把砂箱分为整铸式、焊接式和装配式。图 3-10 所示为小型和大型砂箱示意图。

4. 造型工具

除模样、芯盒与砂箱外，砂型铸造造型时使用的工艺装备还有压实砂箱用的压砂板，填砂用的填砂框，托住砂型用的砂箱托板，紧固砂箱用的套箱，以及用于砂芯定型的修磨工具、烘芯板和检验工具等。常用的造型工具见图 3-11。

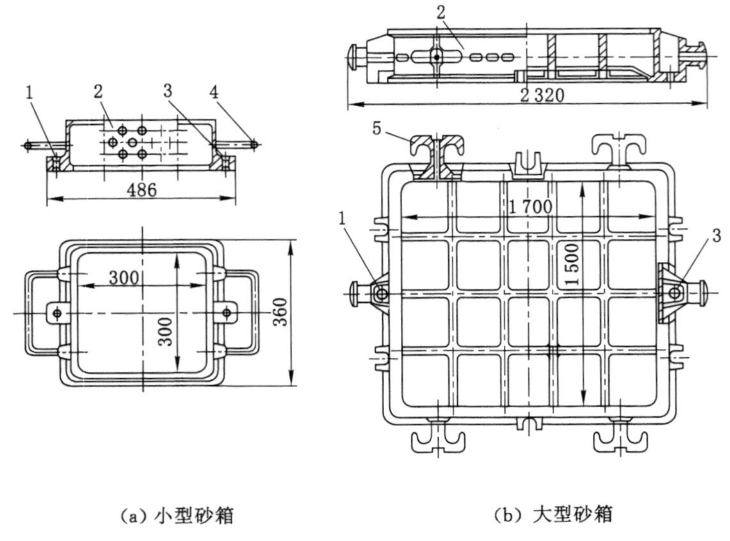

(a) 小型砂箱　　　　(b) 大型砂箱

1—定位套;2—箱体;3—导向套;4—环形手柄;5—吊耳。

图 3-10　砂箱

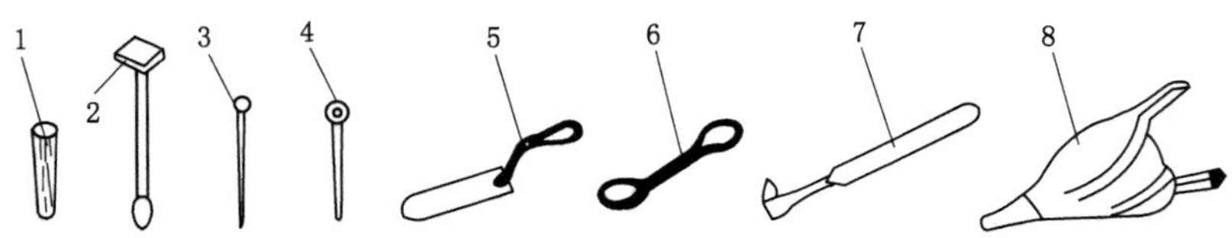

1—浇口棒;2—砂冲子;3—通气针;4—起模针;5—抹刀;6—秋叶;7—砂勾;8—手风箱。

图 3-11　常用造型工具

3.2.3　手工造型

手工造型主要工序为填砂、舂砂、起模和修型。填砂是将型砂填充到已放置好模样的砂箱内,舂砂则是把砂箱内的型砂舂紧实,起模是把形成型腔的模样从砂型中取出,修型是起模后对砂型损伤处进行修理的过程。手工完成这些工序的操作方式即手工造型。

手工造型方法很多,有砂箱造型、脱箱造型、刮板造型、组芯造型、地坑造型和泥芯块造型等。砂箱造型可分为两箱造型、三箱造型、叠箱造型和劈箱造型。两箱造型应用最为广泛,按其模样又可分为整体模样造型和分开模样造型。下面介绍几种常用的手工造型方法。

1. 整模造型

整模造型一般用在零件形状简单、最大截面在零件端面的情况,造型过程如图 3-12 所示。

2. 分模造型

分模造型是将模样从其最大截面处分开,并以此面作分型面。造型时,先将下砂型舂好,然后翻箱,舂制上砂箱。其造型过程如图 3-13 所示。

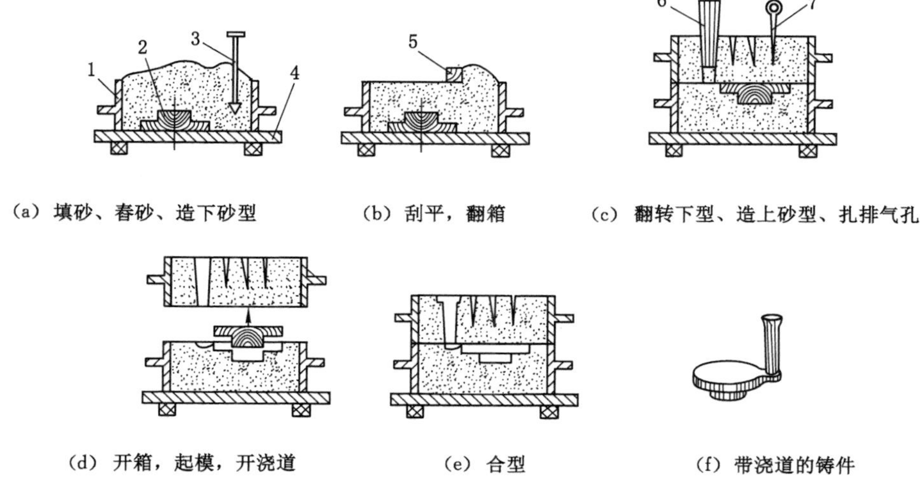

(a) 填砂、舂砂、造下砂型　(b) 刮平，翻箱　(c) 翻转下型、造上砂型、扎排气孔

(d) 开箱，起模，开浇道　(e) 合型　(f) 带浇道的铸件

1—砂箱；2—模样；3—砂舂子；4—模底板；5—刮板；6—浇口棒；7—通气针。

图 3-12 整模造型

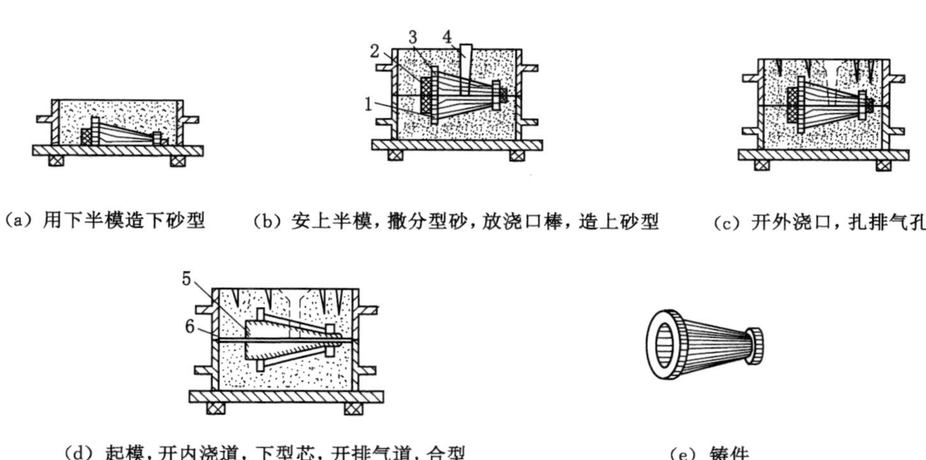

(a) 用下半模造下砂型　(b) 安上半模，撒分型砂，放浇口棒，造上砂型　(c) 开外浇口，扎排气孔

(d) 起模，开内浇道，下型芯，开排气道，合型　(e) 铸件

1—下半模；2—型芯头；3—上半模；4—浇口棒；5—型芯；6—排气孔。

图 3-13 分模造型

3. 挖砂造型

有些铸件的模样不宜做成分开结构，必须做成整体，这时就需要采用挖砂造型，即沿着模样最大截面挖掉一部分型砂，形成不太规则的分型面，如图 3-14 所示。挖砂造型工作麻烦，适用于单件或小批量的铸件生产。

4. 假箱造型

假箱造型方式与挖砂造型相近，先采用挖砂的方法做一个不带直浇道的上箱，即假箱，砂型尽量舂实一些，然后用这个上箱作底板制作下箱砂型，最后再制作用于实际浇铸用的上箱砂型。其原理如图 3-15 所示。

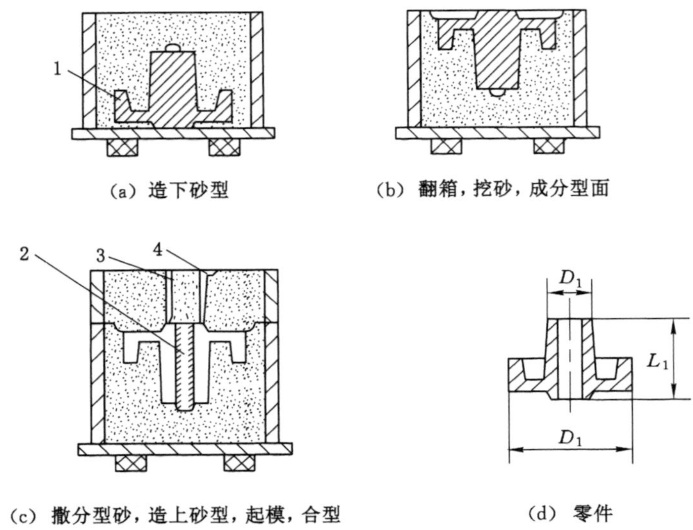

(a) 造下砂型
(b) 翻箱，挖砂，成分型面
(c) 撒分型砂，造上砂型，起模，合型
(d) 零件

1—模样；2—砂芯；3—出气孔；4—浇口杯。

图 3-14 挖砂造型

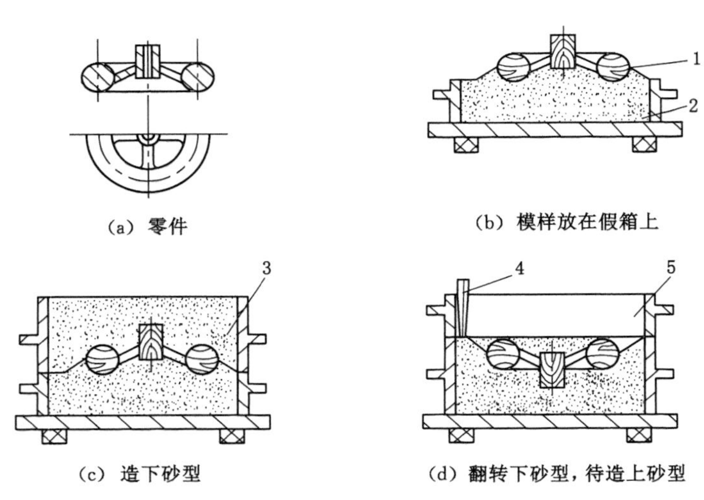

(a) 零件
(b) 模样放在假箱上
(c) 造下砂型
(d) 翻转下砂型，待造上砂型

1—模样；2—假箱；3—下砂型；4—浇口棒；5—上砂箱。

图 3-15 假箱造型

5. 活块造型

有些零件侧面带有凸台等凸起部分时，造型时这些凸出部分妨碍模样从砂型中起出，故在模样制作时，将凸出部分做成活块，用销钉或燕尾榫与模样主体连接，起模时，先取出模样主体，然后从侧面取出活块，这种造型方法称为活块造型，如图 3-16 所示。

6. 刮板造型

刮板造型适用于单件、小批量生产中、大型旋转体铸件或形状简单铸件，方法是利用刮

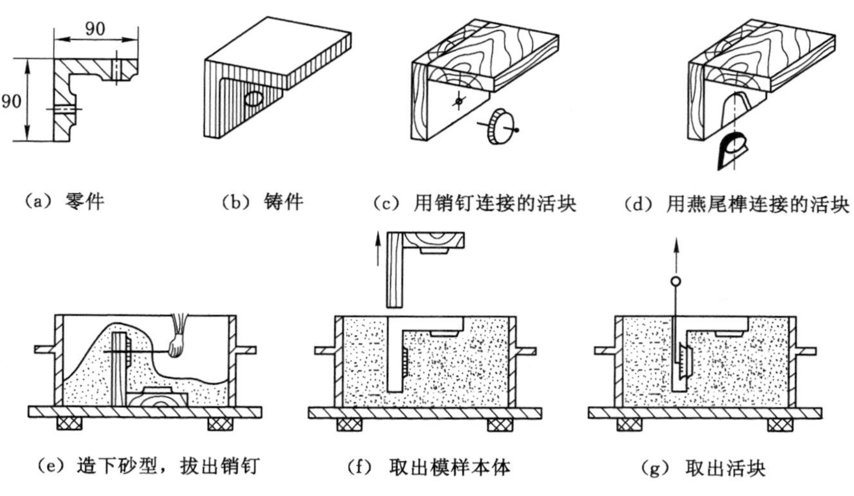

图 3-16　活块造型

板模样绕固定轴旋转，将砂型刮制成所需的形状和尺寸，如图 3-17 所示。刮板造型模样制作简单省料，但造型生产效率低，并要求较高的操作技术。

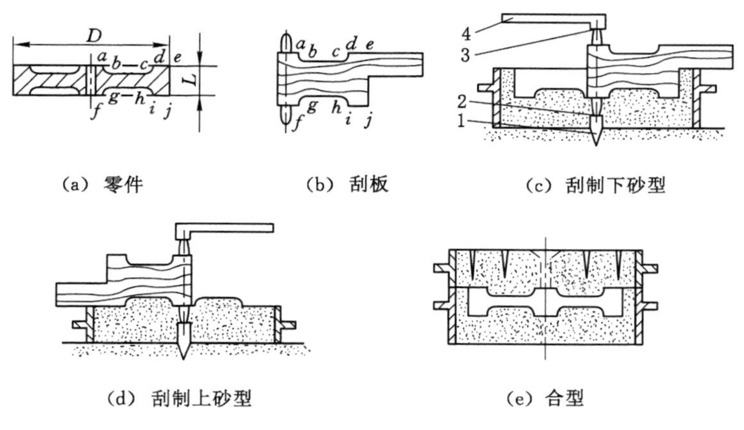

1—木桩；2—下顶针；3—上顶针；4—转动臂。

图 3-17　刮板造型

7. 三箱造型

对一些形状复杂的铸件，只用一个分型面的两箱造型难以正常取出型砂中的模样，必须采用三箱或多箱造型的方法。三箱造型有两个分型面，操作过程较两箱造型复杂，生产效率低，只适用于单件小批量生产。其工艺过程如图 3-18 所示。

8. 地坑造型

直接在铸造车间的砂地上或砂坑内造型的方法称为地坑造型。大型铸件单件生产时，为节省砂箱，降低铸型高度，便于浇注操作，多采用地坑造型。图 3-19 所示为地坑造型示意图，造型时需考虑浇注时能顺利将地坑中的气体引至地面，常以焦炭、炉渣等透气物料垫底，并用铁管引出气体。

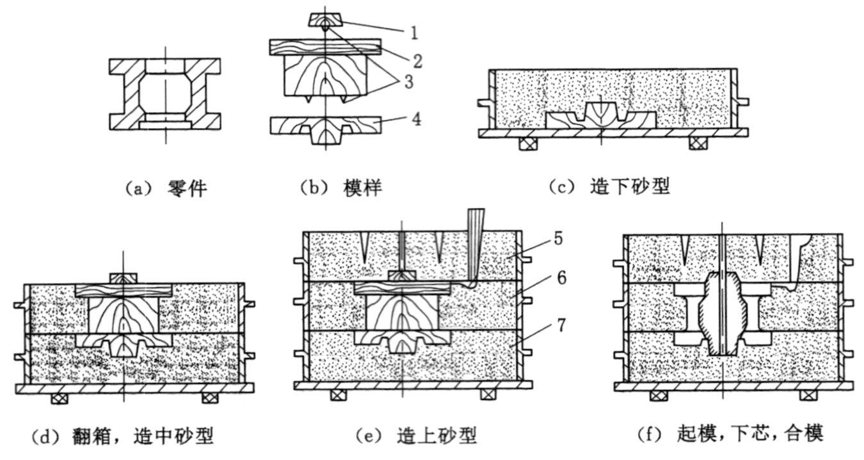

1—上箱模样；2—中箱模样；3—销钉；4—下箱模样；5—上砂型；6—中砂型；7—下砂型。

图 3-18　三箱造型

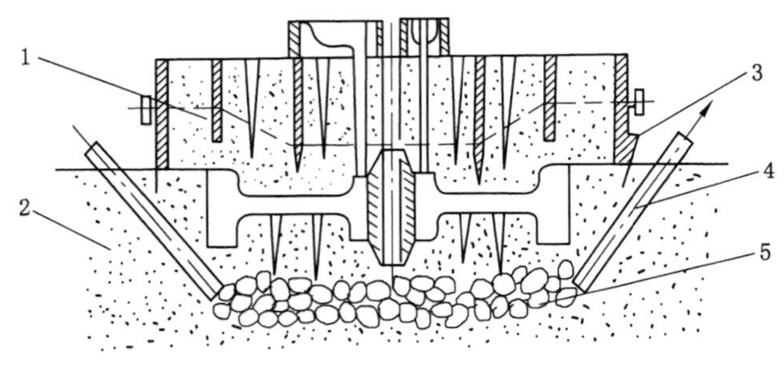

1—上砂型；2—地坑；3—定位桩；4—通气管；5—焦炭。

图 3-19　地坑造型

3.2.4　机器造型

机器造型实质上是用机械方法取代手工进行造型过程中的填砂、实砂和起模。填砂过程常在造型机上用加砂斗完成。实砂就是使砂型紧实，达到一定的强度和刚度。型砂紧实程度通常用单位体积内型砂的质量表示，称作紧实度。机器造型可以降低劳动强度，提高生产效率，保证铸件质量，适用于批量铸件的生产。

1. 高压造型

高压造型是型砂借助压头或模样所传递的压力紧实成型，按比压大小可分为低压(0.15～0.4 MPa)、中压(0.4～0.7 MPa)、高压(>0.7 MPa)三种。高压造型目前应用很普遍。

图 3-20 所示为多触头高压造型工作原理。高压造型具有生产率高、砂型紧实度高、强度大、所生产的铸件尺寸精度高和表面质量好等优点，在大量和大批生产中应用较多。

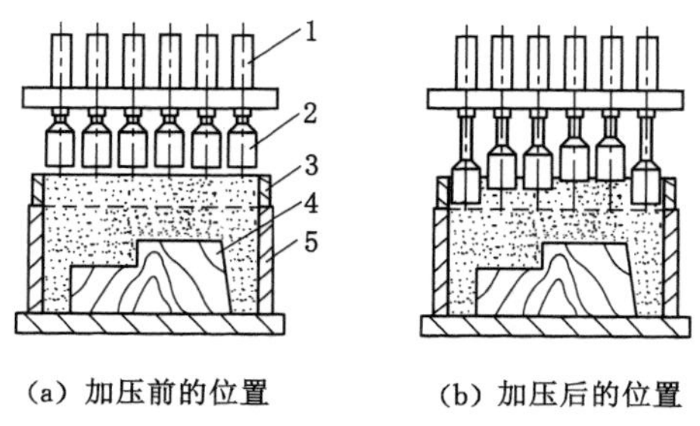

1—液压缸；2—触头；3—辅助框；4—模样；5—砂箱。

图 3-20　多触头高压造型工作原理

2. 射压造型

射压造型利用压缩空气将型砂以很高的速度射入砂箱并加以挤压而实现紧实，工作原理如图 3-21 所示。射压造型的特点是砂型紧实度分布均匀，生产速度快，工作无振动噪声，一般应用在中、小件的成批铸件的生产中，尤其适用于无芯或少芯铸件。

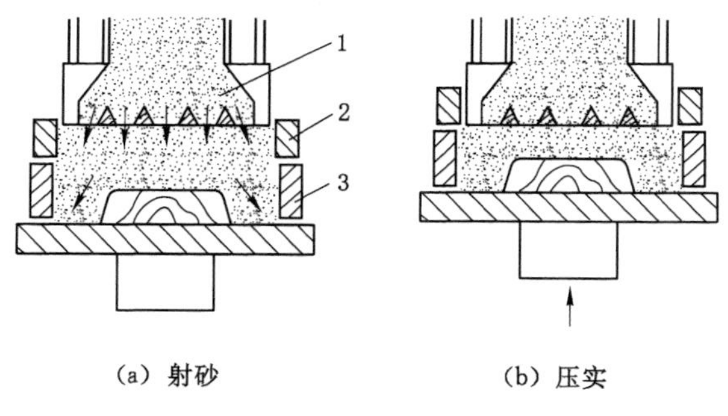

1—射砂头；2—辅助框；3—砂箱。

图 3-21　射压造型工作原理

3. 振压造型

振压造型是利用振动和加压使型砂压实，工作原理如图 3-22 所示。由该方法得到的砂型密度的波动范围小，紧实度高。振压造型中常应用的是微振压实造型方法，它相比纯压造型可获得较高的砂型紧实度，且砂型均匀性也较高，可用于精度要求高、形状较复杂铸件的成批生产。

3.2.5　制芯

芯型主要用于形成铸件的内腔、孔洞和凹坑等部分。芯型必须具备比砂型更高的强度、耐火性、透气性和退让性。一般可用黏土砂做芯型，要求较高的铸造生产可用钠水玻璃砂、油砂或合脂砂。

1. 制芯工艺

制芯型时，除选择合适的材料外，还必须采取以下工艺措施：

(1) 放芯骨。为了保证砂芯在生产过程中不变形、不开裂、不折断，通常在砂芯中埋置

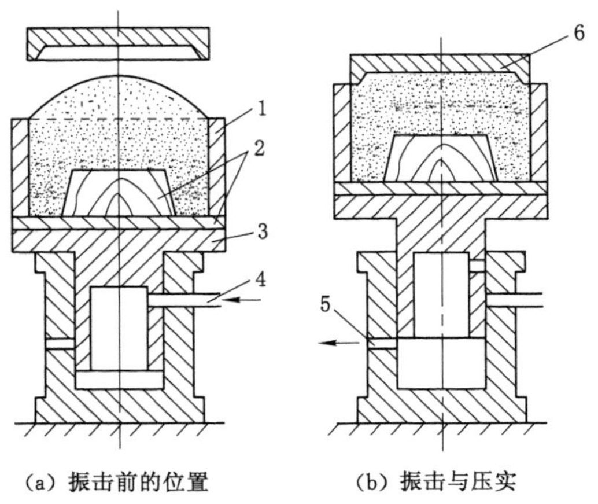

1—砂箱；2—模板；3—气缸；4—进气口；5—排气口；6—压板。

图 3-22 振压造型

芯骨，以提高其强度和刚度。小型砂芯通常采用易弯曲变形、回弹性小的退火铁丝制作芯骨，中、大型砂芯一般采用铸铁芯骨或用型钢焊接而成的芯骨，如图 3-23 所示。

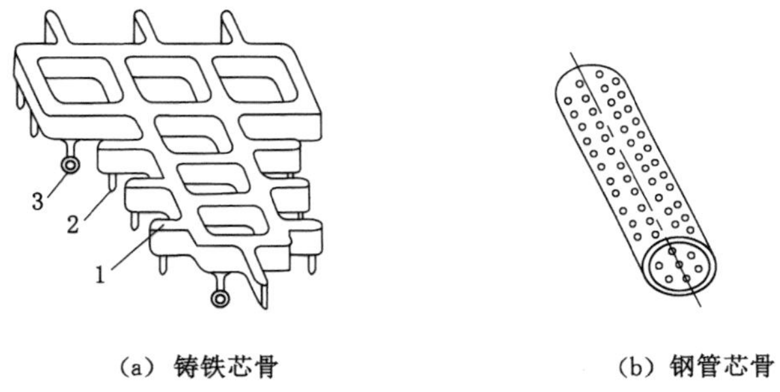

1—芯骨框架；2—芯骨齿；3—吊耳。

图 3-23 芯骨

(2) 开通气道。砂芯在高温金属液的作用下，浇注很短时间就会产生大量气体。当砂芯排气不良时，气体会侵入金属液使铸件产生气孔缺陷。砂芯中开排气道的方法有用通气针扎出气孔，用通气针挖出气孔和用蜡线或尼龙管做出气孔，砂芯内加填焦炭也是一种增加砂芯透气性的措施。提高砂芯透气性的方法如图 3-24 所示。

(3) 刷涂料。刷涂料的作用在于降低铸件表面粗糙度，减少铸件黏砂、夹砂等缺陷。一般中、小铸钢件和部分铸铁件可用硅粉涂料，大型铸钢件用刚玉粉涂料，石墨粉涂料常用于铸铁件生产。

(4) 烘干砂芯。烘干后可以提高强度和增加透气性，烘干时采用低温进炉、合理控温、缓慢冷却的烘干工艺。

2. 制芯方法

制芯方法分手工制芯和机器制芯两大类，下面主要介绍手工制芯。

手工制芯可分为芯盒制芯和刮板制芯。芯盒制芯是应用较广的一种方法，按芯盒结构

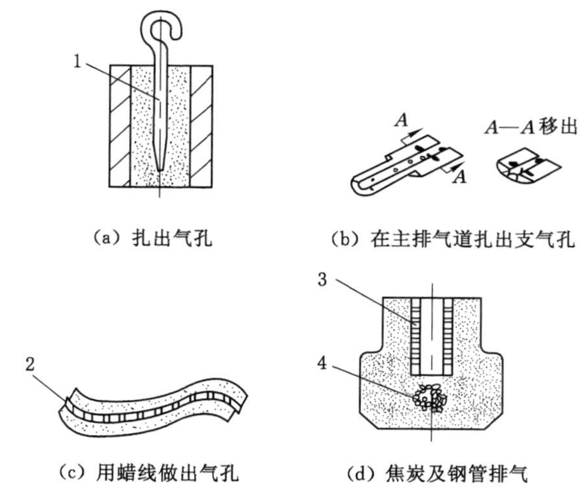

1—通气针;2—蜡线;3—钢管;4—焦炭。

图 3-24 砂芯通气

的不同,又可分为整体式芯盒制芯、分式芯盒制芯及脱落式芯盒制芯。

(1) 整体式芯盒制芯。对于形状简单且有一个较大平面的砂芯,可采用这种方法。如图 3-25 所示为整体翻转式芯盒制芯示意图。

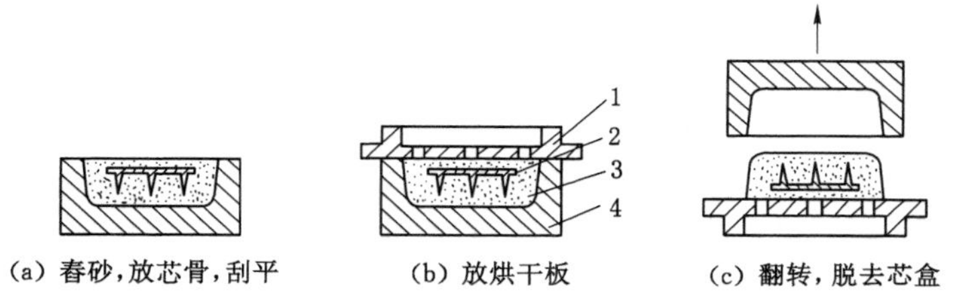

1—烘干板;2—芯骨;3—砂芯;4—芯盒。

图 3-25 整体式芯盒制芯

(2) 分式芯盒制芯:工艺过程如图 3-26 所示。也可以采用两半芯盒分别填砂制芯,然后组合使两半砂芯粘合后取出砂芯的方法。

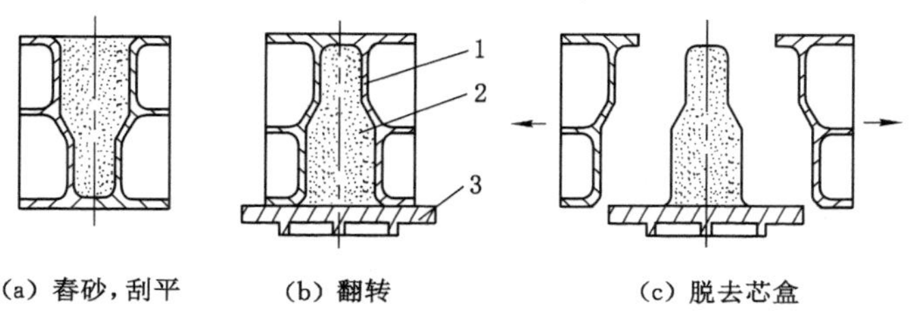

1—芯盒;2—砂芯;3—烘干板。

图 3-26 分式芯盒制芯

(3) 脱落式芯盒制芯:其操作方式和分式芯盒制芯类似,不同的是把妨碍砂芯取出的芯盒部分做成活块，取芯时，从不同方向分别取下各个活块。

（4）刮板制芯：对于具有回转体形的砂芯可采用刮板制芯方式。和刮板造型一样，它也要求操作者有较高的技术水平，并且生产率低，所以刮板制芯适用于单件、小批量生产砂芯。刮板制芯工艺如图 3-27 所示。

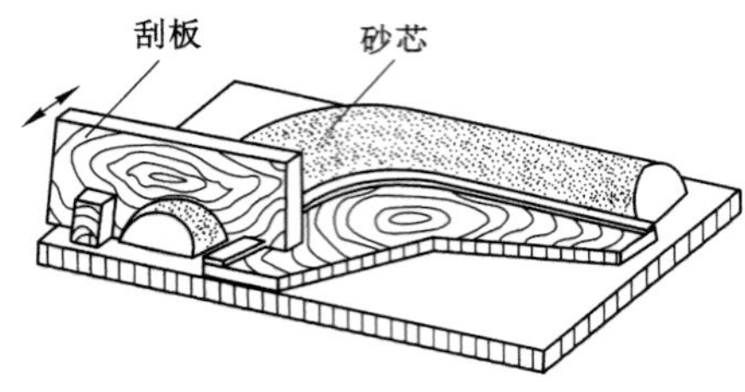

图 3-27　刮板制芯

机器制芯与机器造型原理相同，也有振实式、微振压实式和射芯式等多种方法。机器制芯生产率高、芯型紧实度均匀、质量好，但安放芯骨、取出活块等工序有时仍需手工完成。

3.2.6　浇注系统及冒口、冷铁

浇注系统是砂型中引导金属液进入型腔的通道，为了实现铸件在浇注、冷凝过程中能正常充型和冷却收缩，一些铸型设计中还应用了冒口和冷铁。

1. 对浇注系统的基本要求

浇注系统设计正确与否对铸件质量影响很大，对浇注系统的基本要求是：

（1）引导金属液平稳、连续地充型，防止卷入、吸收气体和使金属过度氧化。

（2）充型过程中金属液流动的方向和速度可以控制，保证铸件轮廓清晰、完整，避免因充型速度过高而冲刷型壁或砂芯及充型时间不适合而造成夹砂、冷隔、皱皮等缺陷。

（3）具有良好的挡渣、溢渣能力，净化进入型腔的金属液。

（4）结构简单、可靠，金属液消耗少，并容易清理。

2. 浇注系统的组成及作用

浇注系统一般由外浇口、直浇道、横浇道和内浇道四部分组成，如图 3-28 所示。

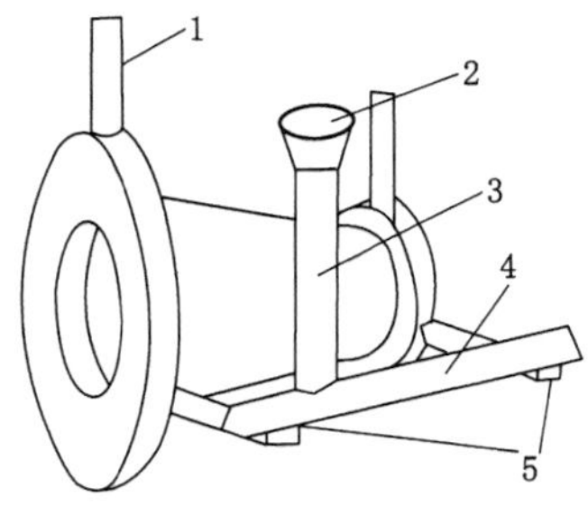

1—出气冒口；2—浇口杯；3—直浇道；4—横浇道；5—内浇道。

图 3-28　浇注系统的组成

（1）外浇口：用于承接浇注的金属液，起到防止金属液的飞溅和溢出、减缓对型腔的冲击、分离渣滓和气泡、阻止杂质进入型腔的作用。外浇口分漏斗形（浇口杯）和盆形（浇口盆）

两大类。

(2) 直浇道:其功能是从外浇口引导金属液进入横浇道、内浇道或直接导入型腔。直浇道有一定高度,使金属液在重力的作用下克服各种流动阻力,在规定时间内完成充型。

(3) 横浇道:横浇道是将直浇道的金属液引入内浇道的水平通道。作用是将直浇道金属液竖直压力转化为水平压力,减轻对直浇道底部铸型的冲刷,控制内浇道的流量分布,阻止渣滓进入型腔。

(4) 内浇道:与型腔相连,其功能是控制金属液充型速度和方向,分配金属液,调节铸件的冷却速度,对铸件起一定的补缩作用。

3. 浇注系统的类型

浇注系统的类型按内浇道在铸件上的位置,分为顶注式、中注式、底注式和阶梯注入式等4种类型,如图3-29所示。

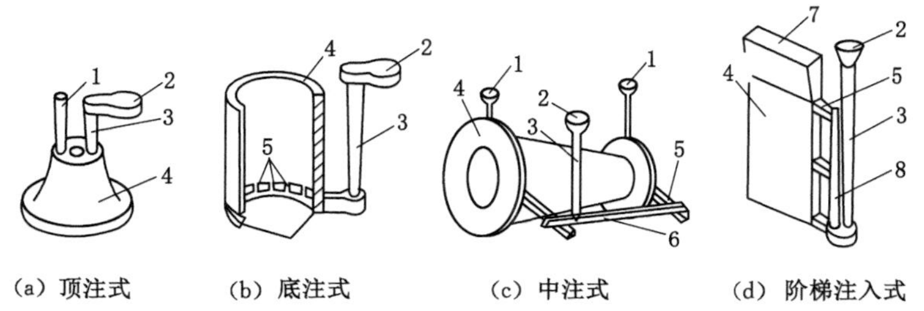

1—出气口;2—浇口杯;3—直浇道;4—铸件;5—内浇道;6—横浇道;7—冒口;8—分配直浇道。

图3-29 浇注系统的类型

4. 冒口

铸件浇铸后,为防止由此而产生的铸件缩孔、缩松等缺陷,常在铸型中设置冒口。即人为设置用以存储金属液的空腔,用于补偿铸件形成过程中可能产生的收缩,并为控制凝固顺序创造条件,同时冒口也有排气、集渣、引导充型的作用。

冒口形状有圆柱形、球顶圆柱形、长圆柱形、方形和球形等多种。若冒口设在铸件顶部,使铸型通过冒口与大气相通,称为明冒口;冒口设在铸件内部则为暗冒口,具体位置如图3-30所示。

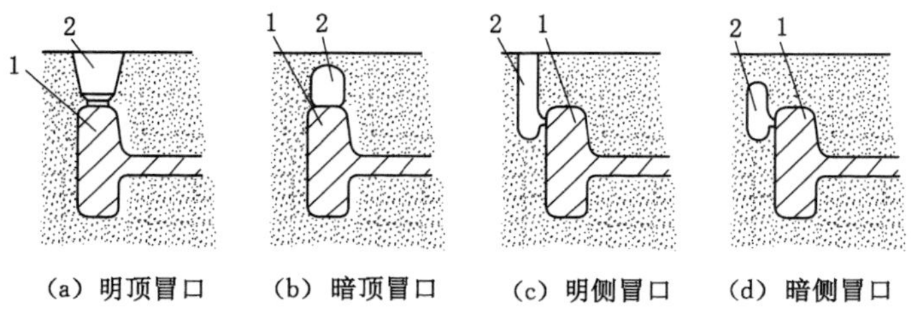

1—铸件;2—冒口。

图3-30 冒口

冒口一般应设在铸件壁厚交叉部位的上方或旁侧,并尽量设在铸件最高、最厚的部位,其体积应能保证所提供的补缩液量不小于铸件的冷凝收缩和型腔扩大量之和。应当说明的是，在浇铸冷凝后，冒口金属与铸件相连，清理铸件时，应除去冒口并将其回炉。

5. 冷铁

为增加铸件局部冷却速度，在型腔内部及工作表面安放的金属块称为冷铁。冷铁分为内冷铁和外冷铁两大类，放置在型腔内浇铸后与铸件熔合为一体的金属激冷块称为内冷铁，在造型时放在模样表面的金属激冷块为外冷块，如图 3-31 所示。冷铁的作用在于调节铸件凝固顺序，在冒口难以补缩的部位防止出现缩孔、缩松，扩大冒口的补缩距离，避免在铸件厚壁交叉及急剧变化部位产生裂纹。

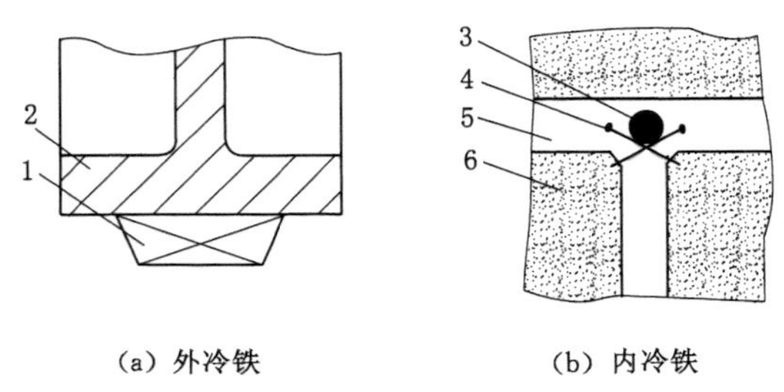

(a) 外冷铁　　(b) 内冷铁

1—冷铁；2—铸件；3—长圆柱形冷铁；4—钉子；5—型腔；6—型砂。

图 3-31　冷铁

3.2.7　造型的基本操作训练

造型方法虽然很多，但每种造型方法大都包括舂砂、起模、修型、合箱等工序。

1. 造型模样

用木材、金属或其他材料制成的铸件原形统称为模样，它是用来形成铸型的型腔。模样的外形与铸件的外形相似，不同的是铸件上如有孔穴，在模样上不仅实心无孔，而且要在相应位置制作出芯头。

2. 造型前的准备工作

(1) 准备造型工具，选择平整的底板和大小适应的砂箱。砂箱选择过大，不仅消耗过多的型砂，而且浪费舂砂工时。砂箱选择过小，则木模周围的型砂舂不紧，在浇注的时候金属液容易从分型面即交界面流出。

(2) 擦净木模，以免造型时型砂粘在木模上，造成起模时损坏型腔。

(3) 安放木模时，应注意木模上的斜度方向，不要把它放错。

3. 舂砂

(1) 舂砂时必须分次加入型砂。对小砂箱一般每次加砂厚 50～70 mm。加砂过多舂不紧，而加砂过少又费用工时。第一次加砂时须用手将木模周围的型砂按紧，以免木模在砂箱内移动位置。然后用舂砂锤的尖头分次舂紧，最后改用舂砂锤的平头舂紧型砂的最上层。

(2) 舂砂应按一定的路线进行。切不可东一下、西一下乱舂，以免各部分松紧不一。

(3) 舂砂用力大小应该适当，不要过大或过小。用力过大，砂型太紧，浇注时型腔内的气体跑不出来。用力过小，砂型太松易塌箱。同一砂型各部分的松紧是不同的，靠近砂箱内壁应舂紧，以免塌箱。靠近型腔部分，砂型应稍紧些，以承受金属液体的压力。远离型腔的砂层应适当松些，以利透气。

(4) 舂砂时应避免舂砂锤撞击木模。一般舂砂锤与木模相距 20～40 mm，否则容易损坏木模。

4. 撒分型砂

在制作上砂型之前，应在分型面上撒一层细粒无黏土的干砂(即分型砂)，以防止上、下砂箱粘在一起开不了箱。撒分型砂时，应使分型砂薄薄地覆盖在分型面上。最后应将木模上的分型砂吹掉，以免在制作上砂型时，分型砂粘到上砂型表面，而在浇注时产生缺陷。

5. 扎通气孔

除了保证型砂有良好的透气性外，还要在已舂紧和刮平的型砂上，用通气针扎出通气孔，以便浇注时气体易于逸出。通气孔要垂直而且均匀分布。

6. 开外浇口

外浇口应挖成60°的锥形，大端直径一般为60～80 mm。浇口面应修光，与直浇道连接处应修成圆弧过渡，以引导液体金属平稳流入砂型。若外浇口挖得太浅而成碟形，则浇注金属液体时会四处飞溅伤人。

7. 做合箱线

若上、下砂箱没有定位销，则应在上、下砂型打开之前，在砂箱壁上做出合箱线。最简单的方法是在箱壁上涂上粉笔灰，然后用划针划出细线。需进炉烘烤的砂箱，则用砂泥粘敷在砂箱壁上，用抹刀抹平后，再刻出线条，称为打泥号。合箱线应位于砂箱壁最厚处，两处合箱线的线数应不相等，以免合箱时弄错。做线完毕，即可开箱起模。

8. 起模

(1) 起模前要用水笔蘸些水，刷在木模周围的型砂上，以防止起模时损坏砂型型腔。刷水时应一刷而过，不要使水笔停留在某一处，以免局部水分过多而在浇注时产生大量水蒸气，使铸件产生气孔缺陷。

(2) 起模针位置要尽量与木模的重心铅垂线重合。起模前，要用小锤轻轻敲打起模针的下部，使木模松动，便于起模。

(3) 起模时，慢慢将木模垂直提起，待木模即将全部起出时，快速取出。起模时注意不要偏斜和摆动。

9. 修型

起模后，型腔如有损坏，应根据型腔形状和损坏程度，正确使用各种修型工具进行修补。如果型腔损坏较大，可将木模重新放入型腔进行修补，然后再起出。

10. 合箱

合箱前，应仔细检查砂型有无损坏和散砂、浇口是否修光等。如果有下型芯，应先检查型芯是否烘干、有无破损及通气孔是否堵塞等。型芯在砂型中的位置应该准确稳固，以免影响铸件准确度，并避免浇注时被金属液体冲偏。合箱时应注意使上砂箱保持水平下降，并应对准合箱线，防止错箱。合箱后最好用纸或木片盖住浇口，以免砂子或杂物落入浇口。

3.3 熔炼与浇注

3.3.1 金属的熔炼

熔炼是指金属由固态通过加热转变为熔融状态的过程。金属熔炼的任务是提供化学成分和温度都合格的金属液。金属液的化学成分不合格会降低铸件的力学性能和物理性能；金属液的温度过低，会使铸件产生浇不足、冷隔、气孔和夹渣等缺陷。

在铸造生产中，用得最多的合金是铸铁，铸铁通常用冲天炉或电炉来熔炼。机械零件的强度、韧性要求较高时，可采用铸钢铸造，铸钢的熔炼设备有平炉、转炉、电弧炉以及感应电炉等。有些铸件是用有色金属制造的，如铜、铝合金等。铜、铝合金的熔炼特点是金属不与燃料直接接触，以减少金属的损耗，保持金属的纯净。在一般的铸造车间内，铜、铝多用坩埚炉来熔炼。

3.3.2 浇注

将熔炼好的金属液浇入铸型的过程称为浇注。浇注操作不当，铸件会产生浇不足、冷隔、夹砂、缩孔和跑火等缺陷。

1. 浇注工具

浇注常用工具有浇包（图 3-32）、挡渣钩等。浇注前应根据铸件大小、批量选择合适的浇包，并对浇包和挡渣钩等工具进行烘干，以免降低金属液温度及引起液体金属的飞溅。

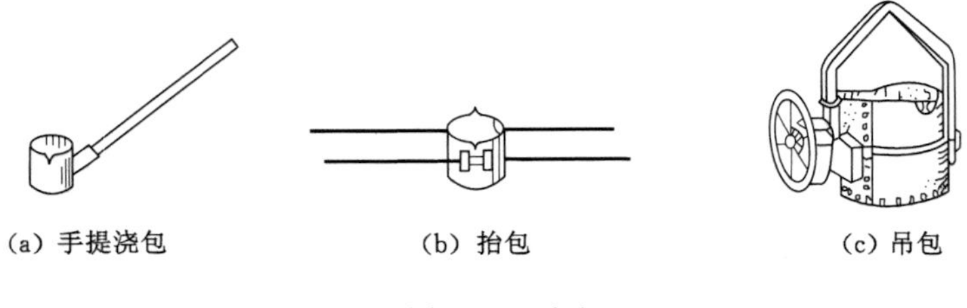

图 3-32　浇包

2. 浇注前的准备工作

（1）准备浇包。浇包是用于盛装铁水进行浇注的工具。应根据铸形大小、生产批量准备合适和足够数量的浇包。常见的浇包有一人使用的手提浇包，两人操作的抬包和用吊车装运的吊包，容量分别为 20 kg、50～100 kg、＞200 kg。

（2）清理通道。浇注时行走的通道不能有杂物挡道，更不许有积水。

3. 浇注工艺

（1）浇注温度：金属液浇注温度的高低，应根据铸件材质、大小及形状来确定。浇注温度过低时，铁液的流动性差，易产生浇不足、冷隔、气孔等缺陷；浇注温度偏高时，铸件收缩大，易产生缩孔、裂纹、晶粒粗大及粘砂等缺陷。铸铁件的浇注温度一般在 1 250～1 360 ℃之间。形状复杂的薄壁铸件浇注温度应高些，厚壁简单铸件可低些。

（2）浇注速度：浇注速度要适中，太慢会使金属液降温过多，易产生浇不足、冷隔、夹渣等缺陷；浇注速度太快，金属液充型过程中气体来不及逸出，易产生气孔，同时金属液的动压力增大，易冲坏砂型或产生抬箱、跑火等缺陷。浇注速度应根据铸件的大小、形状决定。浇注开始时，浇注速度应慢些，以利于减小金属液对型腔的冲击和气体从型腔排出；随后浇注速度加快，以提高生产速度，并避免产生缺陷；结束阶段再降低浇注速度，防止发生抬箱现象。

浇注过程中应注意：浇注前进行扒渣操作，即清除金属液表面的熔渣，以免熔渣进入型腔；浇注时在砂型出气口、冒口处引火燃烧，促使气体快速排出，防止铸件产生气孔和减少有害气体污染空气；浇注过程中不能断流，应始终使外浇口保持充满状态，以利于熔渣上浮；另外，浇注是高温作业，操作人员应注意安全。

3.4 铸造缺陷分析

铸造生产程序繁多，所用原、辅材料种类多，铸件缺陷的种类很多，形成原因十分复杂，总体来讲在于生产程序失控，操作不当和原、辅材料差错三方面。表 3-1 列出了砂型铸造常见的铸件缺陷及产生的原因。

表 3-1 铸件常见缺陷及产生的原因

序号	名称	缺陷的特征	缺陷产生的原因
1	气孔	气孔多分布在铸件内部、表面或近表面处，内壁光滑，形状有圆形、梨形、腰圆形或针头状，大气孔常孤立存在，小气孔成片聚集。断面直径在 1 至数毫米，长气孔长 3～10 mm 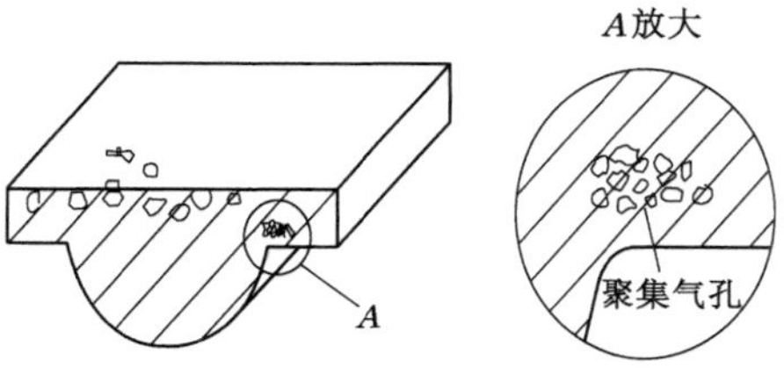 A放大 A 聚集气孔	1. 炉料潮湿、锈蚀、有油污，金属液含有大量气体或产气物质。 2. 砂型、芯型透气性差，含水分和发气物质太多。芯型未烘干，排气不畅。 3. 浇注系统不合理，浇注速度过快。 4. 浇注温度低，金属液除渣不良，黏度过高。 5. 型砂、芯砂和涂料成分不当，与金属液发生反应
2	缩孔、缩松	1. 缩孔分布在铸件厚断面内部，两交界面的内部及厚断面和厚断面交接处的内部或表面，形状不规则，孔内壁粗糙不平，晶粒粗大。 2. 缩松是在铸件内部微小而不连贯的缩孔，聚集在一处或多处，金属晶粒间存在很小的孔眼，做水压试验会渗水 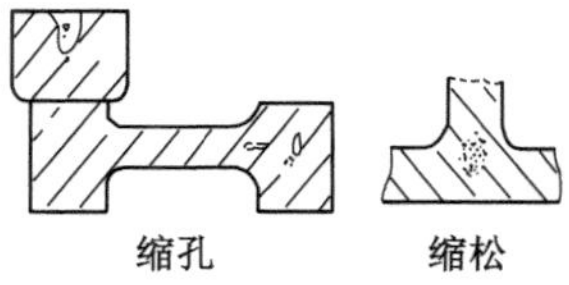 缩孔 缩松	1. 浇注温度不当，过高易产生缩孔，过低易产生缩松。 2. 合金凝固时间过长或凝固间隔过宽。 3. 合金中杂质和溶解的气体过多，金属成分中缺少晶粒细化元素。 4. 铸件结构设计不合理，壁厚变化大。 5. 浇注系统、冒口、冷铁等设置不当，使铸件在冷缩时得不到有效补缩
3	渣眼	渣眼是指在铸件内部或表面有形状不规则的孔眼。孔眼不光滑，里面全部或部分充塞着渣 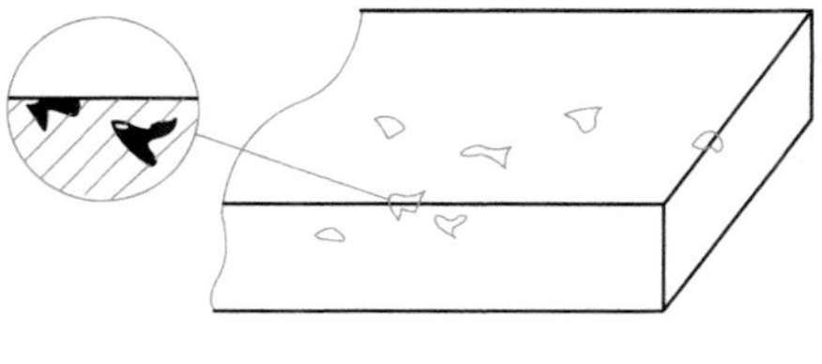	1. 浇注时，金属液挡渣不良，熔渣随金属液一起注入型腔。 2. 浇注温度过低，熔渣不易上浮。 3. 金属液含有大量硫化物、氧化物和气体，浇注后在铸件内形成渣气孔

表 3-1(续)

序号	名称	缺陷的特征	缺陷产生的原因
4	错箱	错箱是铸件的一部分与另一部分在分型面上错开,发生相对位移 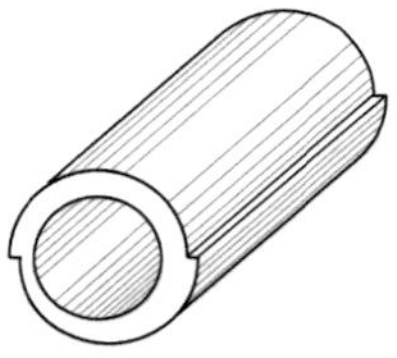	1. 砂箱合型时错位,定位销未起作用或定位标记未对准。 2. 分模的上、下半模样装备错位或配合松动。 3. 合型后砂型受碰撞,造成上、下型错位
5	粘砂	粘砂是在铸件表面上、全部或部分覆盖着金属(或金属氧化物)与砂(或涂料)的混合物或化合物,或一层烧结的型砂,致使铸件表面粗糙 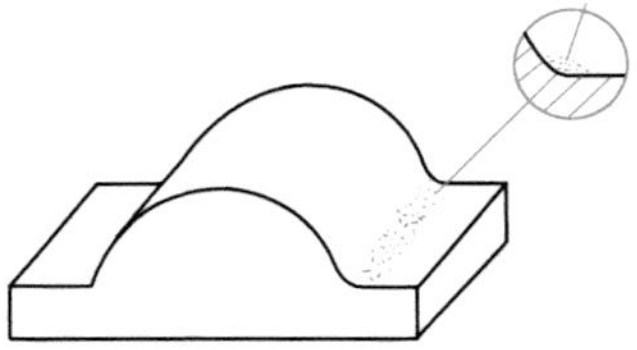	1. 型砂和芯砂太粗,涂料质量差或涂层厚度不均匀。 2. 砂型和芯型的紧实度低或不均匀。 3. 浇注温度和浇口杯高度太高,浇注过程中金属液压力大。 4. 型砂和芯砂含 SiO_2 少,耐火性差。 5. 金属液中的氧化物和低熔点化合物与型砂发生反应
6	夹砂	夹砂是在铸件表面上,有金属夹杂物或片状、瘤状物,表面粗糙,边缘锐利,在金属瘤片和铸件之间夹有型砂 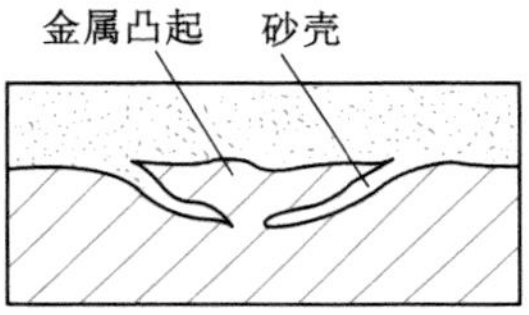 金属凸起 砂壳 夹砂	1. 在金属液热作用下,型腔上表面和下表面膨胀鼓起开裂。 2. 型砂湿强度低,水分过多,透气性差。 3. 浇注温度过高,浇注时间过长。 4. 浇注系统不合理,使局部砂型烘烤严重。 5. 型砂膨胀率大,退让性差
7	冷裂	冷裂是在铸件凝固后冷却过程中因铸造应力大于金属强度而产生的穿透或不穿透性裂纹。裂纹呈直线或折线状,开裂处有金属光泽 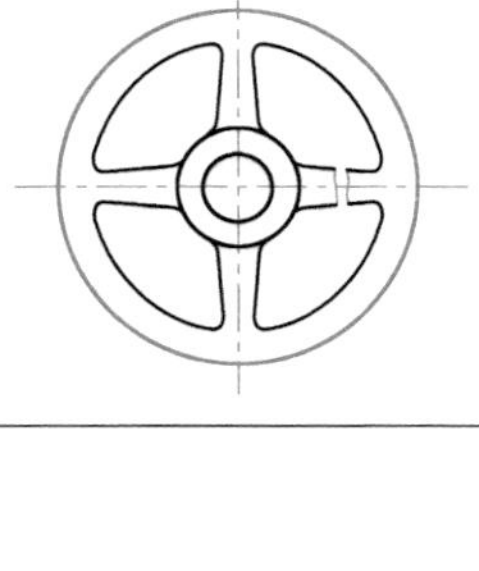	1. 铸件结构设计不合理,壁厚相差太大。 2. 浇、冒口设置不当,铸件各部分冷却速度差别过大。 3. 熔炼时金属液有害杂质成分超标,铸造合金抗拉强度低。 4. 浇注温度太高,铸件开箱过早,冷却速度过快

表 3-1(续)

序号	名称	缺陷的特征	缺陷产生的原因
8	热裂	热裂是在铸件凝固末期或凝固后不久，因铸件固态收缩受阻而引起的穿透或不穿透性裂纹。裂纹呈曲线状，开裂处金属表皮氧化 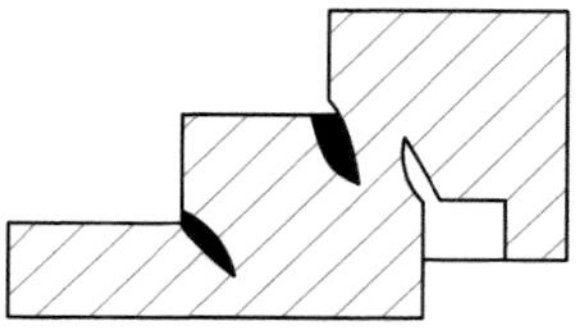	1. 铸件壁厚相差悬殊，连接处过渡圆角太小，阻碍铸件正常收缩。 2. 浇道、冒口设置位置和大小不合理，限制铸件正常收缩。 3. 型砂和芯砂黏土含量太多，型、芯强度太高，退让性差。 4. 铸造合金中硫、磷等杂质成分含量超标。 5. 铸件开箱、落砂过早，冷却过快
9	冷隔	冷隔是铸件上穿透或不穿透的缝隙，其交接边缘是圆滑的，是充型时金属液流汇合时熔合不良造成的 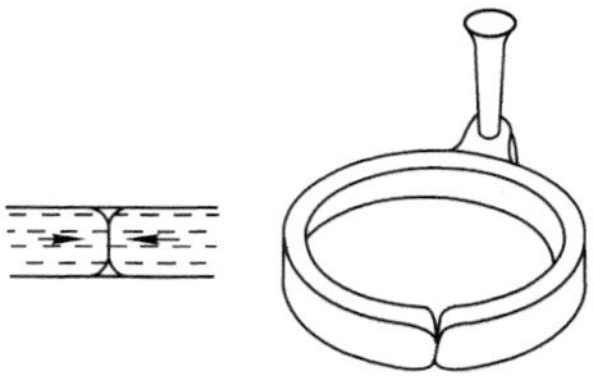	1. 浇注温度太低，铸造合金流动性差。 2. 浇注速度过低或浇注中断。 3. 铸件壁厚太小，薄壁部位处于铸型顶部或距内浇道太远。 4. 浇道截面积太小，直浇道高度不够，内浇道数量少或开设位置不当。 5. 铸型透气性差
10	浇不足	浇不足是由于金属液未完全充满型腔而产生的铸件残缺、轮廓不完整或边角圆钝。常出现在型腔表面或远离浇道的部位 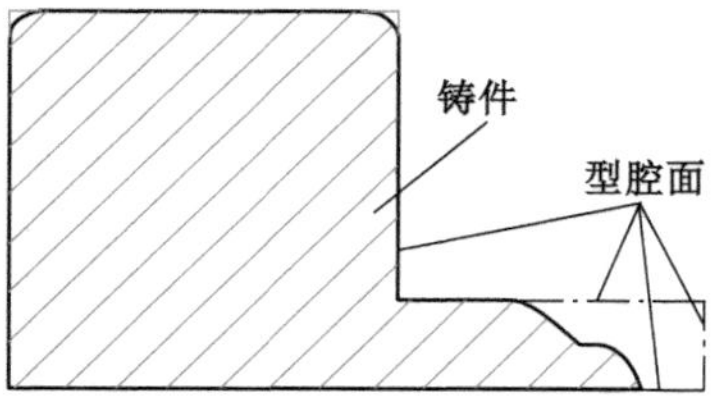 铸件 型腔面	1. 浇注温度太低，浇注速度过慢或浇注过程中断流。 2. 浇注系统设计不合理，直浇道高度不够，内浇道数量少或截面积小。 3. 铸件壁厚太小。 4. 金属液氧化严重，非金属氧化物含量大，黏度大、流动性差。 5. 型砂和芯砂发气量大，型、芯排气口少或排气通道堵塞
11	砂眼	砂眼是指在铸件内部或表面有充塞着型砂的孔眼 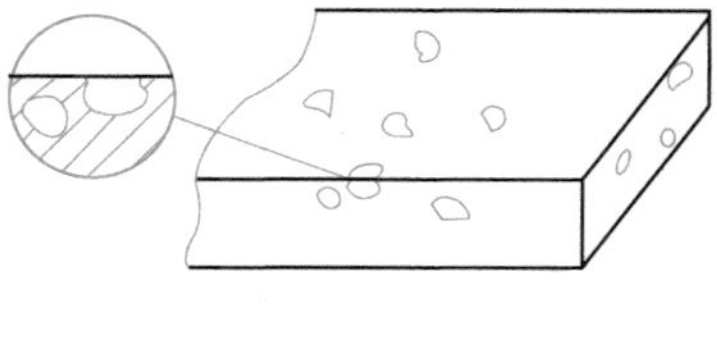	1. 型腔表面上的浮砂在合模前未吹扫干净。 2. 在造型、下芯、合模过程中操作不当，使砂型和芯型受到损坏。 3. 浇注系统设计不合理或浇注操作不当，金属液冲坏砂型和芯型。 4. 砂型和芯型强度不够，涂层不良，浇注时型砂被金属液冲垮或卷入，涂层脱落

表 3-1(续)

序号	名称	缺陷的特征	缺陷产生的原因
12	偏芯	偏芯是指在金属液充型力的作用下,芯型位置发生了变化,使铸件内孔位置偏错、铸件形状和尺寸与图样不符 上 下	1. 砂芯下偏。 2. 起模不慎,使芯座尺寸发生变化。 3. 芯头截面积太小,支撑面不够大,芯座处型砂紧实度低,芯砂强度低。 4. 浇注系统设计不当,充型时金属静压力过大或金属液流速大直冲砂芯。 5. 浇注温度、浇注速度过高,使金属液对砂芯热作用或冲击作用过于强烈

复习思考题

1. 什么是铸造?砂型铸造有哪些主要工序?
2. 铸造工艺有哪些特点?
3. 试列举出几种特种铸造方法。相对于砂型铸造,它们有什么优点?
4. 铸型由哪几部分组成?试说明各部分的作用。
5. 模样尺寸为什么不能设计得和所要制造的零件尺寸完全一样?
6. 涂料在铸件生产中有什么作用?在铸造中有哪几种涂料应用?
7. 冒口的作用是什么?为什么砂型铸造中有时采用冷铁?
8. 孔洞类缺陷中气孔与缩孔有何区别?夹杂类缺陷中渣眼与砂眼有何区别?这四种铸造缺陷产生的原因各是什么?

第4章　锻　　压

【学习要点及工程思政】

1. 实训要求

（1）了解锻压生产的实质、特点及工艺过程。

（2）掌握锻件的加热与冷却方法。

（3）了解锻压设备的种类及适用场合。

（4）熟悉自由锻的主要工序，掌握自由锻生产简单工件的工艺过程。

2. 实训操作规程

（1）进入实训场地要听从指导教师安排，安全着装，认真听讲，仔细观摩，严禁嬉戏打闹，保持场地干净整洁。

（2）必须先学习安全操作规程，在掌握相关设备和工具的正确使用方法后，才能进行操作。未经许可或指导教师不在场的情况下，严禁私自开机。

（3）手工锻造操作时，应检查锤把是否牢固，并检查周围是否有人和障碍物，防止伤人和出事故。

（4）大锤操作者应斜对掌钳者站立，听从掌钳者指挥，以免发生意外。

（5）拿取工件要使用钳子，严禁徒手触摸实训场地内的各种工件，以免被烫伤。

（6）砧面上不允许积存氧化皮，禁止用手清除，勿使砧面沾上油或水渍。

（7）剁切工件时应朝向没人的方向，或让周围人员避开，以防料头飞出伤人。

（8）操作空气锤时只允许一人在教师指导下操作，其他人应在距机器 1.5 m 以外的地方观摩，不得靠近机器。不能空击锤砧，不允许锻打过烧或已冷却的金属。

（9）锻后的工件和料头要摆放到指定的位置，不准乱扔乱放。

（10）实训结束后，关闭设备电源，将工具摆放整齐，清理好场地卫生。

3. 工程思政

◆ 精益求精助力大国重器

刘永刚，中铝西南铝业（集团）有限责任公司水压机锻压工、模锻高级技师，能把大件毛坯锻压误差控制在 2 mm 内的“全国技术能手”，先后参与完成了 5 m 级锻环、“亚洲第一环”（直径 3.5 m 的外圈铝环）、C919 大飞机新材料以及“长征”系列火箭、“神舟”系列飞船、“嫦娥工程”、运-20 铝合金锻件材料的生产试制任务，他的创新成果甚至打破了美国、俄罗斯等国的技术壁垒，为中国国防军工事业和国家民族工业的发展做出了重大贡献。经过他手锻压的零件，不少用在了“上天入地下海”等大国重器上。

据了解，高温合金锻压，误差要求非常严格，多一分少一厘都不行，而且对产品变形程度有限定，必须达到工艺要求，这对锻压工是很大的考验，可以说，一个个锻压难题的解决，就是对极限的不断挑战。

为了拿捏准确的火候，刘永刚和技术人员一起分析研究，反复试验，往往每天要工作十几个小时，一连持续数天。凭着这股对工艺优化、尺寸拿捏、操作精度三者完美结合的不懈追求，刘永刚对操作火候的把握已臻化境，并独创出“卡环操作法”。他锻压出来的毛坯，产品合格率由70%提高到95%以上——“这是保守说法，实际上接近100%”。

俗话说“艺痴者技必良”，如今面对2 m长，1.5 m宽，有着70多个按钮，外加左右两个显示屏的操作台，刘永刚闭着眼睛都知道各个按钮的位置，他可以根据屏幕显示的水压机实时进度，迅速而准确地按下按钮，不过二三十秒的时间，就能把铸锭锻压成各种规格形状的毛坯。

实际上，操作台上的按钮，哪个先按，哪个后按，必须根据来料情况迅速判断，晚一秒早一秒都不行，而这些直径达数米的毛坯，锻压精度要求非常高，误差要在10 mm内，而刘永刚却可以将每个毛坯误差控制在2 mm内，不能不令人惊叹。

近几年来，在创新方面刘永刚在行业内实现了5项历史性突破，优化生产操作60余项；他还参与了40多项工艺革新和质量攻关项目，被采纳的合理化建议30余条。尤其值得一提的是，2016年，刘永刚带领以他名字命名的劳模创新工作室的成员完成了国家级科研项目10 m锻环的预研阶段任务，创造了世界纪录，为国家重型载人航天任务提前做好了准备。

4.1 锻压概述

锻压：利用金属的塑性，对其施加外力作用，从而得到具有一定形状、尺寸和力学性能的型材、零件的加工方法。

锻造：在加工设备及工(模)具的作用下，使坯料产生局部或全部的塑性变形，以获得具有一定形状、尺寸和质量的锻件的加工方法。锻造可分为自由锻造、胎模锻造和模型锻造等。根据锻造温度不同，锻造可分为热锻、温锻和冷锻三种。其中热锻应用最为广泛。

经过锻造成形后的锻件，其内部组织得到改善，如气孔、疏松、微裂纹被压合，夹杂物被压碎，组织更为致密，从而使力学性能得到提高，因此，通常作为承受重载或冲击载荷的零件，如齿轮、机床主轴、曲轴、发动机蜗轮盘、叶片、飞机起落架、起重机吊钩等都是以锻件为毛坯加工的。

板料冲压：利用冲模使金属或非金属板料产生分离或变形的压力加工方法。

一般用于加工的金属板料厚度小于6 mm时在常温下冲压称为冷冲压。只有板料厚度超过8～10 mm时，为了减少变形抗力，才用热冲压。压制品具有质量轻、刚度好、强度高、互换性好、成本低等优点，生产过程易于实现机械自动化，生产率高。因此，几乎在各种制造金属成品的工业部门中，都获得广泛应用。特别是在汽车、拖拉机、航空、电器、仪器、仪表、国防及日用品等工业中，板材冲压占有极其重要的地位。

4.2 金属的加热与锻件的冷却

热锻的工艺过程包括下料、坯料加热、锻造成形、锻件冷却和热处理等过程。

4.2.1 锻造加热设备

在锻造生产中，根据热源的不同，分为火焰加热和电加热。前者利用烟煤、重油或煤气燃烧时产生的高温火焰直接加热金属，后者是利用电能转化为热能加热金属。

火焰炉包括手锻炉、反射炉和油炉或煤气炉，在锻工实训中常用的是手锻炉。手锻炉常用烟煤作燃料，其结构简单，容易操作，但生产率低，加热质量不高。

电加热装置包括电阻加热（如电阻炉）、接触加热和感应加热装置。电阻炉是常用的电加热设备，是利用电流通过待加热元件时产生的电阻热加热坯料的。其特点是结构简单，操作方便，炉温及炉内气氛容易控制，坯料氧化较小，加热质量好，坯料加热温度适应范围较大，广泛应用于高校金工实训。

4.2.2　锻造温度范围的确定

锻造温度范围是指金属开始锻造的温度（称始锻温度）和终止锻造的温度（称终锻温度）之间的温度间隔。在保证不出现加热缺陷的前提下，始锻温度应取高一些，以便有较充裕的时间锻造成形，减少加热次数，降低材料、能源消耗，提高生产率。在保证坯料还有足够塑性的前提下，终锻温度应尽量低一些，这样能使坯料在一次加热后完成较大变形，减少加热次数，提高锻件质量。金属材料的锻造温度范围一般可查阅锻造手册、国家标准或企业标准。常用钢材的锻造温度范围见表4-1。

表4-1　常用钢材的锻造温度范围

材料种类	始锻温度/℃	终锻温度/℃
低碳钢	1 200～1 250	800
中碳钢	1 150～1 200	800
碳素工具钢	1 050～1 150	750～800
合金结构钢	1 150～1 200	800～850

金属加热的温度可用仪表来测量，还可以通过观察加热毛坯的火色来判断，即用火色鉴定法。碳素钢加热温度与火色的关系见表4-2。

表4-2　钢加热到各种温度范围的颜色

热颜色	温度/℃	热颜色	温度/℃
暗红色	650～750	深黄色	1 050～1 150
樱红色	750～800	亮黄色	1 150～1 250
橘红色	800～900	亮白色	1 250～1 300
橙红色	900～1 050		

4.2.3　坯料加热缺陷

在加热过程中，由于加热时间、炉内温度扩散气氛、加热方式等选择不当，坯料可能产生各种加热缺陷，影响锻件质量。金属在加热过程中可能产生的缺陷有氧化、脱碳、过热、过烧和裂纹等。

4.2.4　锻件冷却

锻件锻后的冷却方式对锻件的质量有一定影响。冷却的方法主要有以下3种。

(1) 空冷:在无风的空气中,放在干燥的地面上冷却。

(2) 坑冷: 在充填有石棉灰、砂子或炉灰等绝热材料的坑中冷却。

(3) 炉冷:在 500～700 ℃的加热炉中,随炉缓慢冷却。

一般来说,锻件中的碳元素及合金元素含量越高,锻件体积越大,形状越复杂,冷却速度要越缓慢,否则会造成硬化、变形甚至裂纹。

4.2.5 锻后热处理

锻件在切削加工前,一般都要进行热处理。热处理的作用是使锻件的内部组织进一步细化和均匀化,消除锻造残余应力,降低锻件硬度,便于进行切削加工等。常用的锻后热处理方法有正火、退火和球化退火等。具体的热处理方法和工艺要根据锻件的材料种类和化学成分确定。

4.3 自由锻造

将坯料置于铁砧上或锻压机器的上、下砥铁之间直接进行锻造,称为自由锻造(简称自由锻)。前者称为手工自由锻(简称手锻),后者称为机器自由锻(简称机锻)。

自由锻生产率低,劳动强度大,锻件的精度低,对操作工人的技术水平要求高。但其所用的工具简单,设备通用性强,工艺灵活。所以广泛用于单件、小批量零件的生产,对于制造重型锻件,自由锻则是唯一的加工方法。

4.3.1 自由锻的主要设备

自由锻常用的设备有空气锤、蒸汽-空气锤及水压机等,分别适合小型、中型、大型锻件的生产。现就高校实训中常用的空气锤进行介绍。

1. 空气锤

空气锤是生产小型锻件及胎模锻造的常用设备,其外形结构如图 4-1 所示。

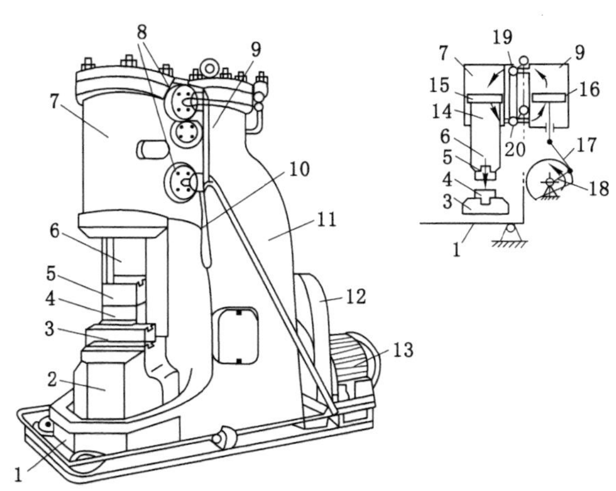

1—踏杠;2—砧座;3—砧垫;4—下砥铁;5—上砥铁;6—锤头;7—工作缸;8—旋阀;9—压缩缸;10—手柄;11—锤身;12—减速机构;13—电动机;14—锤杆;15—工作活塞;16—压缩活塞;17—连杆;18—曲柄;19—上旋阀;20—下旋阀。

图 4-1 空气锤结构

(1) 基本结构

空气锤由锤身、压缩缸、操纵机构、传动机构、落下部分及砧座等几个部分组成。锤身和压缩缸及工作缸铸成一体。砧座部分包括下砥铁、砧垫和砧座。传动机构包括带轮、齿轮减速装置、曲柄和连杆。操纵机构包括手柄(或踏杠)、连接杠杆、上旋阀、下旋阀。在下旋阀中还装有一个只允许空气做单向流动的逆止阀。落下部分包括工作活塞、锤杆和上砥铁。

(2) 工作原理

电动机 13 通过传动机构带动压缩缸 9 内的压缩活塞 16 做往复运动,使压缩活塞 16 的上部或下部交替产生的压缩空气进入工作缸 7 的上腔或下腔,工作活塞 15 便在空气压力的作用下往复运动,并带动锤头 6 进行锻打工作。通过踏杠 1 或手柄,操作上旋阀 19 及下旋阀 20,可使空气锤完成以下动作:上悬、下压、连续锻打、单次锻打、空转。

2. 自由锻工具

自由锻工具按其功用可分为支持工具、打击工具、衬垫工具、夹持工具和测量工具等。

4.3.2 自由锻的基本工序及其操作

自由锻的工序分为基本工序、辅助工序和精整工序 3 类。基本工序是实现锻件基本成形的工序,如镦粗、拔长、冲孔、弯曲、切割等;辅助工序是为基本工序操作方便而进行的预先变形工序,如压钳口、压肩、钢锭倒棱等;修整工序是用以减少锻件表面缺陷而进行的工作,如校正、滚圆、平整等。

实际生产中最常用的是镦粗、拔长、冲孔 3 个基本工序。

1. 镦粗

如图 4-2 所示,镦粗是使坯料截面增大、高度减小的锻造工序,有完全镦粗和局部镦粗两种。镦粗操作的工艺要点如下:

(1) 坯料的高径比,即坯料的高度 H_0 和直径 D_0 之比,应不大于 2.5~3。高径比过大的坯料容易镦弯或造成双鼓形,甚至发生折叠现象而使锻件报废。

(2) 为防止镦歪,坯料的端面应平整并与坯料的中心线垂直,端面不平整或不与中心线垂直的坯料,镦粗时要用钳子夹住,使坯料中心线与锤杆中心线一致。

(3) 镦粗过程中如发现镦歪、镦弯或出现双鼓形应及时矫正。

(4) 局部镦粗时要采用相应尺寸的漏盘或胎模等工具。

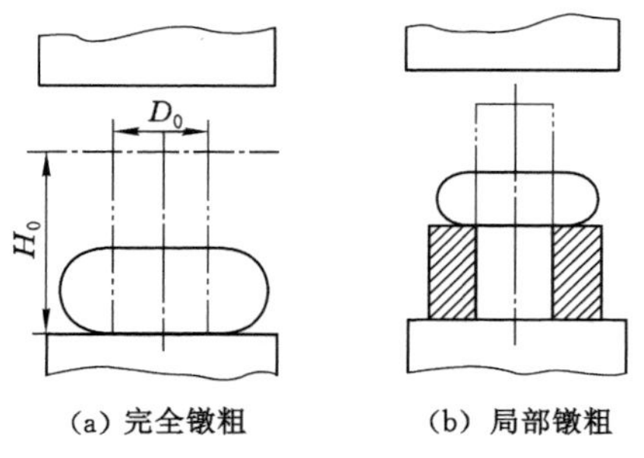

图 4-2 完全镦粗和局部镦粗

2. 拔长

拔长是使坯料长度增加、横截面积减小的锻造工序。操作中还可以进行局部拔长、芯轴拔长等。拔长操作的工艺要点如下。

(1) 送进:锻打过程中,坯料沿砥铁宽度方向(横向)送进,每次送进量不宜过大,以砥铁宽度的 0.3～0.7 倍为宜[图 4-3(a)]。送进量过大,金属主要沿坯料宽度方向流动,反而降低延伸效率,如图 4-3(b)所示。送进量太小,又容易产生夹层,如图 4-3(c)所示。

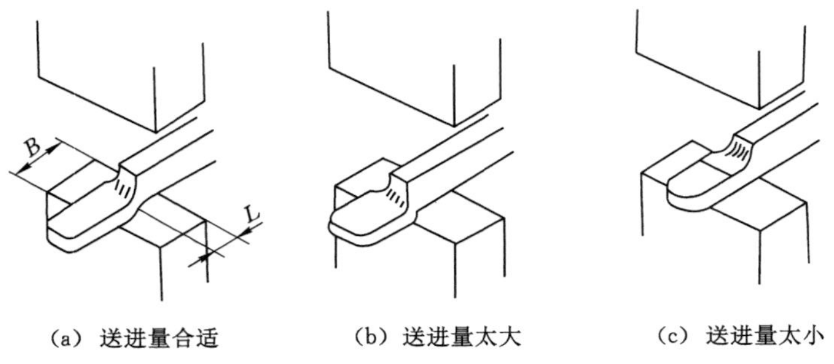

(a) 送进量合适　(b) 送进量太大　(c) 送进量太小

图 4-3　拔长时的送进方向和送进量

(2) 翻转:拔长过程中应不断翻转坯料,除了按图 4-4 所示数字顺序进行的两种翻转方法外,还有螺旋式翻转拔长方法。为便于翻转后继续拔长,压下量要适当,应使坯料横截面的宽度与厚度之比不超过 2.5,否则易产生折叠。

(a)　(b)

图 4-4　拔长时锻件的翻转方法

(3) 锻打:将圆截面的坯料拔长成直径较小的圆截面时,必须先把坯料锻成方形截面,在拔长到边长接近锻件的直径后,再锻成八角形,最后打成圆形,如图 4-5 所示。

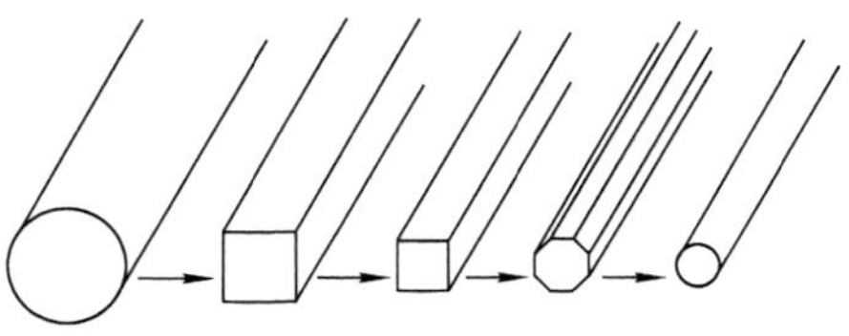

图 4-5　圆截面坯料拔长时横截面的变化

(4) 锻制台阶或凹挡:要先在截面分界处压出凹槽,称为压肩。

(5) 修整:拔长后要进行修整,以使截面形状规则。修整时坯料沿砥铁长度方向(纵向)送进,以增加锻件与砥铁间的接触长度和减少表面的锤痕。

3. 冲孔

在坯料上冲出通孔或不通孔的工序称为冲孔。冲孔分双面冲孔和单面冲孔，如图 4-6、图 4-7 所示。单面冲孔适用于坯料较薄的场合。其操作工艺要点如下：

(1) 冲孔前，坯料应先镦粗，以尽量减小冲孔深度。

(2) 为保证孔位正确，应先试冲，即用冲子轻轻压出凹痕，如有偏差，可加以修正。

(3) 冲孔过程中应保证冲子的轴线与锤杆中心线(即锤击方向)平行，以防将孔冲歪。

(4) 一般锻件的通孔采用双面冲孔法冲出，即先从一面将孔冲至坯料厚度 2/3～3/4 的深度再取出冲子，翻转坯料，从反面将孔冲透。

(5) 为防止冲孔过程中坯料开裂，一般冲孔孔径要小于坯料直径的 1/3。大于坯料直径 1/3 的孔，要先冲出一较小的孔，然后采用扩孔的方法达到所要求的孔径尺寸。常用的扩孔方法有冲头扩孔和芯轴扩孔。冲头扩孔利用扩孔冲子锥面产生的径向分力将孔扩大，芯轴扩孔实际上是将带孔坯料沿圆周切向拔长，内外径同时增大，扩孔量几乎不受什么限制，最适于锻制大直径的薄壁圆环件。

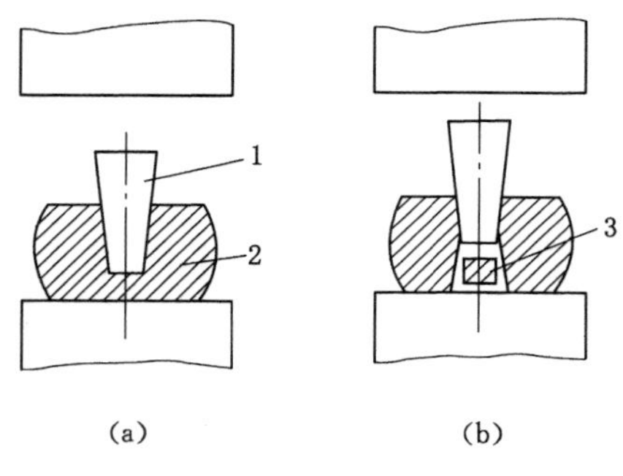

1—冲子；2—零件；3—冲孔余料。

图 4-6　双面冲孔

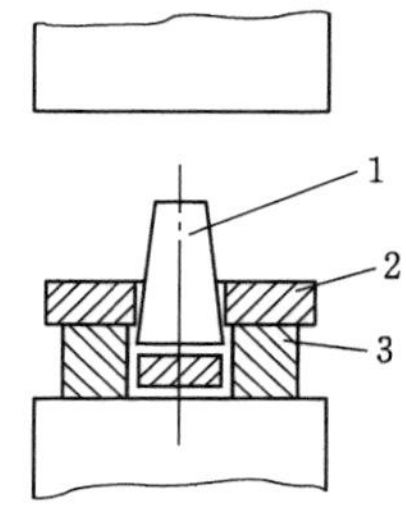

1—冲子；2—零件；3—漏盘。

图 4-7　单面冲孔

4. 弯曲

将坯料弯成一定角度或弧度的工序称为弯曲，如图 4-8 所示。

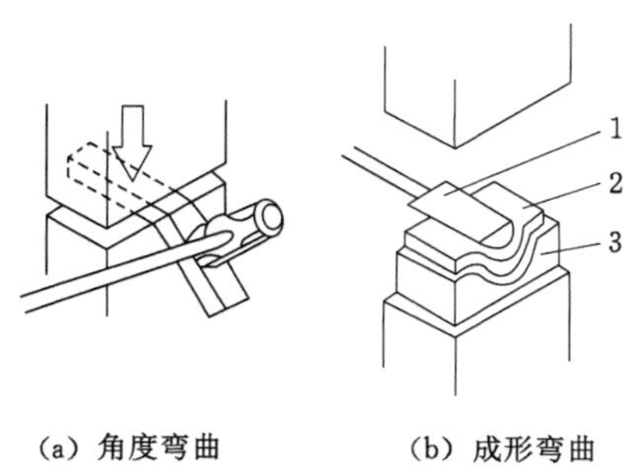

1—成形压铁；2—零件；3—成形垫铁。

图 4-8　弯曲

5. 切割

将锻件从坯料上分割下来或切除锻件的工序称为切割，如图 4-9 所示。自由锻造的基本工序还有扭转、错移等。

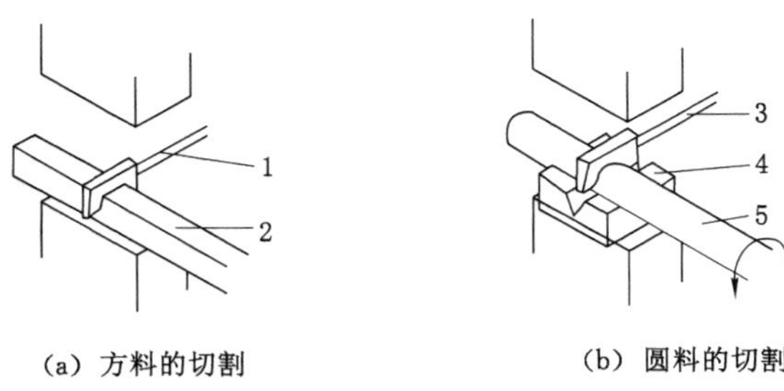

1,3—剁刀;2,5—零件;4—剁垫。

图 4-9　切割

4.3.3　自由锻件常见缺陷及产生原因

自由锻造过程中常见缺陷及产生原因见表 4-3。产生的缺陷有的是坯料质量不良引起的,尤其以铸锭为坯料的大型锻件更要注意铸锭有无表面或内部缺陷;有的是加热不当、锻造工艺不规范、锻后冷却和热处理不当引起的。对锻造缺陷,要根据不同情况下产生不同缺陷的特征进行综合分析,并采取相应的纠正措施。

表 4-3　自由锻件常见缺陷及产生原因

缺陷名称	主要特征	产生原因
表面横向裂纹	拔长时,锻件表面及角部出现横向裂纹	原材料质量不好;拔长时进锤量过大
表面纵向裂纹	镦粗时,锻件表面出现纵向裂纹	原材料质量不好;镦粗时压下量过大
中空纵裂	拔长时,中心出现较长甚至贯穿的纵向裂纹	未加热透,内部温度过低;拔长时,变形集中于上下表面,芯部出现横向拉应力
弯曲、变形	锻造热处理后弯曲变形	锻造矫直不够;热处理操作不当
冷硬现象	锻造后锻件内部保留冷变形组织	变形温度偏低;变形速度过快;锻后冷却过快

4.3.4　典型自由锻件工艺举例

图 4-10 所示为带孔六角螺栓零件锻件,六角螺栓毛坯的自由锻工艺过程见表 4-4,其主要变形工序为局部镦粗和冲孔。

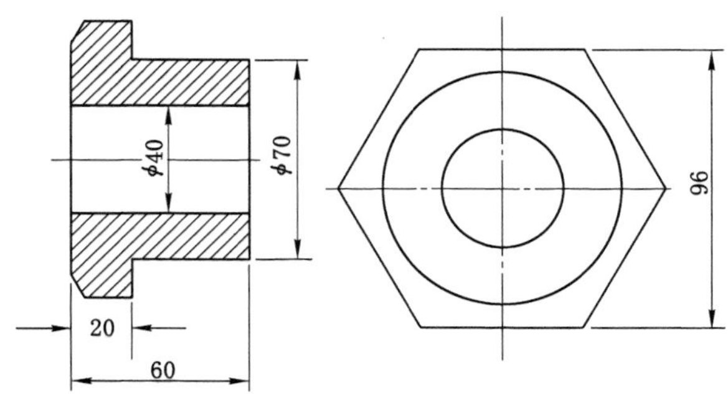

图 4-10　带孔六角螺栓零件锻件

锻件名称:带孔六角螺栓。

工艺类别:自由锻。

锻件材料:45 钢。

锻造设备:100 kg 空气锤。

表 4-4 六角螺栓毛坯的自由锻造工艺过程

序号	工序名称	工序简图	使用工具	操作方法
1	局部镦粗	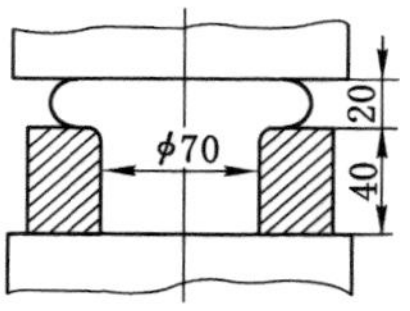 φ70 20 40	火钳、镦粗漏盘	漏盘高度和内径尺寸要符合要求;局部镦粗高度为 20 mm
2	修整	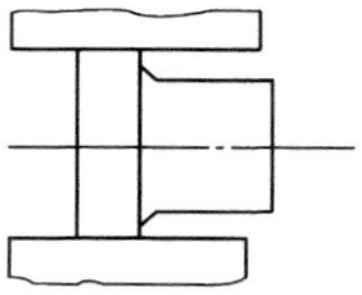	火钳	将镦粗造成的鼓形修平
3	冲孔	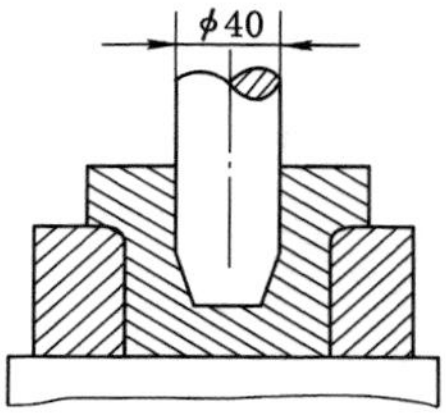 φ40	镦粗漏盘、冲子	冲孔时套上镦粗漏盘,以防径向尺寸胀大;采用双面冲孔法冲孔,孔位要对正,并防止冲歪
4	锻六角	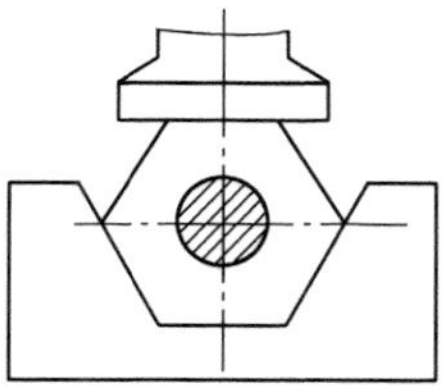	冲子、火钳、平锤	冲子操作;注意轻击,随时用样板测量
5	倒角	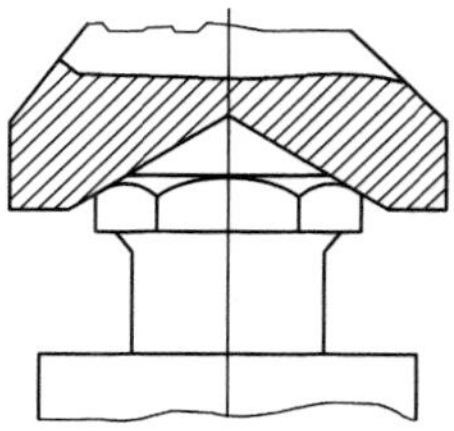	倒角凹模、尖口钳	倒角凹模要对正,轻击

4.4 模锻

模型锻造简称模锻。模锻是在高强度模具材料上加工出与锻件形状一致的模膛(即制成锻模),然后将加热后的坯料放在模膛内使之受压变形,最终得到和模膛形状相符的锻件。模锻与自由锻相比有以下特点:

(1) 能锻造出形状比较复杂的锻件。

(2) 模锻件尺寸精确,表面粗糙度值较小,加工余量小。

(3) 生产率高。

(4) 模锻件比自由锻件节省金属材料,减少切削加工工时。此外,在批量足够的条件下可降低零件的成本。

(5) 劳动条件得到一定改善。

按所用设备不同,模锻可分为胎模锻、锤上模锻及压力机上模锻等。

4.4.1 胎模锻

胎模锻是在自由锻造设备上使用简单的模具(胎模)来生产模锻件的工艺。胎模锻一般采用自由锻方法制坯,然后在胎模中终锻成形。胎模不固定于设备上,锻造时根据工艺过程可随时放上或取下。胎模锻生产比较灵活,它适于中小批量生产,在缺乏模锻设备的中小型工厂采用较多。常用的胎模结构主要有以下 3 种类型。

(1) 扣模用来对坯料进行全面或局部扣形,主要生产杆状非回转体锻件,如图 4-11 所示。

(2) 套筒模呈套筒形,主要用于生产齿轮、法兰盘等回转体类锻件,如图 4-12 所示。

(3) 合模通常由上模和下模两部分组成,如图 4-13 所示。为了使上下模吻合及避免锻件产生错模,经常用导柱等定位。

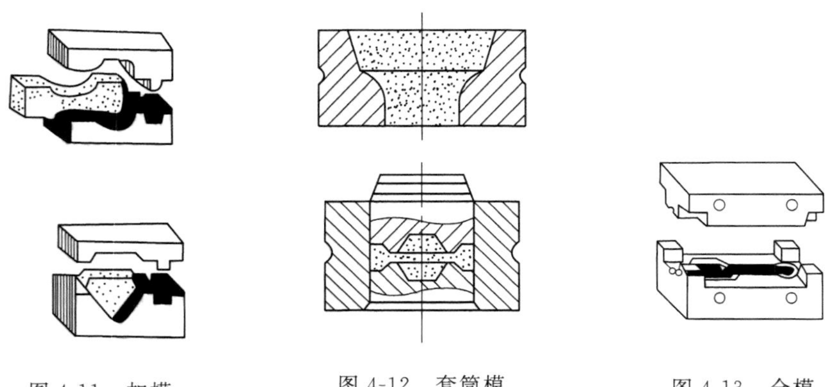

图 4-11 扣模　　图 4-12 套筒模　　图 4-13 合模

4.4.2 锤上模锻

在锻锤上进行的模锻称为锤上模锻。常用的模锻设备是蒸汽-空气模锻锤。

模锻锤上模锻过程如图 4-14 所示。上模 4 和下模 8 分别用斜楔铁 1 紧固在锤头 3 和砧座 9 的燕尾槽内,上模 4 与锤头 3 一起做上下往复运动。上下模间的分界面为分模面 6,分模面上开有飞边槽 7。锻后取出模锻件,切去飞边和冲孔连皮,便完成模锻过程。

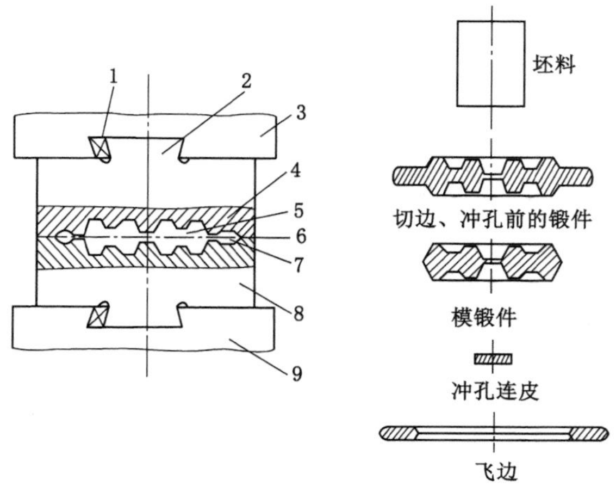

1—斜楔铁；2—燕尾；3—锤头；4—上模；5—模膛；6—分模面；7—飞边槽；8—下模；9—砧座。

图 4-14　齿轮坯模锻过程

4.5　板料冲压

4.5.1　板料冲压

板料冲压件的厚度一般不超过 2 mm，冲压前不需加热，故又称薄板冲压或冷冲压，简称冷冲或冷压。

常用的冲压材料是低碳钢、铜及其合金、铝及其合金、奥氏体不锈钢等强度低而塑性好的金属。冲压件尺寸精确，表面光洁，一般不再进行切削加工，只需钳工稍加修整或电镀后，即可作为零件使用。

4.5.2　板料冲压的基本工序

冷冲压的工序分为分离工序和成形工序两大类。分离工序是使零件与母材沿一定的轮廓线相互分离的工序，有冲裁、切口等；成形工序是使板料产生局部或整体塑性变形的工序，有弯曲、拉伸、翻边、胀形等。板料冲压的基本工序分类见表 4-5。

表 4-5　板料冲压的基本工序

序号	工序名称	定义	示意图	特点及操作注意事项	应用
1	冲裁（下料）	使板料以封闭的轮廓分离的工序	冲头 板料 凹模 冲下部分	冲头与凹凸模间隙很小，刃口锋利	制造各种形状的平板零件或为变形工序下料

表 4-5(续)

序号	工序名称	定义	示意图	特点及操作注意事项	应用
2	弯曲（压弯）	将板料、型材或管材在弯矩作用下弯成具有一定曲率和角度的成形工序	坯料 冲头 凹模 r	1. 弯曲件有最小弯曲半径的限制。 2. 凹模工作部位的边缘要有圆角，以免拉伤零件	制造各种弯曲形状的冲压件
3	拉伸	将冲裁后得到的平板坯料制成杯形或盒形零件，而厚度基本不变的加工工序	冲头 压板 工件 凹模	1. 凹凸模的顶角必须有圆弧过渡。 2. 凹凸模的间隙较大，等于板厚的 1.1～1.2 倍。 3. 板料和模具间加有润滑剂。 4. 为防止起皱，要用压板将坯料压紧	制造各种弯曲形状冲压件
4	翻边	在带孔的平坯料上用扩孔的方法获得凸缘的工序	d_r s d_0 d_1	1. 反孔的变形程序受到限制。 2. 对凸缘高度较大的零件可采用拉伸冲孔反边的顺序工艺来实现	制造带有凸缘或翻边的冲压件

4.5.3 冲压设备及模

1. 冲床

冲压设备主要有剪床、冲床、液压机等。冲床是进行冲压加工的基本设备，常用的为开式双柱曲轴冲床，如图 4-15 所示，电动机 5 通过 V 带减速系统 4 传递动力。踩下踏板 7 后，离合器 3 闭合并带动曲轴 2 旋转，再经过连杆 11 带动滑块 9 沿导轨 10 做上下往复运动，进行冲压加工。如果将踏板踩下后立即抬起，滑块冲压一次后便在制动器 1 的作用下停止在最高位置上；如果踏板不抬起，滑块就进行连续冲击。冲床的规格以额定公称压力来表示，如 100 kN(10 t)。其他主要技术参数有滑块行程距离、滑块行程次数和封闭高度等。

2. 冲模模具

冲模是使板料分离或成形的工具。典型的冲模结构如图 4-16 所示，一般分为上模和下模两部分。上模通过模柄安装在冲床滑块上，下模则通过下模板由压板和螺栓安装在冲床工作台上。

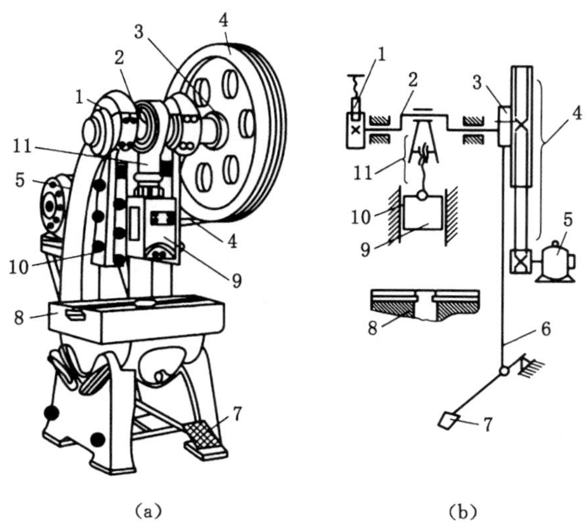

1—制动器；2—曲轴；3—离合器；4—V 带减速系统；5—电动机；
6—拉杆；7—踏板；8—工作台；9—滑块；10—导轨；11—连杆。

图 4-15　开式双柱曲轴冲床示意图

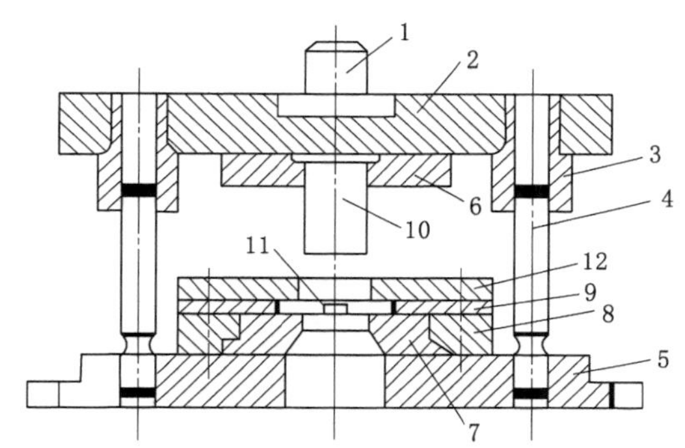

1—模柄；2—上模板；3—导套；4—导柱；5—下模板；6，8—压板；
7—凹模；9—导料板；10—凸模；11—定位销；12—卸料板。

图 4-16　简单冲裁模

冲模各部分的作用如下。

（1）凸模和凹模：凸模 10 和凹模 7 是冲模的核心部分，凸模与凹模配合使板料产生分离或成形。

（2）导料板和定位销：导料板 9 用来控制板料的进给方向，定位销 11 用来控制板料的进给量。

（3）卸料板：卸料板 12 使凸模在冲裁以后从板料中脱出。

（4）模架：包括上模板 2、下模板 5 和导柱 4、导套 3。上模板 2 用以固定凸模 10 和模柄 1 等，下模板 5 用来固定凹模 7、导料板 9 和卸料板 12 等。导柱 4 和导套 3 分别固定在上、下模板上，以保证上、下模对准。

复习思考题

1. 锻件和铸件相比有哪些不同?

2. 什么是始锻温度和终锻温度? 始锻温度和终锻温度过高或过低对锻件将会有什么影响?

3. 氧化、脱碳、过热、过烧的实质是什么? 它们对锻件质量有什么影响? 应如何防止?

4. 自由锻的基本工序有哪些?

5. 锻压生产中加热金属的目的是什么?

6. 锻件锻造后有哪几种冷却方式? 各自的适用范围是怎样的?

7. 自由锻有哪些基本操作工序? 各有何用途?

8. 板料冲压的基本工序有哪些?

第5章　焊　　接

【学习要点及工程思政】

1. 实训要求

（1）了解电弧焊、气焊、电阻焊、火焰钎焊和氧气切割等常用方法的过程和特点，所用设备、材料、工艺及应用。

（2）掌握手工电弧焊的操作，对手工电弧焊的平焊对接和气焊的基本操作有所体会。

（3）初步了解常见的焊接变形的形式和焊接缺陷。

（4）掌握气焊基本操作方法，了解气焊火焰的组成与应用，了解气割对材料的要求。

2. 实训操作规程

（1）进入实训场地要听从指导教师安排，认真听讲，仔细观摩，严禁嬉戏打闹，保持场地干净整洁。

（2）必须先学习安全操作规程，在掌握相关设备和工具的正确使用方法后，才能进行操作。未经许可或指导教师不在场的情况下，严禁私自开机。

（3）工作前：① 检查焊机机壳接地情况，接地线截面积应不小于 6 mm^2。② 检查焊机接线柱螺母是否松动，导线绝缘层、电焊钳绝缘层和保险丝是否完好无损。③ 按规定要求穿好工作服，戴好工作帽和手套。

（4）不得超载使用电焊机。调节电流只允许在空载状态下进行。

（5）焊机不允许长时间短路，非焊接时间内，不要把焊钳放在工件上，以免造成短路。

（6）引弧时，焊工应注意周围人员，以免强烈弧光伤害他人眼睛。

（7）焊工要严防触电。应穿干燥的工作服和绝缘鞋，戴绝缘手套，使用护目镜和面罩；雨天停止露天作业。在大型焊件上工作时，脚下应垫绝缘衬垫。

（8）清渣时要小心，严防烫伤脸部和眼睛。焊接工作时间，注意经常保持自然通风。

（9）实训结束后，必须首先按规定要求做好一切安全检查和处理。切断电源，收好各种工具，整理好场地和做好环境卫生。

3. 工程思政

◆“国宝”焊工 LNG 船上“缝”钢板

把薄如纸的一张张殷瓦钢（超因瓦合金）焊接得天衣无缝，是世界焊接领域的一个技术高峰，也是许多电焊工梦寐以求却又无法掌握的技能。可是一个技校毕业生，工作仅仅十多年，就攀上了这个技术高峰。他就是“全国技术能手”、沪东中华造船（集团）有限公司总装二部 36 岁的张冬伟。

LNG（液化天然气）船，建造难度大，技术复杂，被称为造船业“皇冠上的明珠”。其中最重要的核心部件的焊接——液货围护系统的殷瓦钢焊接是最为关键的。殷瓦钢厚度仅为0.7 mm,一艘船的总焊接长度130多千米,虽然90%使用机器自动焊接,但仍有十几千米的繁难焊缝需要人工完成。

殷瓦钢特别娇气,手直接触摸或沾上汗液,都会令其生锈。因此,每一寸焊接,必须像绣花一样小心翼翼,这样才能达到质量标准。短短几米长的焊缝,需要焊接五六个小时,哪怕一个针眼大小的漏点,都会导致液化天然气从船舱泄漏,就可能造成船毁人亡的灾难。

因此,殷瓦钢焊接对技术要求极高,尤其对焊接工人的耐心和责任心是一个极大的考验。2005年,张冬伟成为第一批接受训练的LNG船焊工。张冬伟第一次看到法文版LNG船焊接资料时,倒吸了一口冷气——世界上居然有这么难的焊接技术?但是他的倔劲也上来了,发誓一定要早日把殷瓦钢焊接技术学到手。

除了吃饭睡觉,就是练习练习再练习,思考思考再思考,张冬伟不断提高殷瓦钢焊接技术。张冬伟坚信,外国人可以掌握,中国人也一定行!师父秦毅不是已经成了中国LNG船殷瓦焊接G证证书第一人了吗?

"我应该也要做到,否则就不配做他的徒弟。"于是,张冬伟整天黏在师父身边,仔细观察他的一举一动,连最小的细节都不敢忽略。比如,焊接时经常需要添加焊丝,师父双手那些动作看似简单,却配合得严丝合缝,让人叹为观止。于是,张冬伟晚上做梦,都是师傅的一招一式。他早也练晚也练,家里人都说他走火入魔了。

对一个殷瓦钢焊工来说,最大的挑战就是稳定自己的心理状态,而这个状态的控制不是能够轻易做到的。张冬伟总有办法让自己在端起焊枪时平心静气。焊完一条3.5 m长度的焊缝需要整整5个小时。连续5个小时里,张冬伟心如止水,手如拂羽。

在殷瓦钢焊接这个十分艰苦和枯燥的岗位上,张冬伟正是靠着远超其年龄的耐心和韧性,找到了极大的乐趣。如今,他已经和大家一起成功建造了10艘LNG船,书写了"大洋上的中国荣耀"。未来,他还将继续磨砺,只为让"中国制造"更加闪亮。

5.1 概述

焊接是一种永久性连接金属材料的工艺方法。焊接过程的实质是利用加热或者加压或者两者兼用,借助金属原子的结合和扩散作用,使分离的金属材料牢固地连接起来。焊接广泛应用于机械制造、造船、石油化工、汽车制造、桥梁、锅炉、航空航天、原子能、电子电力、建筑等领域。到目前为止,焊接的基本方法分为3大类,即熔焊、压焊和钎焊,细分有20多种,如图5-1所示。

(1) 熔焊,是在焊接过程中,将焊接接头加热至熔化状态,不加压完成焊接的方法。

(2) 压焊,是在焊接过程中,对焊件施加压力(加热或不加热),以完成焊接的方法。

(3) 钎焊,是采用比母材熔点低的金属材料,将焊件和钎料加热至高于钎料熔点,低于母材熔点的温度,利用液态钎料润湿母材,填充接头间隙并与母材互相扩散实现连接的方法。

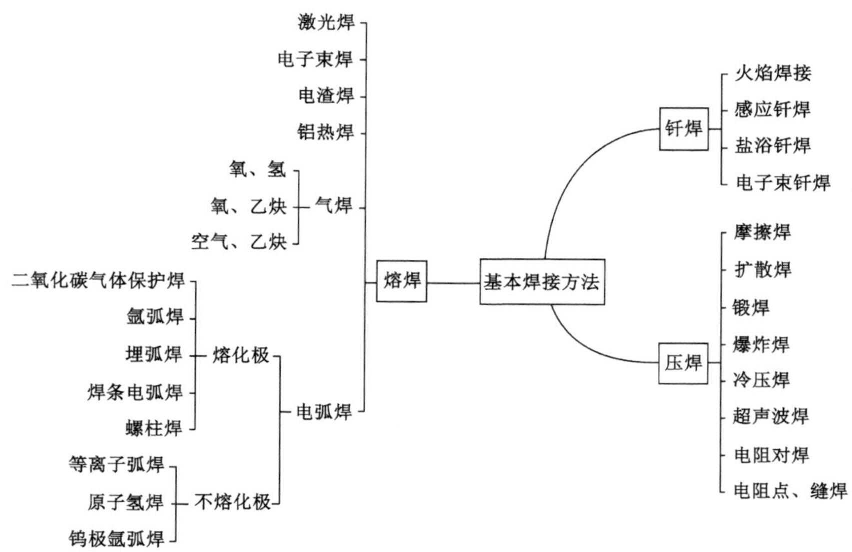

图 5-1 基本的焊接方法

5.2 电弧焊

电弧焊是指用电弧供给加热能量，使工件熔合在一起，达到原子间接合的焊接方法。焊接过程中电弧把电能转化成热能和机械能，加热零件，使焊丝或焊条熔化并过渡到焊缝熔池中去，熔池冷却后形成一个完整的焊接接头。电弧焊应用广泛，可以焊接板厚从 0.1 mm 以下到数百毫米的金属结构件，在焊接领域中占有十分重要的地位。

5.2.1 焊接设备

焊接设备包括熔焊、压焊和钎焊所使用的焊机和专用设备，这里主要介绍电弧焊用设备即电弧焊机。

1. 电弧焊机分类

电弧焊机按焊接方法可分为焊条电弧焊机、埋弧焊机、CO_2 气体保护焊机、钨极氩弧焊机、熔化极氩弧焊机和等离子弧焊机等；按焊接自动化程度可分为手工电弧焊机、半自动电弧焊机和自动电弧焊机。我国电焊机型号由产品符号代码、基本规格、派生代号、改进序号组合而成，其中不用字位省略。符号代码由四位字母组成，即大类名称（以汉语拼音表示）、小类名称（以汉语拼音表示）、附注特征（以汉语拼音表示）、系列序号（以阿拉伯数字表示），附注特征和系列序号如不需要可省略。表 5-1 为电弧焊机型号示例。

2. 电源极性

采用直流电流焊接时，弧焊电源正负输出端与零件和焊枪的连接方式，称极性。当零件接电源输出正极，焊枪接电源输出负极时，称直流正接或正极性；反之，零件、焊枪分别与电源负、正输出端相连时，则为直流反接或反极性。交流焊接无电源极性问题，如图 5-2 所示。

采用正接法还是反接法，主要从保证电弧稳定燃烧和焊缝质量等方面考虑。不同的焊接方法、不同种类的焊条，要求不同的接法。

表 5-1　电弧焊机型号示例

产品名称	第一字母		第二字母		第三字母		第四字母	
	代表字母	大类名称	代表字母	小类名称	代表字母	附注特征	数字序号	系列序号
电弧焊机	B	交流弧焊机（弧焊变压器）	X P	下降特性 平特性	L	高空载电压	省略 1 2 3 4 5 6	磁放大器或饱和电抗器式 动铁芯式 串联电抗器式 动圈式 晶闸管式 变换抽头式
	A	机械驱动的弧焊机（弧焊发电机）	X P D	下降特性 平特性 多特性	省略 D Q C T H	电动机驱动 单纯弧焊发电机 汽油机驱动 柴油机驱动 拖拉机驱动 汽车驱动	省略 1 2	直流 交流发电机整流 交流
	Z	直流弧焊机（弧焊整流器）	X P D	下降特性 平特性 多特性	省略 M L E	一般电源 脉冲电源 高空载电压 交直流两用电源	省略 1 2 3 4 5 6 7	磁放大器或饱和电抗器式 动铁芯式 动线圈式 晶体管式 晶闸管式 变换抽头式 逆变式
	M	埋弧焊机	Z B U D	自动焊 半自动焊 堆焊 多用	省略 J E M	直流 交流 交直流 脉冲	省略 1 2 3 9	焊车式 横臂式 机床式 焊头悬挂式
	N	MIG、MAG焊机（熔化极惰性气体保护弧焊机、活性气体保护弧焊机）	Z B D U G	自动焊 半自动焊 点焊 堆焊 切割	省略 M C	直流 脉冲 二氧化碳保护焊	省略 1 2 3 4 5 6 7	焊车式 全位置焊车式 横臂式 机床式 旋转焊头式 台式 焊接机器人 变位式

表 5-1(续)

产品名称	第一字母		第二字母		第三字母		第四字母	
	代表字母	大类名称	代表字母	小类名称	代表字母	附注特征	数字序号	系列序号
电弧焊机	W	TIG 焊机	Z S D Q	自动焊 手工焊 点焊 其他	省略 J E M	直流 交流 交直流 脉冲	省略 1 2 3 4 5 6 7 8	焊车式 全位置焊车式 横臂式 机床式 旋转焊头式 台式 焊接机器人 变位式 真空充气式
	L	等离子弧焊机、等离子弧切割机	G H U D	切割 焊接 堆焊 多用	省略 R M J S F E K	直流等离子 熔化极等离子 脉冲等离子 交流等离子 水下等离子 粉末等离子 热丝等离子 空气等离子	省略 1 2 3 4 5 8	焊车式 全位置焊车式 横臂式 机床式 旋转焊头式 台式 手工等离子

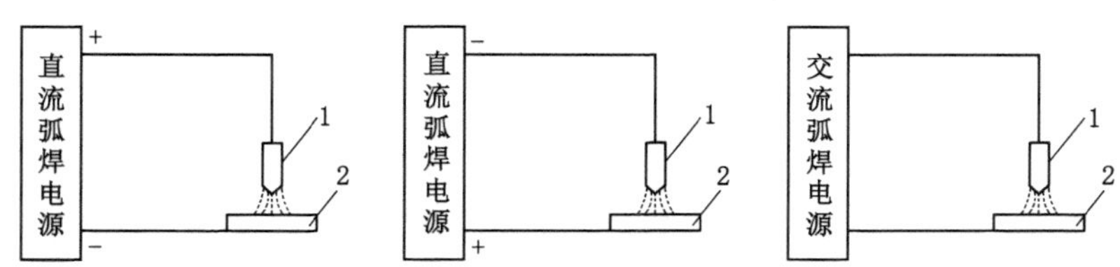

1—焊枪；2—零件。

图 5-2　焊接电源极性示意图

一般情况下，皆用正接，因这样焊件上热量大，可提高生产率，如焊厚板、难熔金属等。反接只在特定要求时才用，如焊接有色金属、薄钢板或采用低氢型焊条等。

5.2.2　焊条电弧焊

焊条电弧焊是用手工操纵焊条进行焊接的一种焊接方法，俗称手弧焊，应用非常普遍。

1. 焊条电弧焊的原理

焊条电弧焊工作原理如图 5-3 所示，焊机电源两输出端通过电缆、焊钳和地线夹头分别与焊条和被焊零件相连。焊接过程中，电弧将焊条和零件局部熔化，焊条端部熔化后的熔滴过渡到母材，和熔化的母材融合一起形成熔池，随着焊工操纵电弧向前移动，熔池金属液逐渐冷却结晶，形成焊缝。

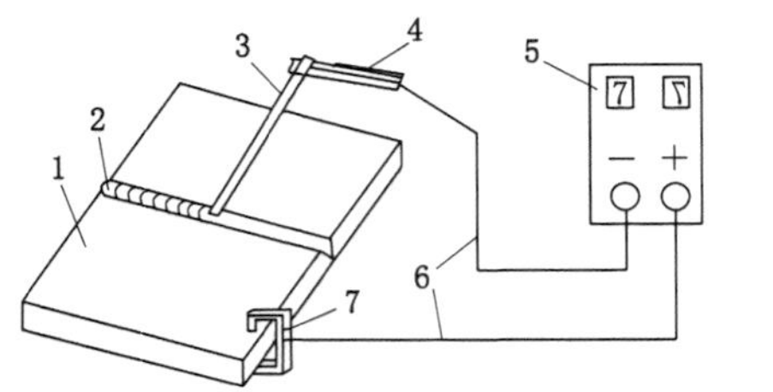

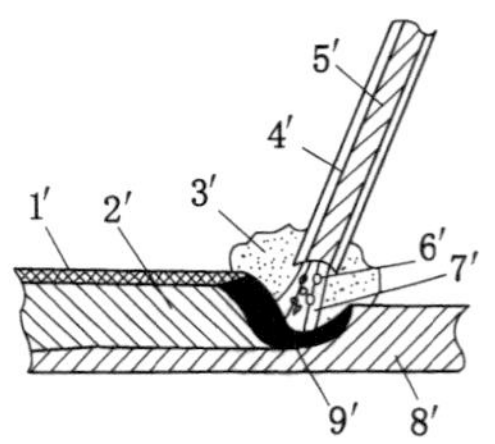

1—零件；2—焊缝；3—焊条；4—焊钳；5—焊接电源；6—电缆；7—地线夹头；
1′—熔渣；2′—焊缝；3′—保护气体；4′—药皮；5′—焊芯；6′—熔滴；7′—电弧；8′—母材；9′—熔池。

图 5-3 焊条电弧焊工作原理

焊条电弧焊使用设备简单，适应性强，可用于焊接板厚 1.5 mm 以上的各种结构件，并能灵活应用于空间位置不规则焊缝的焊接，适用于碳钢、低合金钢、不锈钢、铜及铜合金等金属材料的焊接。由于手工操作，焊条电弧焊也存在缺点，如生产率低，产品质量一定程度上取决于焊工操作技术，焊工劳动强度大等，现在多用于焊接单件、小批量产品和难以实现自动化加工的焊缝。

2. 焊条

焊条电弧焊所用的焊接材料是焊条，焊条主要由焊芯和药皮两部分组成，如图 5-4 所示。

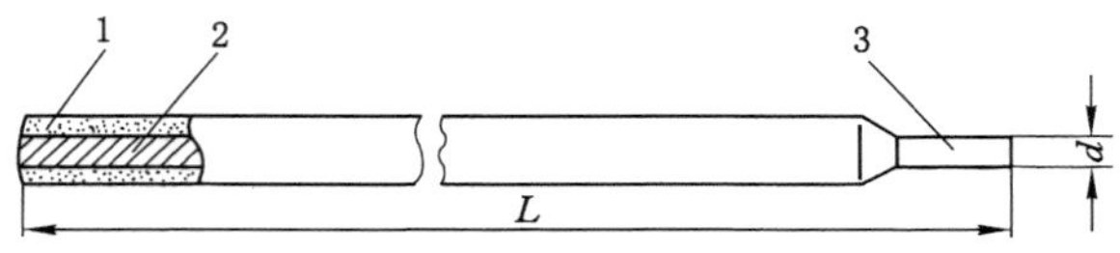

1—药皮；2—焊芯；3—焊条夹持部分。

图 5-4 焊条结构

焊条以焊芯的直径（焊丝直径）进行规格区分，通常其规格（mm）有 2、2.5、3.2、4、5、6 等。其长度一般为 300～450 mm。

焊丝的作用有两个：一是作为电极，传导电流，产生并维持电弧；二是熔化后作为填充金属与熔化的母材一起组成焊缝。按国家标准规定，焊接专用钢丝（焊丝）分为碳素结构钢、合金结构钢和不锈钢三类。

药皮是挤压涂在焊芯表面上的涂料层，由矿石粉、铁合金粉、黏结剂等原料按一定比例配制而成。其主要作用是：使电弧容易引燃并保持稳定；产生大量气体，并形成熔渣，保护熔化金属不被氧化；去除有害元素（如氧、氢、硫、磷等），添加有益的合金元素，以改善焊缝质量。

焊条按用途可分为碳钢焊条、低合金钢焊条、不锈钢焊条、堆焊焊条、铸铁焊条及焊丝、铜及铜合金焊条、铝及铝合金焊条等十大类。

根据焊接后熔渣的化学性质，焊条可分为两大类：酸性焊条和碱性焊条。酸性焊条的工艺性好，但抗裂性不如碱性焊条，所以通常用于一般钢结构。碱性焊条则正相反，它的工艺性较差（脱渣性及焊缝外观成形不如酸性焊条）但抗裂性好（抗冷、热裂纹），焊缝金属的冲击韧性高，故更适用于重要的钢结构(如锅炉、压力容器、压力管道等)。

目前同时存在两种焊条编号方法：一是焊条型号；二是焊条牌号。以焊接低碳钢和普通低合金结构钢使用的酸性焊条 E4303 为例，E4303 是国家标准型号，其中 E 表示电焊条；43 表示焊缝金属的抗拉强度不低于 420 MPa(43 kgf/mm^2)；0 表示适于全位置焊接；3 表示钛钙型药皮。这种焊条对应的牌号是 J422，其中 J 表示结构钢焊条即汉字“结”的首字母；42 表示焊缝金属抗拉强度不低于 420 MPa；2 表示钛钙型药皮，交直流两用。

常用焊缝型号和牌号对照如表 5-2 所示，其他焊条可参阅相关标准或焊接手册。

表 5-2 常用焊条型号和牌号对照

型号	牌号	型号	牌号
E4303	J422	E5015	J507
E4316	J426	E6015	J607
E4315	J427	E00-19-10-16	A302
E5003	J502	E0-19-10Nb-15	A137

3. 焊条电弧焊操作技术

(1) 引弧方法

焊接电弧的建立称引弧，焊条电弧焊有两种引弧方式：划擦法和直击法。

划擦法操作是在焊机电源开启后，将焊条末端对准焊缝，保持两者的距离在 15 mm 以内，依靠手腕的转动，使焊条在零件表面轻划一下，并立即提起 2～4 mm，电弧引燃，然后开始正常焊接。

直击法是在焊机开启后，先将焊条末端对准焊缝，然后稍点一下手腕，使焊条轻轻撞击零件，随即提起 2～4 mm，此即能使电弧引燃，开始焊接。

(2) 焊条的运动操作

焊条电弧焊是依靠人手工操作焊条运动实现焊接的，此种操作也称运条。运条包括控制焊条角度、焊条送进、焊条摆动和焊条前移，如图 5-5 所示。运条技术的具体运用根据零件材质、接头形式、焊接位置、焊件厚度等因素决定。常见的焊条电弧焊运条方法如图 5-6 所示，直线形运条方法适用于板厚 3～5 mm 的不开坡口对接平焊；锯齿形运条法多用于厚板的焊接；月牙形运条法对熔池加热时间长，容易使熔池中的气体和熔渣浮出，有利于得到高质量焊缝；正三角形运条法适合于不开坡口的对接接头和 T 字接头的立焊；正圆圈形运条法适合于较厚零件的平焊。

(3) 焊缝的起头、接头和收尾

焊缝的起头是指焊缝起焊时的操作，由于此时零件温度低、电弧稳定性差，焊缝容易出现气孔、未焊透等缺陷。为避免此类现象，应该在引弧后将电弧稍微拉长，对零件起焊部位进行适当预热，并且多次往复运条，达到所需要的熔深和熔宽后再调到正常的弧长进行焊接。

在完成一条长焊缝焊接时，往往要消耗多根焊条，这里就有前后焊条更换时焊缝接头的问题。为不影响焊缝成形，保证接头处焊接质量，更换焊条的动作越快越好，并在接头弧坑前约 15 mm 处起弧，然后移到原来弧坑位置进行焊接。

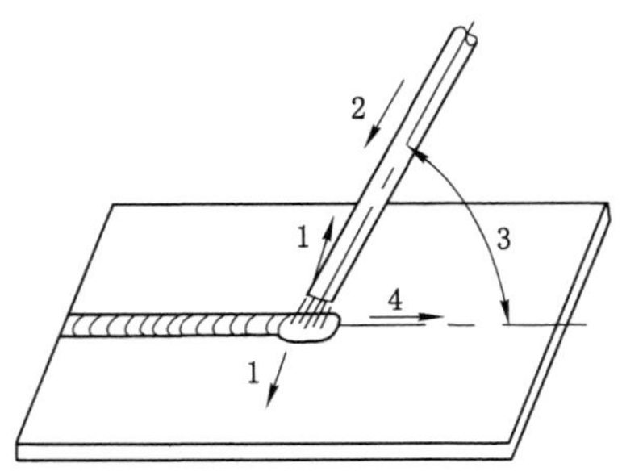

1—横向摆动；2—送进；3—焊条与零件夹角为 70°～80°；4—焊条前移。

图 5-5　焊条运动和角度控制

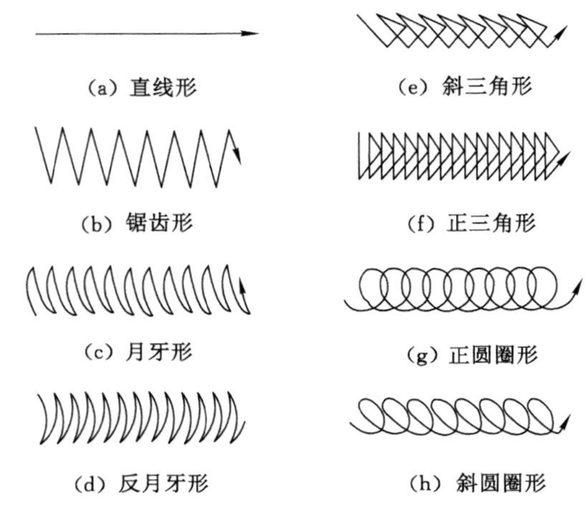

图 5-6　焊条电弧焊运条方法

焊缝的收尾是指焊缝结束时的操作。焊条电弧焊一般熄弧时都会留下弧坑，过深的弧坑会导致焊缝收尾处缩孔、产生弧坑应力裂纹。焊缝收尾操作时，应保持正常的熔池温度，做无直线运动的横摆点焊动作，逐渐填满熔池后再将电弧拉向一侧熄灭。此外还有三种焊缝收尾的操作方法，即划圈收尾法、反复断弧收尾法和回焊收尾法，也在实践中常用。

4. 焊条电弧焊工艺

选择合适的焊接工艺参数是获得优良焊缝的前提，并能提高劳动生产率。焊条电弧焊工艺根据焊接接头形式、零件材料、板材厚度、焊缝位置等具体情况制定，涉及焊条牌号、焊条直径、电源种类和极性、焊接电流、焊接电压、焊接速度、焊接坡口形式和焊接层数等。

焊条型号应主要根据零件材质选择，并参考焊接位置确定。电源种类和极性由焊条牌号而定。焊接电压决定于电弧长度，它与焊接速度对焊缝成形有重要影响作用，一般由焊工根据具体情况灵活掌握。

(1) 焊接形式

在实际生产中，由于焊接结构和零件移动的限制，焊接操作除平焊外，还有立焊、横焊、仰焊，如图 5-7 所示。平焊操作方便，焊缝成形条件好，容易获得优质焊缝并具有高的生产率，是最合适的方式；其他三种又称空间位置焊，焊工操作较平焊困难，受熔池液态金属重力的影响，对焊接规范控制并采取一定的操作方法才能保证焊缝成形，其中仰焊位置条件最差，立焊、横焊次之。

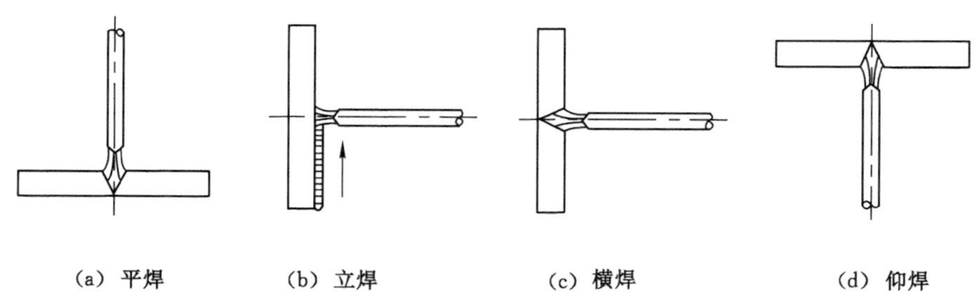

图 5-7　焊接形式

(2) 焊接接头形式和焊接坡口形式

焊接接头是指用焊接的方法连接的接头，它由焊缝、熔合区、热影响区及其邻近的母材组成。根据接头的构造形式不同，可分为对接接头、T 形接头、搭接接头、角接接头、卷边接头等 5 种类型。前 4 类如图 5-8 所示，卷边接头用于薄板焊接。

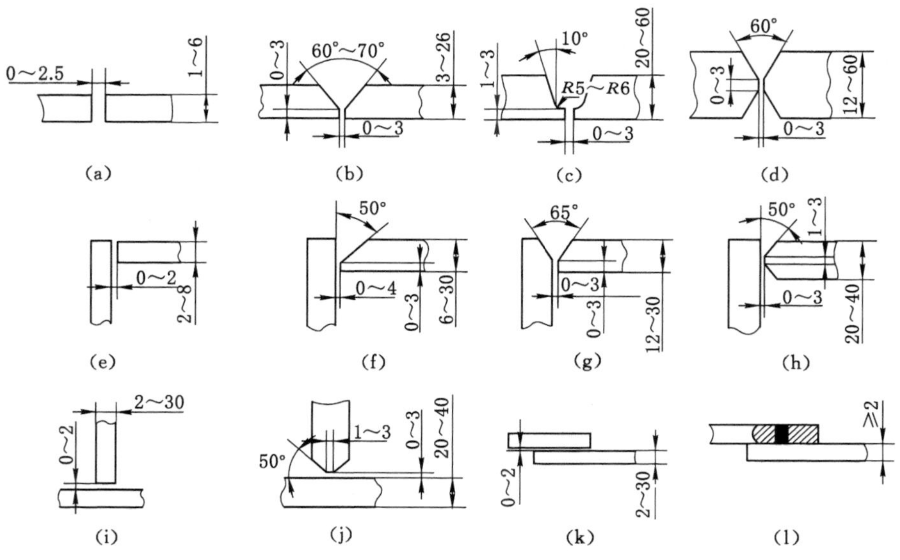

图 5-8　焊条电弧焊接头形式和坡口形式

熔焊接头焊前加工坡口，其目的在于使焊接容易进行，电弧能沿板厚熔敷一定的深度，保证接头根部焊透，并获得良好的焊缝成形。焊接坡口形式有 I 形坡口、V 形坡口、U 形坡口、双 V 形坡口、J 形坡口等多种。常见焊条电弧焊接头的坡口形状和尺寸如图 5-8 所示。对焊件厚度小于 6 mm 的焊缝，可以不开坡口或开 I 形坡口；中厚度和大厚度板对接焊，为保证熔透，必须开坡口。V 形坡口便于加工，但零件焊后易发生变形；X 形坡口可以避免 V 形坡口的一些缺点，同时可减少填充材料；U 形及双 U 形坡口，其焊缝填充金属量更小，焊后变形也小，但坡口加工困难，一般用于重要焊接结构。

(3) 焊条直径、焊接电流

一般焊件的厚度越大，选用的焊条直径 d 应越大，同时可选择较大的焊接电流，以提高工作效率。板厚在 3 mm 以下时，焊条 d 取值小于或等于板厚；板厚在 4～8 mm 时，d 取 3.2～4 mm；板厚在 8～12 mm 时，d 取 4～5 mm。此外，在中厚板零件的焊接过程中，焊缝往往采用多层焊或多层多道焊完成。

低碳钢平焊时，焊条直径 d 和焊接电流 I 的对应关系有经验公式作参考，即

$$I = kd$$

式中：k 为经验系数，取值范围为 30～50。当然焊接电流值的选择还应综合考虑各种具体因素。空间位置焊，为保证焊缝成形，应选择较小直径的焊条，焊接电流比平焊位置的小。在使用碱性焊条时，为减少焊接飞溅，可适当降低焊接电流。

5.2.3 常用电弧焊方法

除焊条电弧焊外，常用电弧焊方法还有埋弧焊、CO_2 气体保护焊、钨极氩弧焊、熔化极氩弧焊和等离子弧焊等。

1. CO_2 气体保护焊

CO_2 气体保护焊是一种用 CO_2 作为保护气的熔化极气体电弧焊方法。其工作原理如图 5-9 所示，电源采用直流电源，电极的一端与零件相连，另一端通过导电嘴将电送给焊丝，这样焊丝端部与零件熔池之间建立电弧，焊丝在送丝机滚轮驱动下不断送进，零件和焊丝在电弧热作用下熔化并最后形成焊缝。

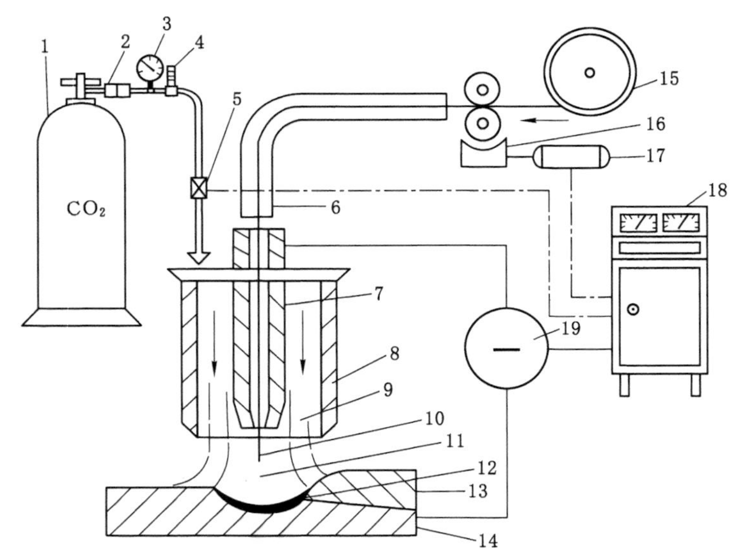

1—CO_2 气瓶；2—干燥预热器；3—压力表；4—流量计；5—电磁气阀；6—软管；7—导电嘴；
8—喷嘴；9—CO_2 保护气体；10—焊丝；11—电弧；12—熔池；13—焊缝；14—零件；
15—焊丝盘；16—送丝机构；17—送丝电动机；18—控制箱；19—直流电源。

图 5-9 CO_2 气体保护焊示意图

CO_2气体保护焊工艺具有生产率高、焊接成本低、适用范围广、低氢型焊接方法焊缝质量好等优点。其缺点是焊接过程中飞溅较大，焊缝成形不够美观，目前人们正通过改善电源动特性或采用药芯焊丝的方法来解决此问题。

CO_2气体保护焊设备分为半自动焊和自动焊两种，其工艺适用范围广，粗丝（$d \geqslant$ 2.4 mm）较大的电流可以焊接厚板，中细丝用于焊接中厚板、薄板及全位置焊缝。

CO_2气体保护焊主要用于焊接低碳钢及低合金高强钢，也可以用于焊接耐热钢和不锈钢，可进行自动焊及半自动焊。目前广泛用于汽车、轨道客车、船舶、航空航天、石油化工机械等诸多领域。

2. 氩弧焊

以惰性气体氩气作保护气的电弧焊方法有钨极氩弧焊和熔化极氩弧焊两种。

(1) 钨极氩弧焊：是以钨棒作为电弧的一极的电弧焊方法，钨棒在电弧焊中是不熔化的，故又称不熔化极氩弧焊，简称 TIG 焊。焊接过程中可以用从旁送丝的方式为焊缝填充金属，也可以不加填丝；可以手工焊也可以进行自动焊；它可以使用直流、交流和脉冲电流进行焊接。其工作原理如图 5-10 所示。

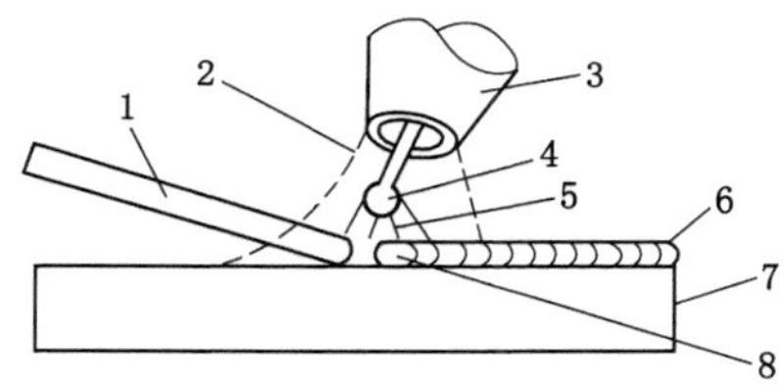

1—填充焊丝；2—保护气体；3—喷嘴；4—钨极；5—电弧；6—焊缝；7—零件；8—熔池。

图 5-10　钨极氩弧焊示意图

由于被惰性气体隔离，焊接区的熔化金属不会受到空气的有害作用，所以钨极氩弧焊可用来焊接易氧化的有色金属如铝、镁及其合金，也用于不锈钢、铜合金以及其他难熔金属的焊接。因其电弧非常稳定，还可以用于焊薄板及全位置焊缝。钨极氩弧焊在航空航天、原子能、石油化工、电站锅炉等行业应用较多。

钨极氩弧焊的缺点是钨棒的电流负载能力有限，焊接电流和电流密度比熔化极弧焊的低，焊缝熔深浅，焊接速度慢，厚板焊接要采用多道焊和加填充焊丝，生产效率受到影响。

(2) 熔化极氩弧焊：又称 MIG 焊，其用焊丝本身作电极，相比钨极氩弧焊而言，电流及电流密度大大提高，因而母材熔深大，焊丝熔敷速度快，提高了生产效率，特别适用于中等和厚板铝及铝合金、铜及铜合金、不锈钢以及钛合金焊接。脉冲熔化极氩焊可用于碳钢的全位置焊接。

3. 埋弧焊

埋弧焊电弧产生于堆敷的一层焊剂下的焊丝与零件之间，为熔化的焊剂-熔渣以及金属蒸气形成的气泡壁所包围。气泡壁是一层液体熔渣薄膜，外层有未熔化的焊剂，电弧区得到良好的保护，电弧光也散发不出去，故被称为埋弧焊，如图 5-11 所示。

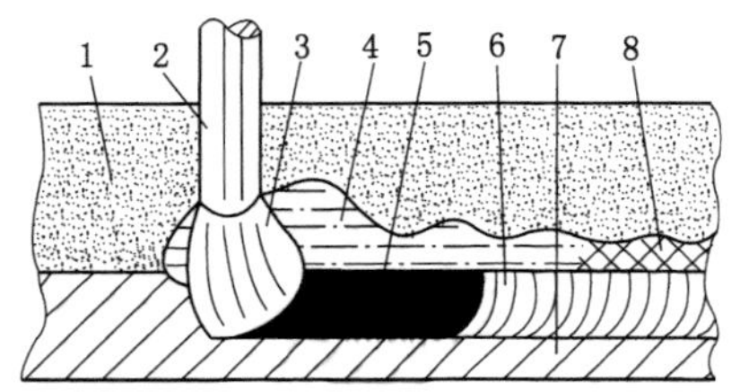

1—焊剂；2—焊丝；3—电弧；4—熔渣；5—熔池；6—焊缝；7—零件；8—渣壳。

图 5-11　埋弧焊示意图

相比焊条电弧焊，埋弧焊有以下三个主要优点：

(1) 焊接电流和电流密度大，生产效率高，是手弧焊生产率的 5～10 倍；

(2) 焊缝含氮、氧等杂质低，成分稳定，质量高；

(3) 自动化水平高，没有弧光辐射，工人劳动条件较好。

埋弧焊的局限在于受到焊剂敷设限制，不能用于空间位置焊缝的焊接；由于埋弧焊焊剂的成分主要是 MnO 和 SiO_2 等金属及非金属氧化物，不适合焊铝、钛等易氧化的金属及其合金；另外薄板、短及不规则的焊缝一般不采用埋弧焊。

可用埋弧焊方法焊接的材料有碳素结构钢、低合金钢、不锈钢、耐热钢、镍基合金和铜合金等。埋弧焊在中、厚板对接、角接接头上有广泛应用，14 mm 以下板材对接可以不开坡口。埋弧焊也可用于合金材料的堆焊。

4. 等离子弧焊

等离子弧是一种压缩电弧，通过特殊设计焊枪将钨电极缩入焊枪喷嘴内部，在喷嘴中通以等离子气，强迫电弧通过喷嘴的孔道，借助水冷喷嘴的外部拘束条件，利用机械压缩作用、热收缩作用和电磁收缩作用，使电弧的弧柱横截面受到限制，产生温度达 24 000～50 000 K、能量密度达 $10\sim10^5$ W/cm^2 的高温、高能量密度的压缩电弧。

等离子弧按电源供电方式不同，分为三种形式。

(1) 非转移型等离子弧[如图 5-12(a)所示]：钨极接电源负极，喷嘴接正极，而零件不参与导电。电弧是在电极和喷嘴之间产生。

(2) 转移型等离子弧[如图 5-12(b)所示]：钨极接电源负极，零件接正极，等离子弧在钨极与零件之间产生。

(3) 联合型(又称混合型)等离子弧[如图 5-12(c)所示]：转移弧和非转移同时存在，需要两个电源独立供电。钨极接两个电源的负极，喷嘴及零件分别接各个电源的正极。

等离子弧焊接有多方面的应用，可用于从超薄材料到中厚板材的焊接，一般离子气和保护气采用氩气、氦气等惰性气体，可以用于低碳钢，低合金钢，不锈钢，铜、镍合金及活性金属的焊接。等离子弧也可用于各种金属和非金属材料的切割，粉末等离子弧堆焊可用于零件制造和修复时堆焊硬质耐磨合金。

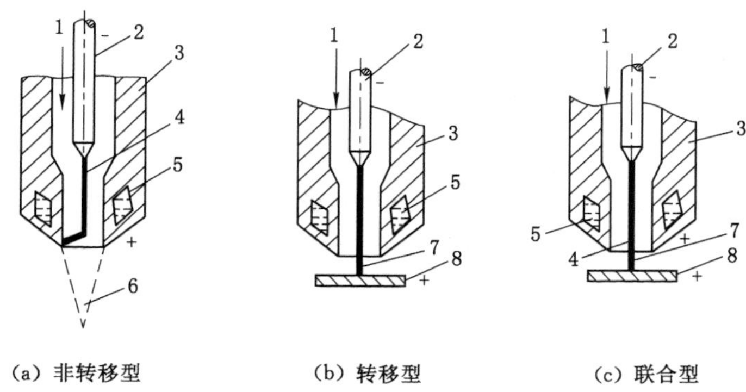

1—离子气；2—钨极；3—喷嘴；4—非转移弧；5—冷却水；6—弧焰；7—转移弧；8—零件。

图 5-12　等离子弧的形式

5.3　气焊与气割

气焊和气割是利用气体火焰热量进行金属焊接和切割的方法。

5.3.1　基本原理

气焊和气割所使用的气体火焰是由可燃性气体和助燃气体混合燃烧而形成的，用途不同，气体火焰的性质也有所不同。

1. 气焊及其应用

气焊是利用气体火焰加热并熔化母体材料和焊丝的焊接方法。与电弧焊相比，其优点如下：

(1) 气焊不需要电源，设备简单。

(2) 气体火焰温度比较低，熔池容易控制，易实现单面焊双面成形，并可以焊接很薄的零件。

(3) 在焊接铸铁、铝及铝合金、铜及铜合金时焊缝质量好。

气焊也存在热量分散、接头变形大、不易自动化、生产效率低、焊缝组织粗大、性能较差等缺点。

气焊常用于薄板的低碳钢、低合金钢、不锈钢的对接、端接，在熔点较低的铜、铝及其合金的焊接中也有应用，焊接需要预热和缓冷的工具钢、铸铁也比较适合。

2. 气割

气割是利用气体火焰将金属加热到燃点，由高压氧气流使金属燃烧成熔渣且被排开以实现零件切割的方法。气割工艺是一个金属加热—燃烧—吹除的循环过程。

进行气割的金属必须满足下列条件：

(1) 金属的燃点低于熔点。

(2) 金属燃烧放出较多的热量，且本身导热性较差。

(3) 金属氧化物的熔点低于金属的熔点。

完全满足这些条件的金属有纯铁、低碳钢、低合金钢、中碳钢，而其他常用金属如高碳钢、铸铁、不锈钢、铜和铝及其合金一般不能进行气割。

3. 气体火焰

气焊和气割用于加热及燃烧金属的气体火焰是由可燃性气体和助燃气体混合燃烧而形成的。助燃气体使用氧气，可燃性气体种类很多，最常用的是乙炔和液化石油气。乙炔的分子式为 C_2H_2，在常温和 1 个标准大气压(1 atm＝101.325 kPa)下为无色气体，能溶解于水、丙酮等液体，属于易燃易爆危险气体。工业用乙炔主要由水与电石反应得到。液化石油气主要成分是丙烷(C_3H_8)和丁烷(C_4H_{10})，价格比乙炔低且安全，但用于切割时需要较大的耗氧量。

气焊主要采用氧-乙炔火焰，在两者的混合比不同时，可得到以下 3 种不同性质的火焰。

(1) 中性焰：如图 5-13(a)所示，当氧气与乙炔的混合比为 1～1.2 时，燃烧充分，燃烧后无剩余氧或乙炔，热量集中，温度可达 3 050～3 150 ℃。它由焰心、内焰、外焰三部分组成，焰心是呈亮白色的圆锥体，温度较低；内焰呈暗紫色，温度最高，适用于焊接；外焰颜色从淡紫色逐渐向橙黄色变化，温度下降，热量分散。中性焰应用最广，低碳钢、中碳钢、铸铁、低合金钢、不锈钢、紫铜、锡青铜、铝及铝合金、镁合金等气焊都使用中性焰。

(2) 碳化焰：如图 5-13(b)所示，当氧气与乙炔的混合比小于 1 时，部分乙炔未燃烧，焰心较长，呈蓝白色，温度高达 2 700～3 000 ℃。由于过剩的乙炔分解的碳粒和氢气的原因，有还原性，焊缝含氢增加，焊低碳钢时有渗碳现象，适用于焊接高碳钢、铸铁、高速钢、硬质合金、铝青铜等。

(3) 氧化焰：如图 5-13(c)所示，当氧气与乙炔的混合比大于 1.2 时，燃烧后的气体仍有过剩的氧气，焰心短而尖，内焰区氧化反应剧烈，火焰发出“嘶嘶”声，温度可达 3 100～3 300 ℃。由于火焰具有氧化性，焊接碳钢易产生气体，并出现熔池沸腾现象，很少用于焊接，轻微氧化的氧化焰适用于焊接黄铜、锰黄铜、镀锌铁皮等。

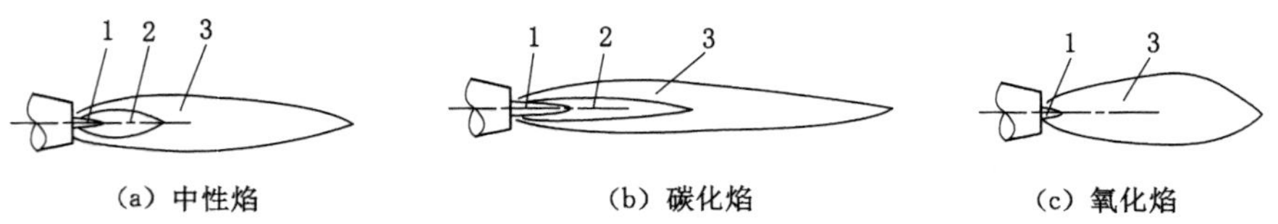

1—焰心；2—内焰；3—外焰。

图 5-13 氧-乙炔火焰形态

5.3.2 气焊

气焊工艺包括气焊设备使用、气焊工艺规范制定、气焊操作技术、气焊焊接材料选择等方面的内容。

1. 气焊设备

气焊设备包括氧气瓶、氧气减压器、乙炔发生器(或乙炔瓶和乙炔减压器)、回火防止器、焊炬和气管等，如图 5-14 所示。

(1) 氧气瓶:是储存和运输高压氧气的容器,一般容量为 40 L,额定工作压力是 15 MPa。

(2) 减压器:用于将气瓶中的高压氧气或乙炔气降低到工作所需要的低压,并能保证在气焊过程中气体压力基本稳定。

(3) 乙炔发生器和乙炔瓶:乙炔发生器是使水与电石进行化学反应产生一定压力的乙炔气体的装置。我国主要应用的是中压式乙炔发生器,结构形式有排水式和联合式两种。

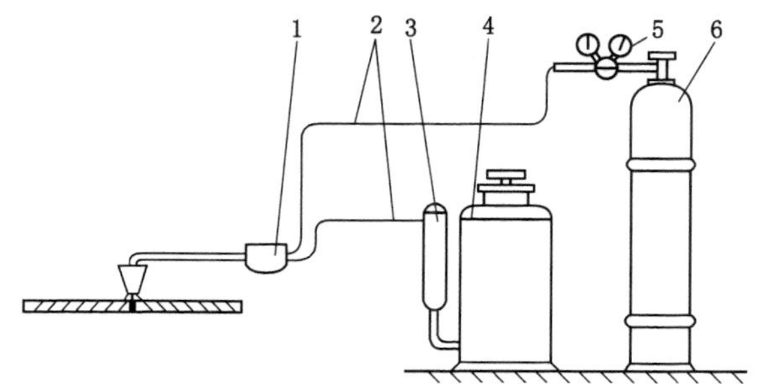

1—焊炬;2—橡胶管;3—回火防止器;4—乙炔发生器;5—减压器;6—氧气瓶。

图 5-14　气焊设备的组成

乙炔瓶是储存和运输乙炔的容器,其外表涂白色漆,并用红漆标注"乙炔"字样。瓶内装有浸透丙酮的多孔性填料,使乙炔得以安全而稳定地储存于瓶中,多孔性填料通常由活性炭、木屑、浮石和硅藻土合制而成。乙炔瓶额定工作压力是 1.5 MPa,一般容量为 40 L。

(4) 回火防止器:在气焊或气割过程中,当气体压力不足、焊嘴堵塞、焊嘴太热或焊嘴离焊件太近时,会发生火焰沿着焊嘴回烧到输气管的现象,被称为回火。回火防止器是防止火焰向输气管路或气源回烧而引起爆炸的一种保险装置。它有水封式和干式两种,如图 5-15 所示为水封式回火防止器。

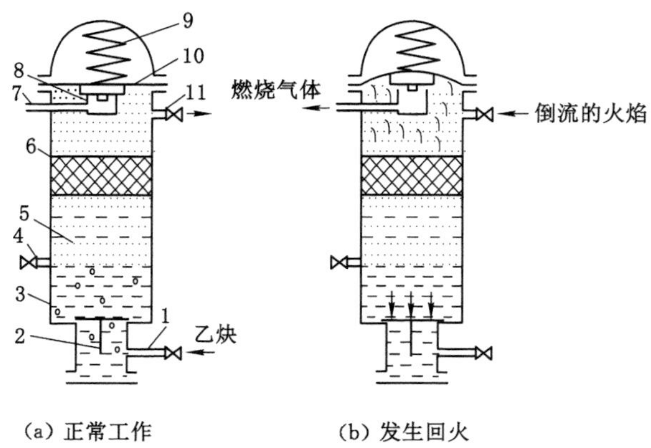

1—进气口;2—单向阀;3—筒体;4—水位阀;5—挡板;6—过滤器;7—放气阀;8—放气活门;
9—弹簧;10—橡皮膜;11—出气口。

图 5-15　水封式回火防止器

(5) 焊炬:其功用是将氧气和乙炔按一定比例混合,以确定的速度由焊嘴喷出,进行燃烧以形成具有一定能率和性质稳定的焊接火焰。按乙炔气进入混合室的方式不同,焊炬可分成射吸式和等压式两种。常用的是射吸式焊炬，其构造如图 5-16 所示。工作时，氧气从喷嘴以很高速度射入射吸管，将低压乙炔吸入射吸管，使两者在混合管充分混合后，由焊嘴喷出，点燃即成焊接火焰。

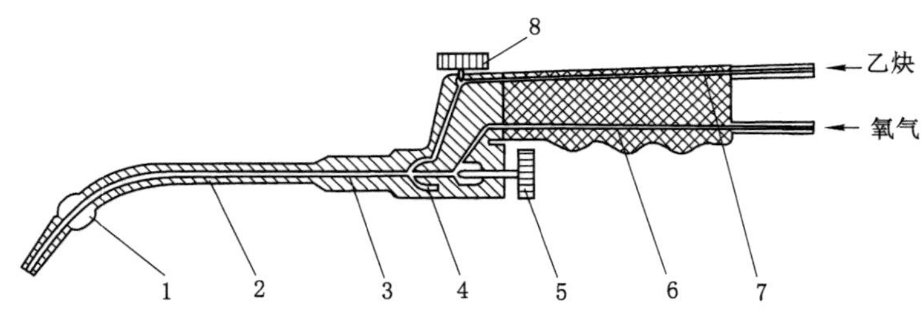

1—焊嘴；2—混合管；3—射吸管；4—喷嘴；5—氧气阀；6—氧气导管；7—乙炔导管；8—乙炔阀。

图 5-16　射吸式焊炬的构造

(6) 气管：氧气橡胶管为黑色，内径为 8 mm，工作压力是 1.5 MPa；乙炔橡胶管为红色，内径为 10 mm，工作压力是 0.5 MPa 或 1.0 MPa。橡胶管长一般为 10～15 m。

2.气焊工艺规范

气焊工艺规范涉及火焰性质、火焰能率、焊嘴的倾斜角度、焊接速度、焊丝直径等。

(1) 火焰性质根据被焊零件材料确定，具体见前述“气体火焰”。

(2) 火焰能率主要根据单位时间乙炔消耗量来确定。在焊件较厚，零件材料熔点高、导热性好，焊缝为平焊位置时，应采用较大的火焰能率，以保证焊件熔透，提高劳动生产率。焊炬规格、焊嘴号的选择、氧气压力的调节根据火焰能率调整。

(3) 焊嘴的倾斜角度是指焊嘴与零件之间的夹角。焊嘴倾角要根据焊件的厚度、焊嘴的大小及焊接位置等因素决定。在焊接厚度大、熔点高的材料时，焊嘴倾角要大些，以使火焰集中、升温快；反之在焊接厚度小、熔点低的材料时，焊嘴倾角要小些，防止焊穿。

(4) 焊接速度(焊速)过快易造成焊缝熔合不良、未焊透等缺陷；焊速过慢则易产生过热、焊穿等问题。焊接速度应根据零件厚度，在适当选择能率的前提下，通过观察和判断熔池的熔化程度来掌握。

(5) 焊丝直径主要根据零件厚度确定，见表 5-3。

表 5-3　焊丝直径的选择

零件厚度/mm	焊丝直径 d/mm	零件厚度/mm	焊丝直径 d/mm
1～2	1～2	5～10	3.2～4
2～3	2～3	10～15	4～5
3～5	3～3.2		

3. 气焊操作技术

(1) 焊接火焰的点燃与熄灭：在火焰点燃时，先微开氧气调节阀，再打开乙炔调节阀，用明火点燃气体火焰，这时的火焰为碳化焰，然后按焊接要求调节好火焰的性质和能率即可进行正常焊接作业了。火焰熄灭时，首先关闭乙炔调节阀，然后再关闭氧气调节阀，即可将气体火焰熄灭。若顺序颠倒先关闭氧气调节阀，会冒黑烟或产生回火。

(2) 左焊法和右焊法：左焊法如图5-17(a)所示，焊接过程中焊接热源(焊枪)从接头右端向左端移动，并指向待焊部分。左焊法焊丝位于电弧前面，便于观察熔池，焊缝成形好，容易掌握，因此应用比较普遍。右焊法如图5-17(b)所示，在焊接过程中焊接热源(焊枪)从接头左端向右端移动，并指向已焊部分。右焊法焊丝位于电弧后面，操作时不易观察熔池，较难控制熔池的温度，但熔深比左焊法深，焊缝较宽，适用于厚板焊接。右焊法比较难掌握。焊接低碳钢时，左焊法焊嘴与零件夹角一般为50°～60°，右焊法焊嘴与零件夹角一般为30°～50°。

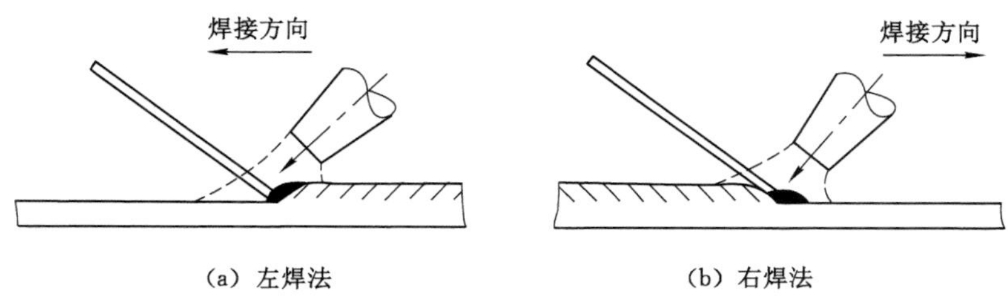

图5-17　左焊法与右焊法

(3) 焊炬运走形式：气焊操作一般左手拿焊丝，右手持焊炬。焊接过程中，焊炬除沿焊接方向前进外，还应根据焊缝宽度做一定幅度的横向运动，如在焊薄板卷边接头时做小锯齿形或小斜圆形运动，不开坡口对接焊接时做圆圈运动等。

(4) 焊丝运走形式：焊丝运走除随焊炬运动外，还有焊丝的送进。平焊位焊丝与焊炬的夹角可在90°左右，焊丝要送到熔池中，与母材同时熔化。至于焊丝送进速度、摆动形式或点动送进方式须根据接头形式、母材熔化等具体情况决定。

4. 气焊材料选择

气焊材料主要有焊丝和焊剂。焊丝有碳钢焊丝、低合金钢焊丝、不锈钢焊丝、铸铁焊丝、铜及铜合金焊丝、铝及铝合金焊丝等，焊接时根据零件材料对应选择，以达到焊缝金属的性能与母材匹配的效果。在焊接不锈钢、铸铁、铜及铜合金、铝及铝合金时，为防止因氧化而产生夹杂物和熔合困难，应加入焊剂。一般将焊剂直接撒在焊件坡口上或蘸在气焊丝上。在高温下，焊剂与金属熔池内的金属氧化物或非金属夹杂物相互作用生成熔渣，覆盖在熔池表面，以隔绝空气，防止熔池金属继续氧化。

5.3.3　气割

气割是低碳钢和低合金钢切割中使用普遍、简单的一种方法。

1. 割炬

割炬的作用是使可燃性气体与氧气混合，形成一定热能和形状的预热火焰，同时在预热火焰中心喷射出切割氧气流，进行金属气割。和焊炬相似，割炬也分为射吸式割炬和等压式割炬两种。

(1) 射吸式割炬结构如图5-18所示，预热火焰的产生原理同射吸式焊炬。切割氧气流经切割氧气管，由割嘴的中心通道喷出，进行气割。割嘴形式最常用的是环形和梅花形，其构造如图5-19所示。

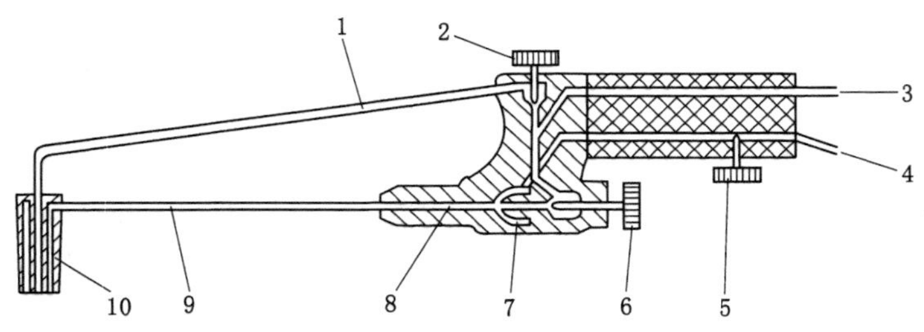

1—切割氧气管；2—切割氧气阀；3—氧气；4—乙炔；5—乙炔阀；
6—预热氧气阀；7—喷嘴；8—射吸管；9—混合气管；10—割嘴。

图 5-18　射吸式割炬结构

（2）等压式割炬结构如图 5-20 所示，靠调节乙炔的压力实现它与预热氧气的混合，产生预热火焰，要求乙炔源压力在中压以上。切割氧气流也由单独的管道进入割嘴并喷出。

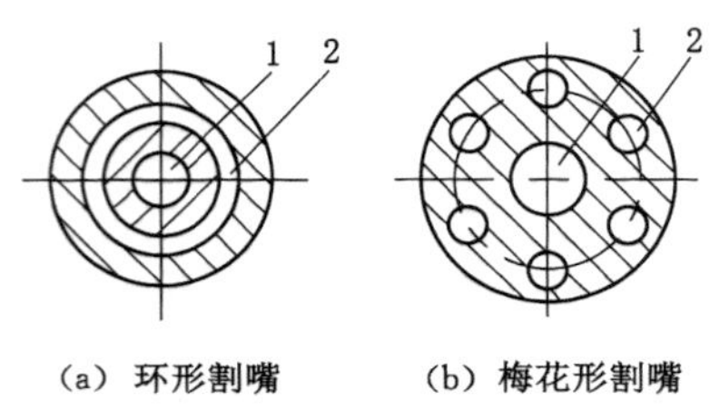

1—切割氧孔道；2—混合气孔道。

图 5-19　割嘴构造图

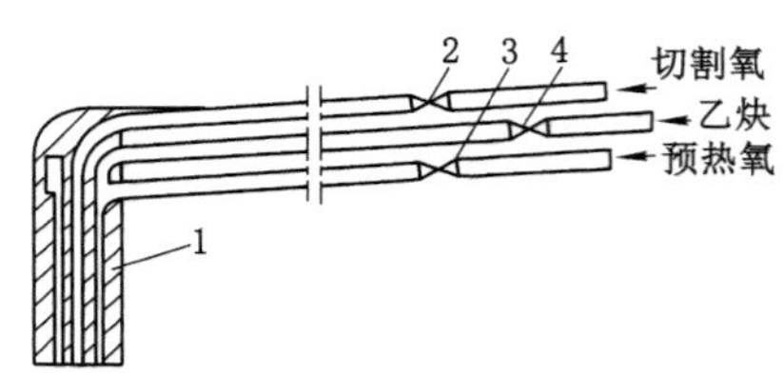

1—割嘴；2—切割氧阀；3—预热氧阀；4—乙炔阀。

图 5-20　等压式割炬结构

2. 气割工艺

（1）手工气割操作注意事项

切割开始前，清除零件切割线附近的油污、铁锈等杂物，零件下面留出一定的空间，以利于氧化渣的吹出；切割时，先点燃预热火焰，调整其性质成中性焰或轻微氧化焰，将起割处金属加热到接近熔点温度，再打开切割氧进行气割；切割临近结束时，将割炬后倾，使钢板下部先割透，然后割断钢板；切割结束后，先关闭切割氧，再关闭乙炔，最后关闭预热氧，将火焰熄灭。

（2）切割规范

切割规范涉及切割氧气压力、切割速度、预热火焰能率、切割倾角、割嘴与零件表面间距等。当零件厚度较大时，应增大切割氧压力和预热火焰能率，适当减小切割速度；而氧气纯度较高时，可适当降低切割氧压力，提高切割速度。切割氧气压力、切割速度、预热火焰能率三者的选择应能保证切口整齐。切割倾角如图 5-21 所示，其选择根据具体情况确定。机械切割和手工曲线切割时，割嘴与零件表面垂直；在手工切割 30 mm 以下零件时，采用 20°～30°的后倾角；切割 30 mm 以上零件时，先采用 5°～10°的前倾角，割穿后割嘴垂直于零件表面，快结束时采用 5°～10°的后倾角。控制割嘴与零件的距离，使火焰焰心与零件表面的距离为 3～5 mm。

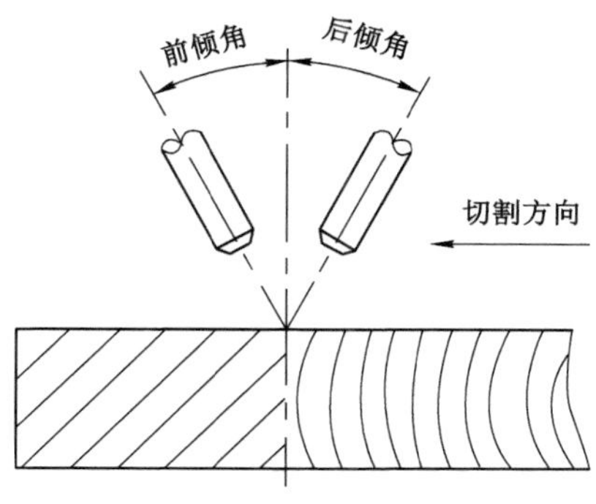

图 5-21　割嘴倾角

5.4　其他焊接方法简介

5.4.1　摩擦焊

摩擦焊是在压力作用下，利用待焊界面的摩擦时界面及其附近温度升高，材料的变形抗力下降、塑性提高、界面的氧化膜破碎，伴随着材料产生塑性变形与流动，通过界面上的扩散及再结晶而实现连接的固态焊接方法。目前，摩擦焊已在各种工具、轴瓦、阀门、石油钻杆、电机与电力设备、工程机械、交通运输工具以及航空、航天等各方面获得了越来越广泛的应用。

摩擦焊的原理：在压力作用下，被焊界面通过相对运动进行摩擦，机械能转变为热能。对于给定的材料，在足够的摩擦压力和足够的相对运动速度条件下，被焊材料的温度不断上升。随着摩擦的进行，焊件产生一定的塑性变形，在适当时刻停止焊件间的相对运动，同时施加较大的顶锻力并维持一定的时间，即可实现材料间的固相连接。

其特点如下：

(1) 接头质量高且延性好。

(2) 适合异种材料的连接。一般来说，凡是可以进行锻造的金属材料都可以进行摩擦焊接，摩擦焊还可以焊接非金属材料，甚至曾通过普通车床成功地对木材进行焊接。

(3) 生产效率高、质量稳定。曾经有用摩擦焊焊接 200 万件汽车后桥无一废品的记录。

(4) 对非圆形截面焊接较困难，设备复杂；对盘状薄零件和薄壁管件，由于不易夹持固定，施焊也很困难。

(5) 焊机的一次性投资较大，大批量生产时才能降低生产成本。

5.4.2　电子束焊

电子束焊是以汇聚的高速电子束轰击零件接缝处而产生热能进行焊接的方法。进行电子束焊时，电子的产生、加速和汇聚成束是由电子枪完成的。电子束焊接如图 5-22 所示，阴极在加热后发射电子，在强电场的作用下电子加速从阴极向阳极运动，通常在发射极到阳极之间加上 30～150 kV 的高电压，电子以很高速度穿过阳极孔，并在磁偏转线圈汇聚作用下聚焦于零件,电子束动能转换成热能后,使零件熔化焊接。为了减小电子束流的散射及能量损失,电子枪内要保持小于 10 Pa 的真空度。

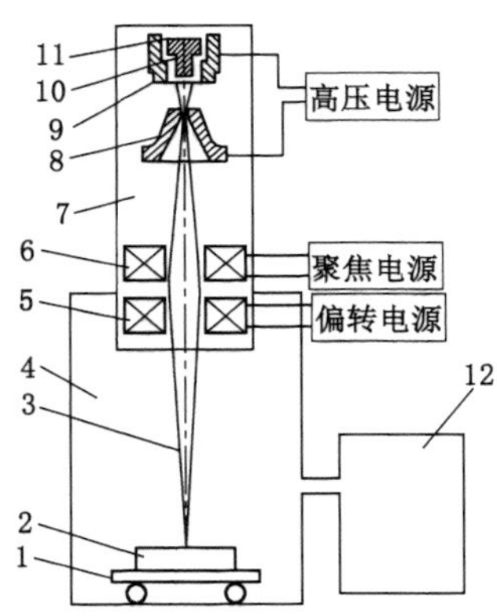

1—焊接台;2—焊件;3—电子束;4—真空室;5—偏转线圈;6—聚焦线圈;
7—电子枪;8—阳极;9—聚束极;10—阴极;11—灯丝;12—真空泵系统。

图 5-22 电子束焊接示意图

电子束焊按被焊零件所处环境的真空度可分成三种,即真空电子束焊($10^{-4}\sim10^{-1}$ Pa)、低真空电子束焊($10^{-1}\sim10$ Pa)和非真空电子束焊(不设真空室)。

电子束焊与电弧焊相比,其主要特点是:

(1) 功率密度大,可达 106 W/cm^2。焊缝熔深大、熔宽小,既可以进行很薄材料(0.1 mm)的精密焊接,又可以用于很厚(最厚达 300 mm)构件的焊接。

(2) 焊缝金属纯度高,所有用其他焊接方法能进行熔化焊的金属及合金都可以用电子束焊焊接。还能用于异种金属、易氧化金属及难熔金属的焊接。

(3) 设备较为昂贵,零件接头加工和装配要求高。另外电子束焊接时应对操作人员加以防护,避免受到 X 射线的伤害。

电子束焊接已经广泛应用于很多领域,如汽车制造中的齿轮组合体、核能工业的反应堆壳体、航空航天部门的飞机起落架等。

5.4.3 激光焊

激光焊是利用大功率相干单色光子流聚集而成的激光束为热源进行焊接的方法。激光的产生是利用了原子受激辐射的原理,当粒子(原子、分子等)吸收外来能量时,从低能级跃升至高能级,此时若受到外来一定频率的光子的激励,又跃迁到相应的低能级,同时发出一个和外来光子完全相同的光子。如果利用装置(激光器)使这种受激辐射产生的光子去激励其他粒子,将导致光放大作用,产生更多的光子,在聚光器的作用下,最终形成一束单色的、方向一致和亮度极高的激光输出。再通过光学聚焦系统,可以使焦点上的激光能量密度达到 $10^4\sim10^7$ W/cm^2,然后以此激光用于焊接。激光焊接装置如图 5-23 所示。

激光焊和电子束焊同属高能束流焊接范畴,激光焊有以下优点:

(1) 激光功率密度高,加热范围小(<1 mm^2),焊接速度高,焊接应力和变形小。

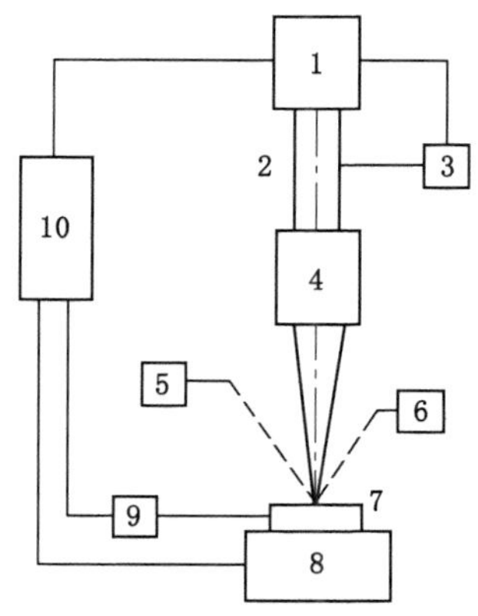

1—激光发生器;2—激光光束;3—信号器;4—光学系统;5—观测瞄准系统;
6—辅助能源;7—焊件;8—工作台;9—运动系统;10—控制系统。

图 5-23 激光焊接装置示意图

(2) 可以焊接一般焊接方法难以焊接的材料,实现异种金属的焊接,甚至用于一些非金属材料的焊接。

(3) 激光可以通过光学系统在空间传播相当长距离而衰减很小,能进行远距离施焊或对难接近部位焊接。

(4) 相对电子束焊而言,激光焊不需要真空室,激光不受电磁场的影响。

激光焊的缺点是焊机价格较高,激光的电光转换效率低,焊前零件加工和装配要求高,焊接厚度比电子束焊低。

激光焊已应用在很多机械加工作业中,如电子器件的壳体和管线的焊接、仪器仪表零件的连接、金属薄板对接、集成电路中的金属箔焊接等。

5.4.4 高频焊

高频焊是以流经焊件连接面的高频电流所产生的电阻热作为热源,使焊件待焊区表层被加热到熔化或塑性状态,同时通过施加(或不加)顶锻力,使焊件达到金属间结合的一种焊接方法。

高频焊是一种固相电阻焊方法(除高频熔焊外)。高频焊是一种专业化较强的焊接方法,它主要在管材制造方面获得了广泛的应用,例如制造各种材料的有缝管、异型管、散热片管、螺旋散热片管、电缆套管等,还能应用于生产各种断面的型材、双金属材料和一些机械产品,如汽车轮圈、汽车车厢板、工具钢与碳钢组成的双金属锯条等。

5.5 焊接检验

迅速发展的现代焊接技术,已能在很大程度上保证其产品的质量,但由于焊接接头为一性能不均匀体,应力分布又复杂,制造过程中亦做不到绝对不产生焊接缺陷,更不能排除产品在运行中出现新缺陷。因此,为获得可靠的焊接结构(件),必须采用和发展合理而先进的焊接检验技术。

5.5.1 常见焊接缺陷

1. 焊接变形

工件焊后一般都会产生变形，如果变形量超过允许值，就会影响使用。焊接变形的几个例子如图 5-24 所示。产生的主要原因是对焊件不均匀地局部加热和冷却。

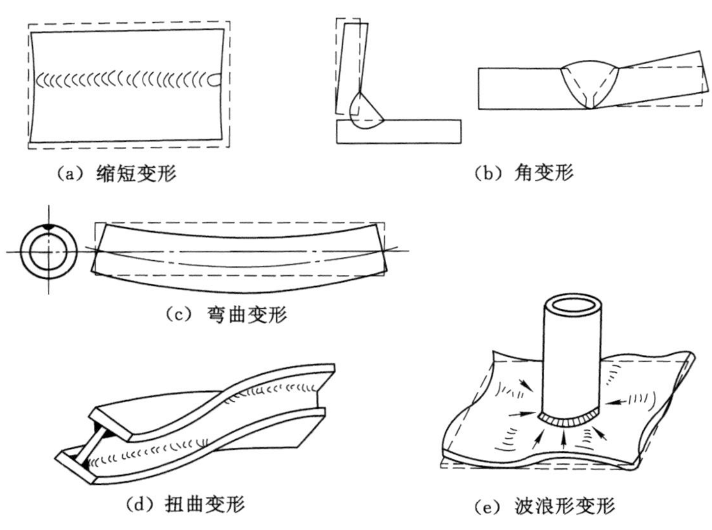

图 5-24 焊接变形示意图

2. 焊缝的外部缺陷

(1) 焊缝余高：如图 5-25 所示，当焊接坡口的角度开得太小或焊接电流过小时，均会出现这种现象。此时，焊件焊缝的危险平面已从 $M—M$ 平面过渡到熔合区的 $N—N$ 平面，由于应力集中而易发生破坏，因此，为提高压力容器的疲劳寿命，要求将焊缝的余高铲平。

(2) 焊缝过凹：如图 5-26 所示，因焊缝工作截面的减小而使接头处的强度降低。

(3) 焊缝咬边：在工件上沿焊缝边缘所形成的凹陷叫咬边，如图 5-27 所示。它不仅减小了接头工作截面积，而且在咬边处造成严重的应力集中。

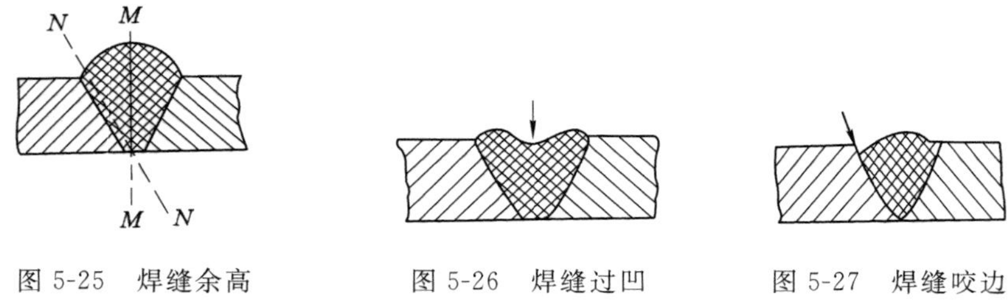

图 5-25 焊缝余高　　图 5-26 焊缝过凹　　图 5-27 焊缝咬边

(4) 焊瘤：熔化金属流到熔池边缘未溶化的工件上，堆积形成焊瘤，它与工件没有熔合，见图 5-28。焊瘤对静载强度无影响，但会引起应力集中，使动载强度降低。

(5) 烧穿：如图 5-29 所示。烧穿是指部分熔化金属从焊缝反面漏出，甚至烧穿成洞，它使接头强度下降。

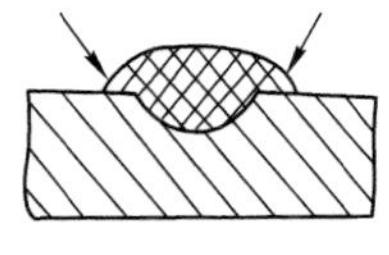

图 5-28　焊瘤

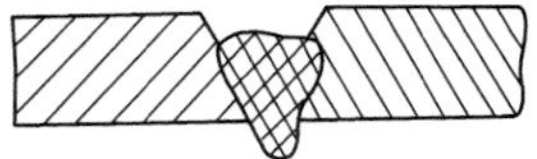

图 5-29　烧穿

以上五种缺陷存在于焊缝的外表，肉眼就能发现，并可及时补焊。如果操作熟练，一般是可以避免的。

3. 焊缝的内部缺陷

(1) 未焊透：是指工件与焊缝金属或焊缝层间局部未熔合的一种缺陷。未焊透减弱了焊缝工作截面，造成严重的应力集中，大大降低接头强度，它往往成为焊缝开裂的根源。

(2) 夹渣：焊缝中夹有非金属熔渣，即称夹渣。夹渣减小了焊缝工作截面积，造成应力集中，会降低焊缝强度和冲击韧性。

(3) 气孔：焊缝金属在高温时，吸收了过多的气体(如 H_2)或由于熔池内部冶金反应产生的气体(如 CO)在熔池冷却凝固时来不及排出，而在焊缝内部或表面形成孔穴，即为气孔。气孔的存在减小了焊缝有效工作截面积，会降低接头的机械强度。若有穿透性或连续性气孔存在，会严重影响焊件的密封性。

(4) 裂纹：焊接过程中或焊接以后，在焊接接头区域内所出现的金属局部破裂叫裂纹。裂纹可能产生在焊缝上，也可能产生在焊缝两侧的热影响区。有时产生在金属表面，有时产生在金属内部。通常按照裂纹产生的机理不同，可分为热裂纹和冷裂纹两类。

① 热裂纹是在金属由液态到固态的结晶过程中产生的，大多产生在焊缝金属中。其产生原因主要是焊缝中存在低熔点物质(如 FeS，熔点为 1 193 ℃)，它削弱了晶粒间的联系，当受到较大的焊接应力作用时，就容易在晶粒之间引起破裂。焊件及焊条内含 S、Cu 等杂质多时，就容易产生热裂纹。热裂纹有沿晶界分布的特征。当裂纹贯穿表面与外界相通时，则具有明显的氢化倾向。

② 冷裂纹是在焊后冷却过程中产生的，大多产生在基体金属或基体金属与焊缝交界的熔合线上。其产生的主要原因是热影响区或焊缝内形成了淬火组织，在高应力作用下，引起晶粒内部的破裂，焊接含碳量较高或合金元素较多的易淬火钢材时，最易产生冷裂纹。焊缝中溶入过多的氢，也会引起冷裂纹。

裂纹是最危险的一种缺陷，它除了减小承载截面积之外，还会产生严重的应力集中，在使用中裂纹会逐渐扩大，最后可能导致构件的破坏。所以焊接结构中一般不允许存在这种缺陷，一经发现须重焊。

5.5.2　焊接质量检验

对焊接接头进行必要的检验是保证焊接质量的重要措施。因此，工件焊完后应根据产品技术要求对焊缝进行相应的检验，凡有不符合技术要求所允许的缺陷，必须及时进行返修。焊接质量的检验包括外观检查、无损探伤和机械性能试验三个方面。这三者是互相补充的，而以无损探伤为主。

1. 外观检查

外观检查一般以肉眼观察为主，有时用 5～20 倍的放大镜进行观察。通过外观检查，可发现焊缝表面缺陷，如咬边、焊瘤、表面裂纹、气孔、夹渣及焊穿等。焊缝的外形尺寸还可采用焊口检测器或样板进行测量。

2. 无损探伤

对于隐藏在焊缝内部的夹渣、气孔、裂纹等缺陷，目前使用最普遍的是采用 X 射线检验，还有超声波探伤和磁力探伤。X 射线检验是利用 X 射线对焊缝照相，根据底片影像来判断内部有无缺陷、缺陷多少和类型，再根据产品技术要求评定焊缝是否合格。超声波探伤的基本原理如图 5-30 所示。

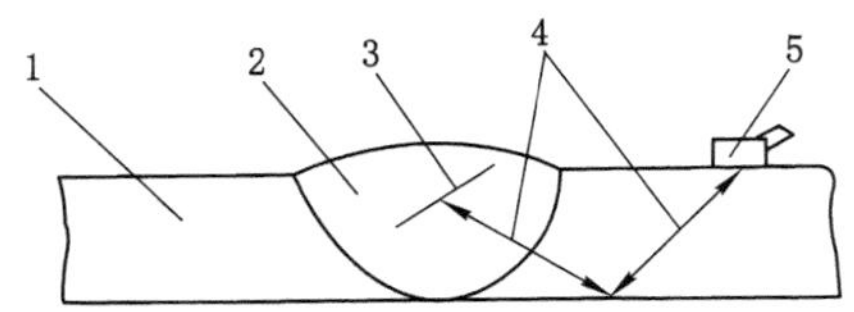

1—工件；2—焊缝；3—缺陷；4—超声波束；5—探头。

图 5-30 超声波探伤原理示意图

超声波束由探头发出，传到金属中，当超声波束传到金属与空气界面时，它就折射而通过焊缝。如果焊缝中有缺陷，超声波束就反射到探头而被接受，这时荧光屏上就出现了反射波。根据这些反射波与正常波比较、鉴别，就可以确定缺陷的大小及位置。超声波探伤比 X 光照相简便得多，因而得到广泛应用。但超声波探伤往往只能凭操作经验做出判断，而且不能留下检验根据。

对于离焊缝表面不深的内部缺陷和表面极微小的裂纹，还可采用磁力探伤。

3. 水压试验和气压试验

对于要求密封性的受压容器，须进行水压试验和(或)气压试验，以检查焊缝的密封性和承压能力。其方法是向容器内注入 1.25～1.5 倍工作压力的清水或等于工作压力的气体(多数用空气)，停留一定的时间，然后观察容器内的压力下降情况，并在外部观察有无渗漏现象，根据这些可评定焊缝是否合格。

4. 焊接试板的机械性能试验

无损探伤可以发现焊缝内在的缺陷，但不能说明焊缝热影响区金属的机械性能如何，因此有时对焊接接头要做拉力、冲击、弯曲等试验。这些试验由试验板完成。所用试验板最好与圆筒纵缝一起焊成，以保证施工条件一致。然后对试板进行机械性能试验。实际生产中，一般只对新钢种的焊接接头进行这方面的试验。

复习思考题

1. 电弧焊设备有哪几种？其焊接电流是如何调节的？

2. 电弧焊焊条牌号、规格及焊接电流大小选择的依据是什么？

3. 常见焊接接头及坡口的形式有哪些？焊接方式有哪几种？

4. 常见的焊接缺陷有哪几类？

5. 焊接时熔池为什么要进行保护？焊条药皮、埋弧焊焊剂、氩气、CO_2 的作用有何异同？

6. 气焊与电弧焊相比，有哪些特点？操作时应注意些什么？

7. 气焊火焰有哪几种？分别应用于什么场合？

8. 如何控制焊接生产质量？

第6章　钢的热处理

【学习要点及工程思政】

1. 实训要求

(1) 掌握常用热处理工艺方法(淬火、回火、正火、退火)的用途。

(2) 了解表面热处理方法。

2. 实训操作规程

(1) 进入实训场地要听从指导教师安排,安全着装,认真听讲,仔细观摩,严禁嬉戏打闹,保持场地干净整洁。

(2) 必须先学习安全操作规程,在掌握相关设备和工具的正确使用方法后,才能进行操作。未经许可或指导教师不在场的情况下,严禁私自开机。

(3) 不得私自乱动场地内的开关、设备、仪表、工件等。

(4) 操作时必须穿戴必要的防护用品,如工作服、手套、防护眼镜等。

(5) 拿取工件要使用工具,严禁徒手触摸实训场地内的各种工件,以免被烫伤。

(6) 加热设备和冷却设备之间,不得设置任何妨碍操作的物品。

(7) 操作电炉时注意不要触及电炉丝,开启炉门时要切断电源。

(8) 工件冷却时要遵守操作规程,不准乱扔乱放,以免被烫伤。

(9) 进行矫正工作时,工作地应处于适当位置,防止工件断裂崩出。

(10) 实训结束后,应物归原处,清理好场地卫生。

3. 工程思政

◆**"为祖国做贡献是人生第一要义"**

师昌绪,中国著名材料科学家、战略科学家,中国科学院、中国工程院资深院士,国家最高科学技术奖获得者。他出生于一个传统的"五世同堂"大家庭,成长于社会变革时期的旧中国,少年时期目睹了饥荒战乱和外侮入侵带给百姓的痛苦,在内心树立了"中国一定要强"的坚定信念。1951年,在抗美援朝战争爆发之后,美国政府明令禁止学习理工、医学学科的中国留学生离开美国回国,师昌绪便是被明令禁止回到中国的35名中国学者之一。但他抱有回国报效祖国的坚定信念,于是开始了同美国政府当局的坚决斗争。他曾和印度联系想去做一名研究学者,以便通过印度实现曲线回国的理想。但随着中国在朝鲜战场上的胜利,美国当局进一步限制中国留学生离境,并把离境一律视为回国。在这种情况下,他通过印度大使馆把一封信转交给中国政府。1954年5月在日内瓦国际会议上,这封信成为中国抗议美国政府无理扣押中国留学生回国的重要依据,周恩来总理向美国政府提出了严正抗议。为了赢得美国人民的同情,师昌绪又和一些中国留学生一起,写信给美国总统艾森豪威尔,明确提出美国不应阻挠中国留学生回国,并将这封信向美国人民散发。1955年6月,美国政府在各方的压力下,被迫按照日内瓦谈判达成的"以美国空军战俘换回中国学者"为条件,同意一些中国留学生回国，其中就有师昌绪。回国后，他把国家的需要作为自己的志愿，服从分配前往中国科学院金属研究所报到，以极大的热情投入到国内第一个五年计划的建设高潮之中。

1978 年，师昌绪加入中国共产党。这是他从一个立志把毕生奉献给祖国的爱国主义科学家转变为一名把实现共产主义理想作为自己人生最高追求的共产党人的升华。“作为一个中国人，就要对中国做出贡献，这是人生的第一要义。”这是他经常告诫身边青年科技人员的一句话，也是他作为一名共产党员践行入党誓词的写照。正是在这一崇高理想和信念的激励下，他才能够正确看待困难时期受到的不公正待遇，也才能够在科研的道路上攻克一个又一个难关，成长为我国高温合金的奠基人、金属腐蚀与防护领域的开拓者、世界著名金属学及材料科学大师和战略科学家。

早在美国麻省理工学院工作期间，师昌绪就取得了重要的研究成果，在其研究基础上发展出来的 300M 高强度钢，成为 20 世纪 60—80 年代世界上最常用的飞机起落架用钢。20 世纪 50 年代末，他从中国既缺镍又无铬，还受到资本主义国家封锁的实际出发，提出了发展铁基高温合金的战略方针，成功研制出中国第一个铁基高温合金 808，代替了当时镍基高温合金 GH33 作为航空发动机的涡轮盘材料；20 世纪 60 年代初，他承担了空心涡轮叶片的研究任务，在缺乏资料、设备简陋、工作和生活都极为艰苦的条件下，采用科研、设计、生产相结合的形式，领导了我国第一代空心涡轮叶片的成功研制，使我国航空发动机性能上了一个新台阶，也使我国成为世界上第二个使用这种叶片的国家。

作为战略科学家，师昌绪在我国科技发展历程中的一些关键时刻，都发挥了一个具有远见卓识的战略科学家所应有的积极作用。1982 年，他在沈阳主持组建了我国第一个腐蚀专业研究所——中国科学院金属腐蚀与防护研究所。还是在 1982 年，他和张光斗、吴仲华、罗沛霖四人联名在《光明日报》上发表了题为《实现“四化”必须发展工程科学技术》的文章，明确指出大力发展工程科学技术的必要性和方法，奏响了成立中国工程院的序曲。1992 年，他又再次同张光斗、侯祥麟、张维、王大珩、罗沛霖联名上书中央，详细阐明成立中国工程院的必要性和急迫性。1994 年，经中央批准，中国工程院正式成立。

6.1　热处理概述

6.1.1　热处理的特点及应用

在机械零件制造过程中，为了提高和获得金属材料的物理、化学以及机械性能，人们常常采取一定的工艺方法，通过对材料的表面或内部进行加工处理，来获得与基体材料不同的各种特性，这就是材料处理技术。常用的处理方法有热处理和表面处理技术。

金属材料的热处理是对固态金属或合金，采用适当的方式进行加热、保温和冷却，改变材料内部组织结构，从而改善材料性能的工艺方法。热处理与铸造、锻压、焊接、切削加工等方法不同，它只改变材料的组织和性能，而不能改变工件的尺寸和形状。

热处理工艺按工序位置可分为预备热处理和最终热处理。预备热处理可以改善材料的加工工艺性能，为后续工序做好组织和性能的准备。最终热处理可以提高金属材料的使用性能，充分发挥其性能潜力。

热处理工艺在机械制造与维修过程中有着广泛的运用，钢经过热处理后能充分发挥材料潜能，改善使用性能，提高产品的质量，延长使用寿命，节约金属材料，能显著提高经济效益。热处理还可以消除毛坯（如铸件、锻件等）中的缺陷，改善其工艺性能，为后续工序做组织准备。

随着工业和科学技术的发展，热处理在改善和强化金属材料、提高产品质量、节省材料和提高经济效益等方面将发挥更大的作用。据统计，在机械制造工业中有 60%～80%的零件都要进行热处理，尤其是工具类及轴承几乎 100%都要进行热处理。

6.1.2 热处理的分类

根据加热和冷却方式不同，常用热处理工艺通常按如下分类：

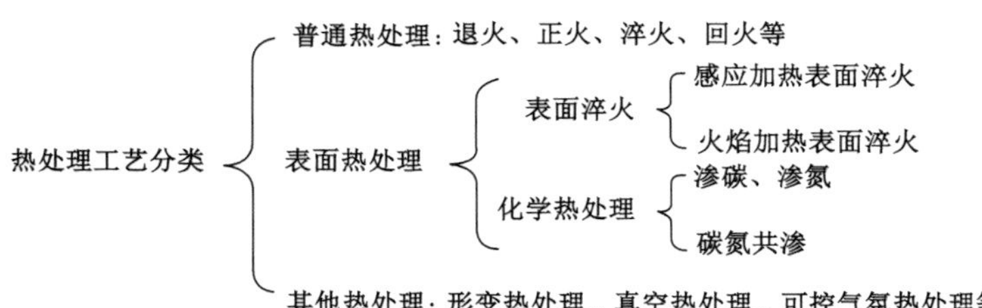

6.1.3 热处理的工艺过程

热处理的方法虽然很多，但任何一种热处理工艺都是由加热、保温和冷却三个阶段所组成的。图 6-1 为钢的常用热处理工艺规范示意图。

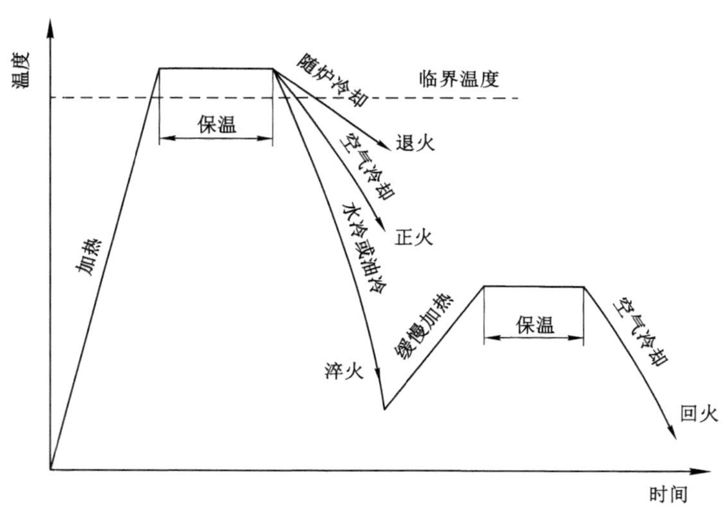

图 6-1 钢的常用热处理工艺规范示意图

6.2 钢的普通热处理

根据加热温度、保温时间和冷却速度的不同，钢的普通热处理工艺主要分为退火、正火、淬火、回火等。

6.2.1　钢的退火

将钢加热到适当的温度，保温，然后随炉缓慢冷却的工艺称为退火。

1. 退火的目的

退火的目的主要是消除偏析，使化学成分均匀；降低硬度，便于切削加工；消除或减少内应力，消除加工硬化，便于后续冷加工；细化晶粒，改善组织或消除组织缺陷；改善高碳钢中渗碳体形态和分布，为零件最终热处理做好组织准备。退火主要用于铸件、锻件、焊件。

2. 退火的种类及应用

根据加热温度和冷却方式的不同退火分为完全退火、球化退火、去应力退火、扩散退火。

各种退火工艺曲线见图 6-2。铁碳相图中，PSK（共析转变线）、GS（奥氏体转变为铁素体的开始线）、ES（碳在奥氏体中的溶解度线）线分别用 A_1、A_3、A_{cm} 表示。实际加热或者冷却时存在过冷或过热现象，因此将钢加热时的实际转变温度分别用 A_{c1}、A_{c3}、A_{ccm} 表示。

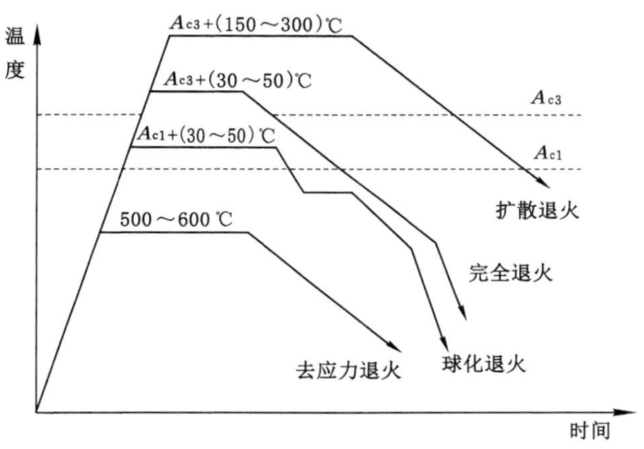

图 6-2　各种退火工艺曲线

6.2.2　钢的正火

正火是将钢件加热到 A_{c3} 或 A_{ccm}＋（30～50）℃，保温适当时间后，在空气中冷却，得到珠光体组织的工艺。

正火与退火的不同在于正火的冷却速度较快，过冷度稍大，因此正火后得到的组织晶粒比退火的细小，强度、硬度略高于退火，通常获得索氏体组织。正火与退火相比，不但力学性能高，而且操作简单，生产周期短，成本低。正火主要用于下列目的：

（1）改善低碳钢和低碳合金钢的切削加工性。

（2）作为普通结构零件或大型及形状复杂件的最终热处理。

（3）作为中碳钢和合金结构钢重要零件的预备热处理。

（4）消除过共析钢中的二次网状渗碳体。

6.2.3　钢的淬火

将钢件加热到 A_{c3}（或 A_{c1}）以上某一温度，保持一定时间，然后以适当速度冷却获得的马氏体或贝氏体组织的热处理工艺称淬火。

1. 淬火加热温度

碳钢淬火热处理的加热温度范围如图 6-3 所示(图中 w_C 为含碳量)。

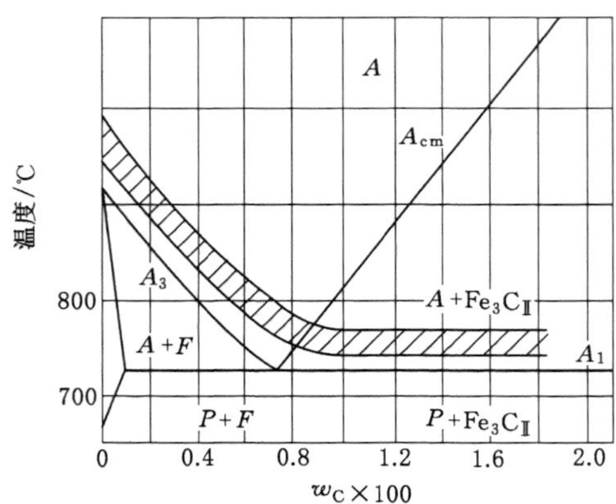

图 6-3 碳钢淬火热处理的加热温度范围

在确定淬火加热温度时,首先考虑钢的化学成分,同时也考虑工件的原始组织、形状尺寸以及加热速度、冷却介质和冷却方式等因素。

(1) 亚共析钢淬火一般加热到 $A_{c3}+(30\sim50)$℃,可得到全部细晶粒的奥氏体组织,淬火后为均匀细小的马氏体组织。若加热温度过高,奥氏体晶粒粗化,淬火后得到粗大的马氏体,导致钢的脆性增大,同时增加淬火应力,使变形和开裂倾向增大;若加热温度为 $A_{c1}\sim A_{c3}$,淬火组织中会有铁素体,使淬火组织出现软点,降低钢的强度和硬度。

(2) 共析钢和过共析钢淬火加热温度为 $A_{c1}+(30\sim50)$℃,淬火后得到细小均匀的马氏体和粒状渗碳体,使材料具有高的硬度、耐磨性及一定韧性。若加热温度在 A_{ccm} 以上,渗碳体全部溶解于奥氏体,提高了奥氏体碳的浓度,使温度 M_s(M_s 表示马氏体转变开始温度,M_f 表示马氏体转变终了温度)下降,淬火后残余奥氏体增多,硬度下降。同时由于加热温度过高,奥氏体晶粒易长大,使钢的脆性和开裂倾向增大。

2. 淬火冷却介质

为获得马氏体组织,淬火的冷却速度必须大于临界冷却速度,而快冷总是不可避免地使工件产生较大的内应力,引起变形甚至开裂。淬火工艺最主要的问题是如何保证获得马氏体,又减小变形与避免开裂。如图 6-4 所示,由碳钢的 C 曲线(等温转变曲线)可得,理想的淬火冷却速度是在过冷奥氏体最不稳定区间快冷,在稳定区间慢冷。这样才能保证在实现马氏体转变的同时又能降低淬火应力和变形开裂倾向。目前还没有找到符合这一理想淬火冷却速度的淬火冷却介质。

目前常用的冷却剂有水、水溶液和各类油等。

3. 淬火方法及应用

单一的冷却剂难以实现理想的冷却速度要求,生产中常用不同的淬火方法来接近理想冷却速度。常用淬火方法如图 6-5 所示。

(1) 单液淬火:将工件浸入一种冷却剂中连续冷却至室温的淬火方法称单液淬火。通常非合金钢用水冷,合金钢用油冷。该法操作简便,易实现机械化、自动化,但水淬易产生淬

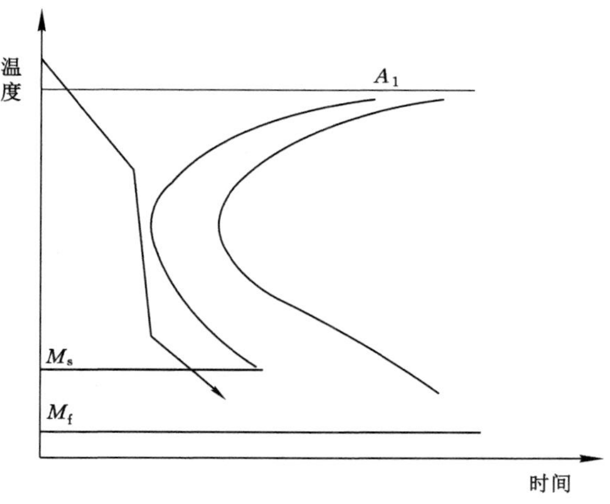

图 6-4　碳钢的 C 曲线

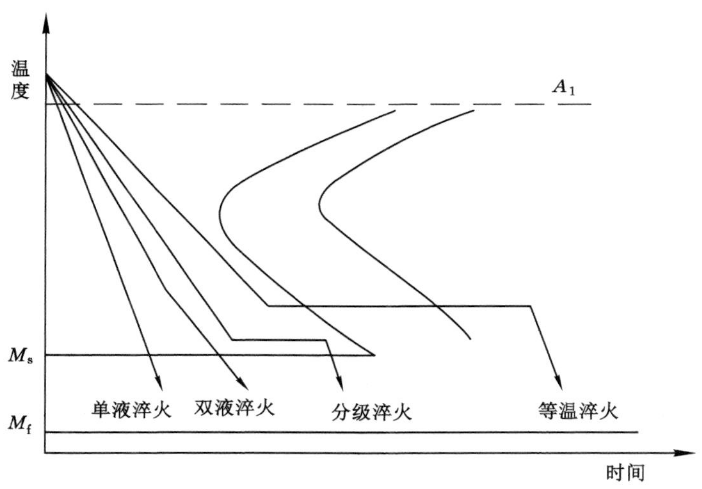

图 6-5　常用淬火方法示意图

火应力，引起变形或裂纹，油淬易产生硬度不足等现象。因此单介质淬火适用于形状简单、无尖锐棱角和截面形状无突然变化的工件。

（2）双液淬火：将零件先在水中淬火，待工件的温度降至 300～400 ℃时取出放入油中（甚至空气中）冷却。这种淬火方法如果能掌握好在水中停留的时间，即可有效地防止裂纹的产生。

（3）分级淬火：将钢件放入温度在 M_s 附近的盐浴或碱浴溶液中，保温一定时间，待工件内外温度均匀后取出空冷至室温。保温时要避免奥氏体分解，使工件内、外层温度均接近热浴温度。分级淬火主要优点是能防止工件变形和开裂，而且硬度比较均匀。由于盐浴或碱浴冷却能力不够大，因此只适于形状复杂的小零件。

（4）等温淬火：对一些形状复杂，而且要求具有较高硬度和韧性的工具、模具等，可进行等温淬火以得到下贝氏体组织。其方法是将零件放入温度稍高于 M_s 点的盐浴或碱浴溶液中保温，使其发生下贝氏体转变后在空气中冷却。

6.2.4 钢的回火

钢淬火后加热到 A_{c1} 以下某一温度保温一定时间，然后冷却到室温的热处理工艺称回火。

1. 回火目的

钢在淬火后的组织主要是马氏体和少量残余奥氏体。淬火马氏体内部微观缺陷较多，内应力和脆性很大，如不及时回火会使钢件发生变形甚至开裂；马氏体和残余奥氏体处于不稳定状态，都有向稳定的铁素体和渗碳体转变趋势，通过对其回火，使组织转变为一定程度上的稳定组织，从而保证工件在使用中不发生尺寸和形状的改变；通过调整回火温度，可获得不同的硬度，减少脆性，满足各种工件的不同性能要求。

所以回火主要目的是降低脆性，消除或减少内应力；获得工件所要求的力学性能；稳定工件的尺寸。

2. 回火种类与应用

根据回火时的加热温度，可将回火分为下面三种：

(1) 低温回火(<250 ℃)。回火后的组织是回火马氏体。它基本上保持了马氏体的高硬度、高强度及耐磨性，同时使钢的内应力和脆性有所降低。主要用于刃具、量具、冷冲模具、滚动轴承、渗碳及表面淬火件。

(2) 中温回火(350～500 ℃)。回火后的主要组织为回火托氏体。其性能是具有较高的弹性极限和屈服点，一定的韧性。主要用于各种弹性件和热锻模等。

(3) 高温回火(500～650 ℃)。回火后的组织为回火索氏体。其性能是强度、硬度、塑性和韧性都较好，即综合力学性能好。广泛适用于各种机械零件，如曲轴、连杆、螺栓、半轴、齿轮等。通常将淬火和高温回火相结合的热处理称为调质处理。

调质与正火相比，不仅强度较高，而且塑性、韧性远高于正火钢。这是因为调质后钢的组织是回火索氏体，其渗碳体呈球粒状，而正火后的组织是为索氏体(或托氏体)，其渗碳体呈薄片状。因此，重要结构零件应进行调质处理。

应当指出，钢回火后的性能主要与回火温度有关，而基本与冷却速度无关。实际生产中，回火件出炉后通常采用空冷。

3. 回火脆性

有些钢在某一温度区间回火后，会出现冲击韧度显著降低，这种现象称回火脆性。在 300 ℃左右回火出现的脆性称低温回火脆性(第一类回火脆性)，几乎所有工业用钢都存在低温回火脆性。目前还没有办法完全消除此类回火脆性，通常是避开在此温度范围回火，或采用等温淬火代替淬火回火，或在钢中加入 Mo、W 来降低第一类回火脆性。在 500～650 ℃回火后缓冷所产生的脆性称高温回火脆性(第二类回火脆性)。这类脆性是可逆的，含有 Cr、Ni、Mn 等合金元素的合金钢易产生这类回火脆性，回火后快冷可避免这类回火脆性，所以当出现第二类回火脆性时，重新加热到 650 ℃以上然后快冷即可。

6.3 钢的表面热处理

在机械设备中，有许多零件(如齿轮、凸轮、曲轴、活塞销等)是在冲击载荷及表面摩擦条件下工作的。这类零件表面需具有高硬度和耐磨性,而芯部需要足够的塑性和韧性。

为满足这类零件的性能要求,需进行表面热处理。常用的表面热处理分为表面淬火、化学热处理两大类。

6.3.1　表面淬火

钢的表面淬火是将钢表层加热到淬火温度,立即迅速冷却的工艺方法,结果是使表层形成硬而耐磨的马氏体组织,芯部仍保持原来的退火、正火或调质状态组织。

按淬火加热方法的不同,表面淬火可分为感应加热表面淬火、火焰加热表面淬火、电解液加热表面淬火、接触电阻加热表面淬火、激光与电子束加热表面淬火等。目前生产中应用较广的是感应加热及火焰加热表面淬火。表面淬火适用于承受冲击载荷并处于强烈摩擦等工况条件下的零部件,如齿轮、凸轮、传动轴等。

6.3.2　化学热处理

把工件放在一定的活性元素的介质中,加热到一定温度,保温适当的时间,使一种或几种元素渗入工件表面随后冷却下来,从而改变工件表层的化学成分、组织和性能的工艺过程称钢的化学热处理。化学热处理可提高零件表面强度、耐磨性、抗氧化性、抗蚀性和抗疲劳性。若在渗前、渗后进行合适的热处理,可达到零件芯部与表面在金相组织、应力分布等方面的最佳配合,其在某些方面可替代含贵金属或稀有金属元素的特殊钢,因此在工业上应用广泛。

不论哪种化学热处理,其整个过程总是有以下三个阶段组成的:介质在高温下通过化学反应进行分解,形成渗入元素的活性元素(C、N 或其他);渗入元素的活性原子被钢表面吸收;渗入元素的活性原子由钢表层逐渐向内部扩散。

常用的化学热处理为有渗碳、渗氮、碳氮共渗、渗铝、渗洛、渗硼及氰化等。

复习思考题

1. 什么是热处理? 常用的热处理方法有哪些?
2. 比较退火和正火的异同点。
3. 淬火的目的是什么? 水淬和油淬有什么不同? 分别在什么情况下选用?
4. 淬火后为什么要回火?
5. 什么是回火? 目的是什么? 回火温度对钢的性能有什么影响?
6. 什么是调质处理? 其目的是什么?
7. 表面淬火与普通淬火有什么区别?
8. 简述化学热处理的过程。

第7章　钳　　工

【学习要点及工程思政】

1. 实训要求

(1) 让学生了解钳工在机械制造维修中的作用、特点以及加工的过程。

(2) 了解画线、锯割、锉削、钻孔、扩孔、铰孔、螺纹加工、装配等方法。

(3) 掌握钳工的各种工具、量具的使用方法。

(4) 学习正确使用工具、量具，独立完成钳工的各种基本操作。

(5) 掌握钳工的各种基本操作，根据零件图能独立加工简单的零件。

2. 实训操作规程

(1) 进入实训场地要听从指导教师安排，安全着装，认真听讲，仔细观摩，严禁嬉戏打闹，保持场地干净整洁。

(2) 必须先学习安全操作规程，在掌握相关设备和工具的正确使用方法后，才能进行操作。未经许可或指导教师不在场的情况下，严禁私自开机。

(3) 进行画线操作时，工件及工具要轻拿轻放，以防损坏平板。

(4) 加工操作前，应检查手锤或剪刀等工具的手柄安装是否牢固。

(5) 操作时，工件必须按要求牢固地装夹在台钳上，必须有足够的夹持部分。

(6) 用手锯锯割材料时，用力要均匀，不能重压或强扭。接近锯断时要用力小而慢。

(7) 进行錾削操作时，应注意手锤挥动方向及錾削方向，临近錾断时应轻轻锤击，以免断片飞出伤及他人。

(8) 使用钻床进行钻削操作时，必须有指导教师现场指导，严禁私自操作。

(9) 调整钻床转速时，必须先停车，然后转动变速手柄。

(10) 钻削工件时，必须牢固地装夹在台钳中或用压板固定在工作台上，严禁用手握持工件进行钻削。

(11) 钻孔时，用力要均匀，并注意排屑。将要钻通时，应减小进给量。

(12) 进行装配练习时，应依照正确的安装工艺，不准野蛮操作。

(13) 实训结束后，关闭电源，将工具摆放整齐，清理好场地卫生。

3. 工程思政

◆“工匠精神”

胡双钱，中国商飞上海飞机制造有限公司高级技师。在他加工的零部件中，最大的将近5 m，最小的比曲别针还小。有一次，他加工某定位圈，零件的直径小，零件定位止口的孔径更小，而孔深尺寸又较大，孔径的公差要求高，通常加工完孔的内圆尺寸后，内径无法进行打表测量，也没有专用量具。胡双钱反复琢磨，找出了一种测量内壁尺寸的方法：用块规加上标准的圆柱销进行辅助测量。最终，他圆满地完成了任务。

胡双钱不仅要按工作计划加工形状各异的零部件，有时还要临时救急。一次，厂里急需一个特殊零件，从原厂调配需要几天时间，为了不耽误工期，只能用钛合金毛坯在现场临时加工。

胡双钱再一次临危受命。

这个零件的精度要求是 0.024 mm，这样的零件本来要靠先进的数控车床来完成，但当时厂里没有匹配的设备，胡双钱艺高人胆大，硬是靠着自己的双手和一台传统的铣钻床，用了一个多小时，打出 36 个孔。当这场“金属雕花”结束后，零件一次性通过检验。

这么多年来，胡双钱带出的徒弟很多。他说：“企业文化需要传承，技术也同样需要传承。技术是自己的，更是企业的，企业造就了我们，为我们的成长营造了良好的氛围，为我们展示技能创造了机会，我会毫无保留地把我的经验传授给更多的年轻人，希望他们早日成为车间的顶梁柱。”

夏立，中国电子科技集团公司第五十四研究所钳工，高级技师，参与了许多国家级重大工程中卫星天线的预研与装配，其中最难的当属上海 65 m 射电望远镜（天马望远镜）天线的装配。在该任务中，夏立负责方位、俯仰传动装置的装配。该装置是控制天线转动的核心设备，直接决定了 65 m 天线的指向精度。当时设计师提出的要求是：终端精度达到 0.004 mm——这样才能满足天线的要求。

这在当时，几乎是不可能完成的任务。可接到任务的夏立，决心做“第一个吃螃蟹的人”。

技术与工期的要求使得夏立没有失败的机会。“这就非常考验每一步操作时的‘感觉’，手稍微重一点会过紧；手的力量不够又达不到精度要求。”在反复尝试中，夏立凭着多年积累的经验，寻找到了那无法言说的“偶遇”。

钢码盘的输出精度要求小于 0.002 mm，机器研磨反复试验也只能做到 0.02 mm，精度等级差了一个数量级。为了满足精度要求，夏立提出依靠手工研磨。单单为攻克钢码盘这一难关，他就研磨了整整三天，最终确保满足了 65 m 天线指向精度的苛刻要求。

“机械行业有一句话是‘机床的母机从何而来’，制作标准化产品的高精度机床，也必须由人装配起来，所以钳工工种不会消失，我们有我们存在的价值。一代一代钳工将手艺传承下去，这就是我所理解的工匠精神。”夏立的话语坚定、自豪。

创新创业来不得浮夸，回归“工匠精神”，用实干与可靠的技术、发明来扎扎实实地解决人类面临的难题、中国经济发展的困境、产业技术进步的瓶颈，是创新驱动发展的内在核心和根本保障。

从他们身上，我们不仅看到了作为长者的师德，更看到了他们作为一名钳工的“艺德”，令人敬佩与感激。

7.1 钳工概述

钳工是一个使用简单手工工具、技术工艺比较复杂、加工程序细致、工艺要求高的工种。

钳工基本操作包括画线、錾削、锯割、锉削、钻孔、扩孔、锪孔、铰孔、攻螺纹、套螺纹、装配、刮削、研磨、矫正和弯曲、铆接、粘接、测量以及做标记等。这些操作大多是将工件夹在台虎钳上完成的。

钳工的工作范围主要有以下几项：

(1) 用钳工工具进行修配及小批量零件的加工。

(2) 精度较高样板及模具的制作。

(3) 整机产品的装配和调试。

(4) 机器设备(或产品)使用中的调试和维修。

钳工常用的设备有钳工工作台、台虎钳、砂轮机、钻床、手电钻等。常用的手用工具有画线盘、錾子、手锯、锉刀、刮刀、扳手、螺钉旋具、锤子等。

1. 钳工工作台

钳工工作台简称钳台，用于安装台虎钳，进行钳工操作，如图 7-1 所示。有单人使用和多人使用的两种，用硬质木材或钢材做成。工作台要求坚实、平稳，台面高度一般以装上台虎钳后钳口高度恰好与人手肘齐平为宜。如图 7-1 所示。

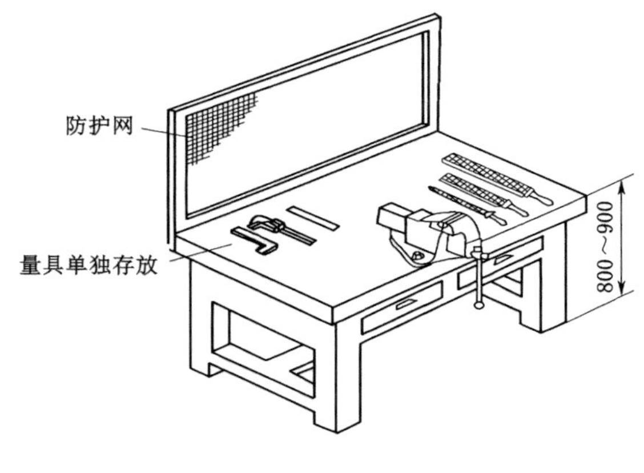

图 7-1 钳工工作台

2. 台虎钳

台虎钳是夹持工件的通用工具。凿切、锯割、锉削以及许多其他钳工操作都是在台虎钳上完成的。

常用的台虎钳有固定式和回转式两种。图 7-2 为回转式台虎钳的结构图。台虎钳主体用铸铁制成，由固定部分和活动部分组成。台虎钳固定部分由转盘锁紧螺钉固定在转盘座上，转盘座内装有夹紧盘，放松转盘锁紧手柄，固定部分就可以在转盘座上转动，以变更台虎钳方向。转盘座用螺钉固定在钳台上。连接手柄的螺杆穿过活动部分旋入固定部分的螺母内。转动手柄使丝杠从螺母中旋出或旋进，从而带动活动部分移动，使钳口张开或合拢，以放松或夹紧零件。

为了延长台虎钳的使用寿命，台虎钳上端咬口处用螺钉紧固着两块经过淬硬的钢质钳口。钳口的工作面上有斜形齿纹，使零件夹紧时不致滑动。夹持零件的精加工表面时，应在

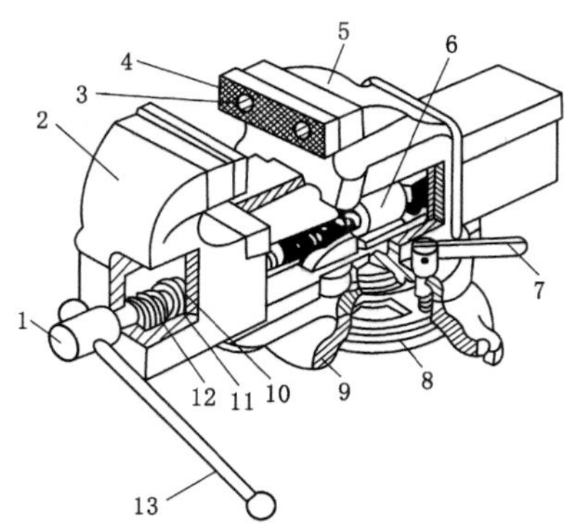

1—丝杠;2—活动钳身;3—螺钉;4—钳口;5—固定钳身;6—螺母座;
7—紧固螺栓;8—夹紧盘;9—底盘座;10—挡圈;11—开口销;12—弹簧;13—手柄。

图 7-2 回转式台虎钳

钳口和零件间垫上纯铜皮或铝皮等软材料制成的护口片(俗称软钳口),以免夹坏零件表面。

台虎钳规格以钳口的宽度来表示,一般为 100～150 mm。

3. 钻床

钻床是用于孔加工的一种机械设备,最常用有台式钻床(台钻)、立式钻床、摇臂钻床,如图 7-3 所示。台式钻床适于加工中、小型零件上直径在 16 mm 以下的小孔。摇臂钻床适合加工大型工件和多孔工件。

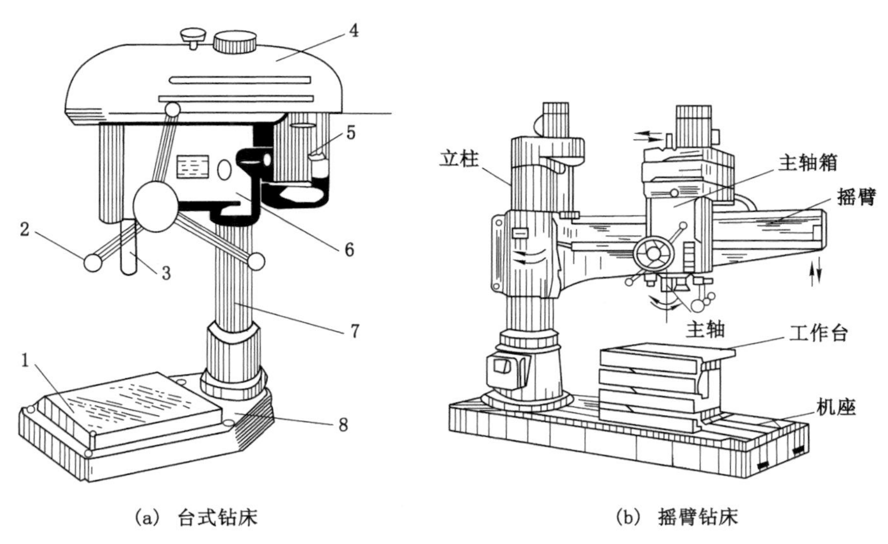

(a) 台式钻床　　(b) 摇臂钻床

1—工作台;2—进给手柄;3—主轴;4—带罩;5—电动机;6—主轴架;7—立柱;8—机座。

图 7-3 钻床

4. 钳工常用的工具和量具

钳工基本操作中常用的工具如图 7-4 所示。常用的量具如图 7-5 所示。

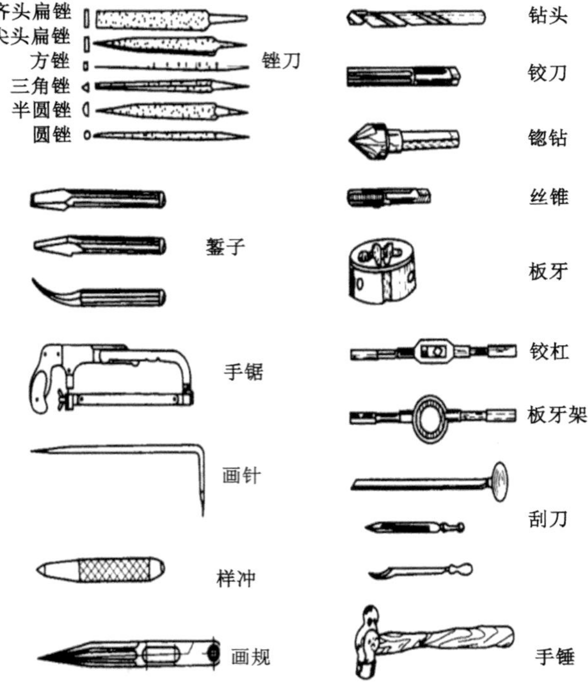

图 7-4 钳工常用工具

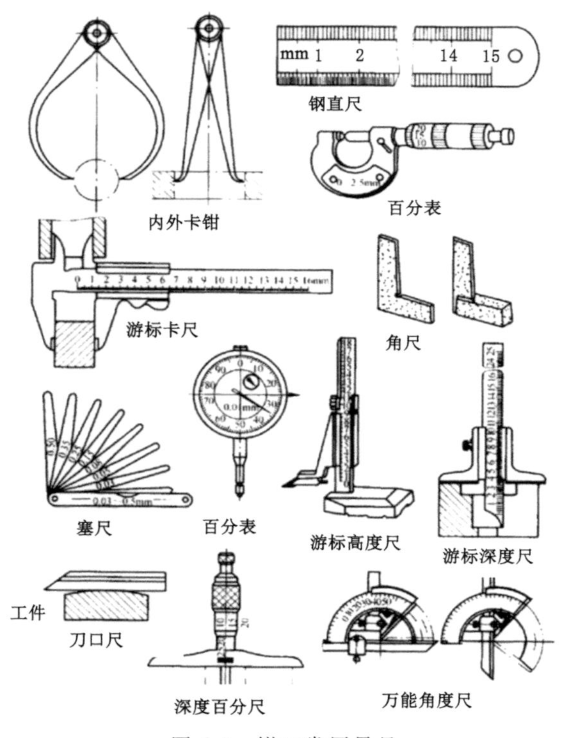

图 7-5 钳工常用量具

7.2 画线、锯削和锉削

画线、锯削及锉削是钳工中主要的工序，是机器维修装配时不可缺少的钳工基本操作。

7.2.1 画线

根据图样要求在毛坯或半成品上画出加工图形、加工界线或加工时的找正线称为画线。

画线按复杂程度分平面画线和立体画线两种，如图 7-6 所示。

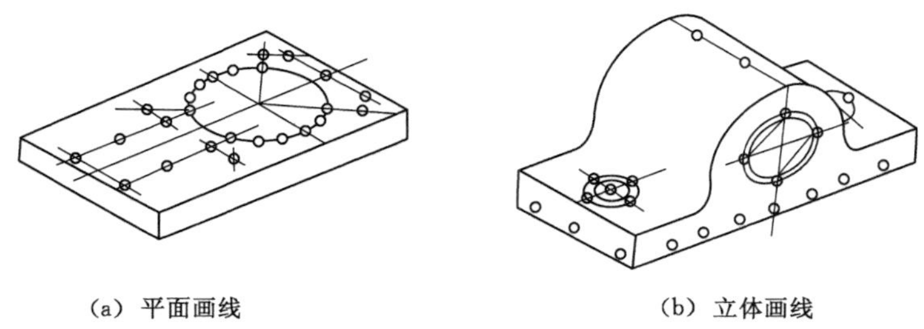

图 7-6　画线的种类

画线多用于单件、小批生产，新产品试制和工、夹、模具制造。画线的精度较低，用画针画线的精度为 0.25～0.5 mm，用高度尺画线的精度为 0.1 mm 左右。

1. 画线用具

(1) 画线平台

画线平台又称画线平板，如图 7-7 所示，是画线的基准工具。

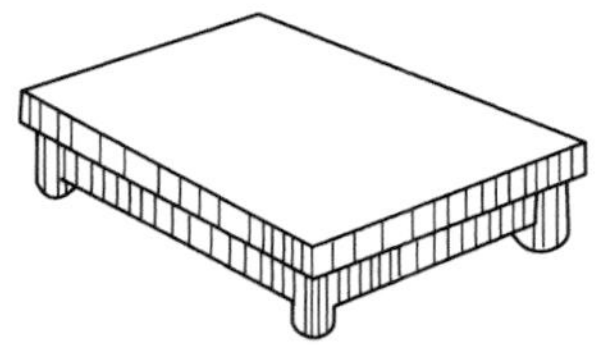

图 7-7　画线平台

(2) 画针、画线盘与画规

画针是在零件上直接画出线条的工具。如图 7-8 所示，弯头画针可用于直线画针画不到的地方和找正零件。使用画针画线时必须使针尖紧贴钢直尺或样板。

画线盘如图 7-9 所示，它的直针尖端焊上硬质合金，使用时，根据需要调节画针高度，并在画线平板上移动画线盘，即可在工件表面画出与画线平板平行的直线。另一端弯头针尖用来找正零件。

常用画规如图 7-10 所示。它适合在毛坯或半成品上画圆。

(3) 量高尺、高度游标尺、直角尺和样冲

① 量高尺是用来校核画线盘画针高度的量具，其上的钢尺零线紧贴平台。

② 高度游标尺实际上是量高尺与画线盘的组合。画线脚与游标连成一体，前端镶有硬质合金，一般用于已加工面的画线。

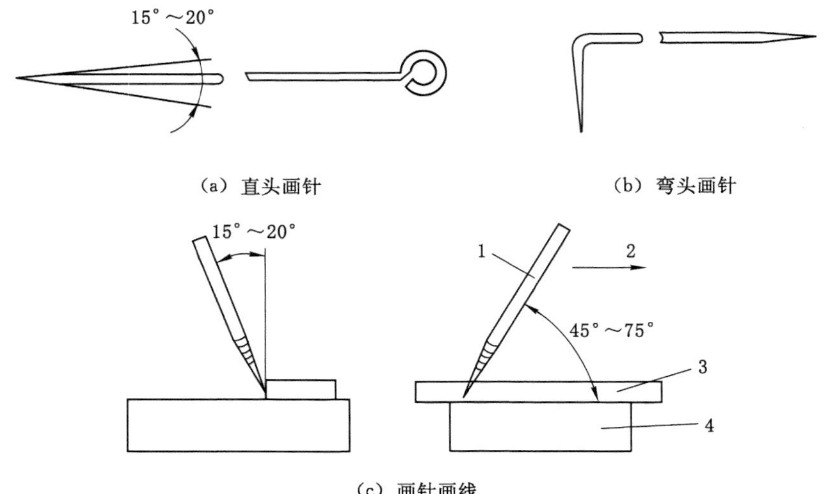

(a) 直头画针　　(b) 弯头画针

(c) 画针画线

1—画针；2—画线方向；3—钢直尺；4—零件。

图 7-8　画针

图 7-9　画线盘　　图 7-10　画规

以上两种工具如图 7-11 所示。

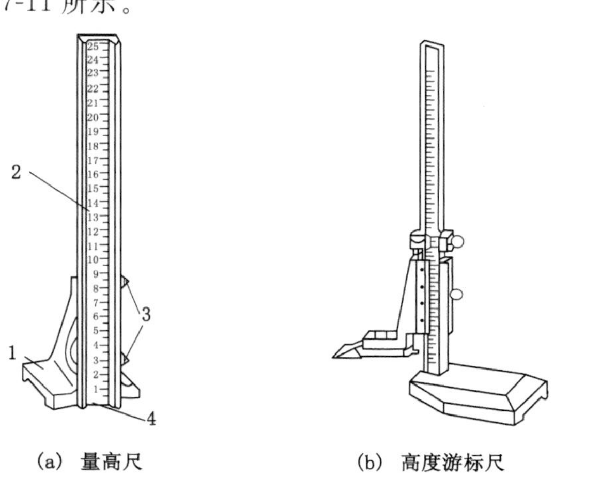

(a) 量高尺　　(b) 高度游标尺

1—底座；2—钢直尺；3—锁紧螺钉；4—零线。

图 7-11　量高尺和高度游标尺

③ 直角尺：简称角尺。它的两个工作面经精磨或研磨后呈精确的直角。90°角尺既是画线工具又是精密量具。90°角尺有扁 90°角尺和宽座 90°角尺两种。前者用于平面画线中在没有基准面的零件上画垂直线，如图 7-12(a)所示；后者用于立体画线，用它靠住零件基准面画垂直线，或找正零件的垂直线或垂直面，如图 7-12(b)所示。

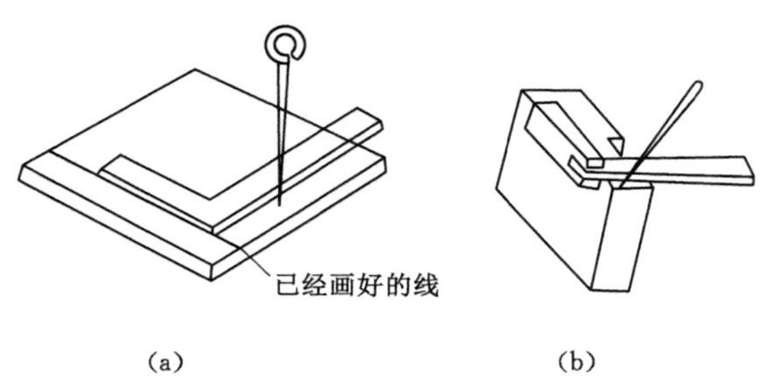

图 7-12　90°角尺画线

④ 样冲：用工具钢制成并经淬硬处理，如图 7-13 所示。样冲用于在画好的线条上打出小而均匀的样冲眼，以免零件上已画好的线在搬运、装夹过程中因碰、擦而模糊不清，影响加工。

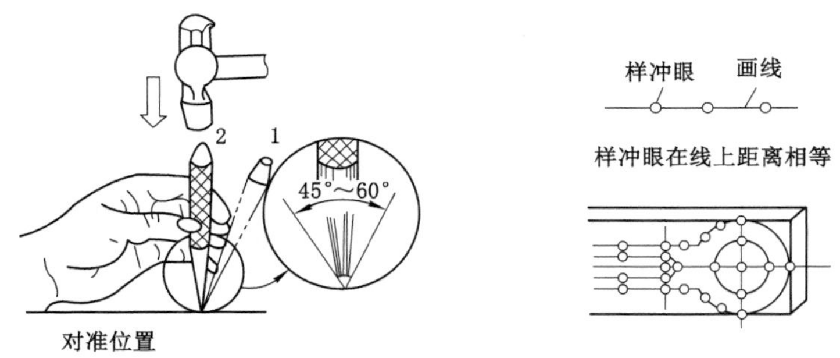

1—对准位置；2—打样冲眼。

图 7-13　样冲及其使用

(4) 支承工具

① 方箱：如图 7-14 所示，是用灰铸铁制成的空心长方体或立方体。方箱用于夹持工件，通过在平板上的翻转，可画出相互垂直的线来。

② V 形铁：如图 7-15 所示，主要用于安放轴、套筒等圆形零件。一般 V 形铁都是两块一副，即平面与 V 形槽是在一次安装中加工的。V 形槽夹角为 90°或 120°。V 形铁也可当方箱使用。

③ 千斤顶：如图 7-16 所示，常用于支承毛坯或形状复杂的大零件。使用时，三个一组顶起零件，调整顶杆的高度便能方便地找正零件。

2. 画线方法与步骤

(1) 平面画线方法与步骤

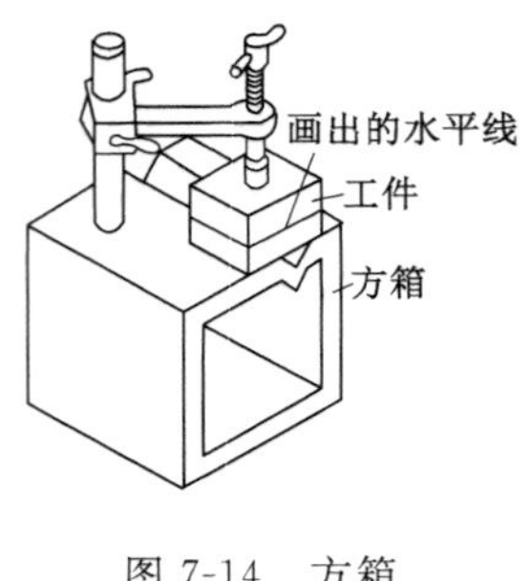

图 7-14　方箱

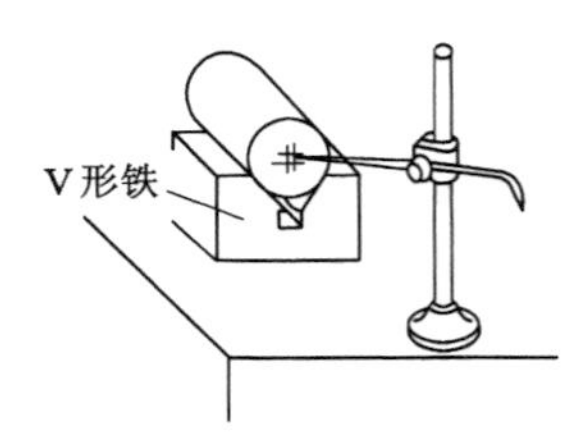

图 7-15　V 形铁

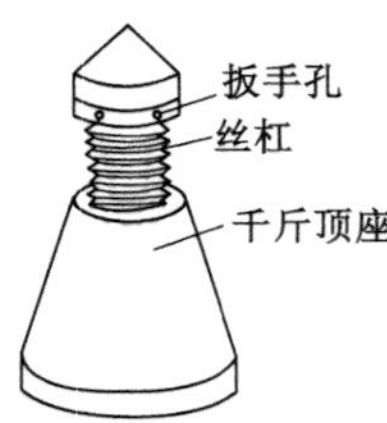

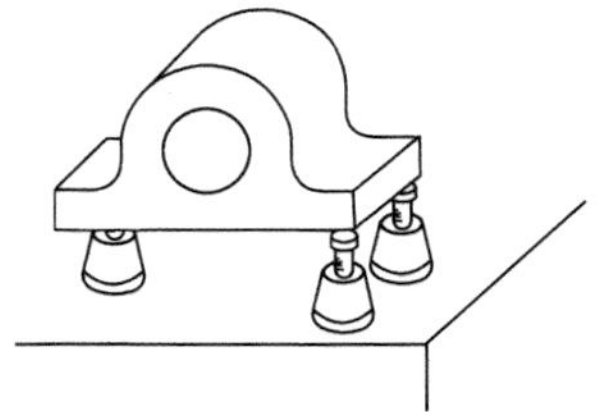

图 7-16　千斤顶及其使用

平面画线是用画线工具将图样按实物大小 1∶1 画到零件上去的。

① 根据图样要求，选定画线基准。

② 做对零件进行画线的准备，包括清理、检查、涂色、在零件孔中装中心塞块等。在零件上画线部位涂上一层薄而均匀的涂料(即涂色)，使画出的线条清晰可见。零件不同，涂料也不同。一般在铸、锻毛坯件上涂石灰水，小的毛坯件上也可以用粉笔涂，钢铁半成品上一般涂龙胆紫或硫酸铜溶液，铝、铜等有色金属半成品上涂龙胆紫或墨汁。

③ 画出加工界线(直线、圆及连接圆弧)。

④ 在画出的线上打样冲眼。

(2) 立体画线方法与步骤

立体画线是平面画线的综合运用。其过程如图 7-17 所示。

立体画线和平面画线有许多相同之处，画线基准一经确定，其后的画线步骤大致相同。它们的不同之处在于一般平面画线应选择两个基准，而立体画线要选择三个基准。

7.2.2　锯削

用手锯把原材料和零件割开，或在其上锯出沟槽的操作叫锯削。

1. 手锯

手锯由锯弓和锯条组成。

(1) 锯弓有固定式和可调式两种，如图 7-18 所示。

(2) 锯条规格用锯条两端安装孔之间距离表示，并按锯齿齿距分为粗齿、中齿、细齿三种。粗齿锯条适于锯削软材料和截面较大的零件。细齿锯条适于锯削硬材料和薄壁零件。锯齿在制造时按一定的规律错开排列形成锯路。

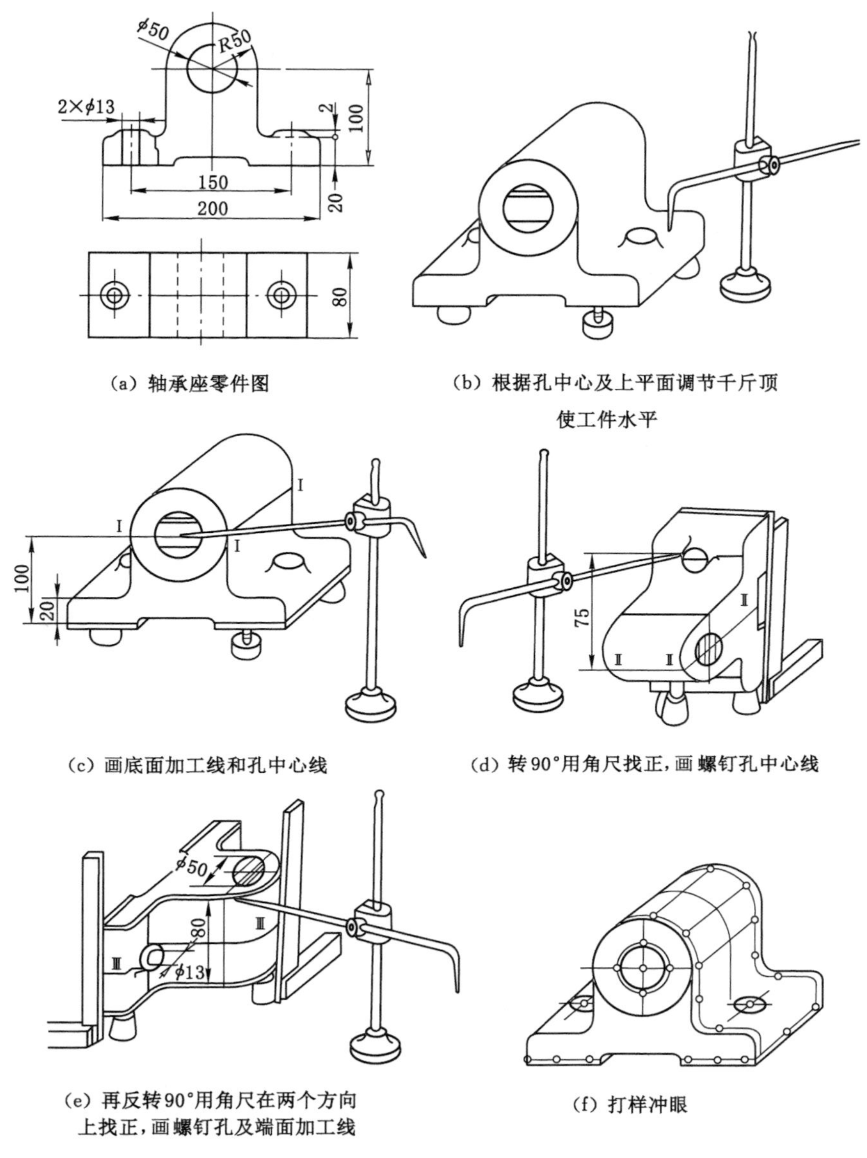

(a) 轴承座零件图

(b) 根据孔中心及上平面调节千斤顶使工件水平

(c) 画底面加工线和孔中心线

(d) 转90°用角尺找正，画螺钉孔中心线

(e) 再反转90°用角尺在两个方向上找正，画螺钉孔及端面加工线

(f) 打样冲眼

图 7-17　立体画线示例

2. 锯削操作要领

(1) 锯条安装：安装锯条时，锯齿方向必须朝前，如图 7-18(a)所示，锯条绷紧程度要适当。

(2) 握锯及锯削操作：一般握锯方法是右手握稳锯柄，左手轻扶弓架前端。锯削时推力和压力由右手控制，左手压力不要过大，主要配合右手扶正锯弓。锯弓向前推出时加压力，回程时不加压力，在零件上轻轻滑过。锯削往复运动速度以控制在 30～60 次/min 为宜。

锯削时最好使锯条全部长度参加切削，一般锯弓的往返长度不应小于锯条长度的 3/4。

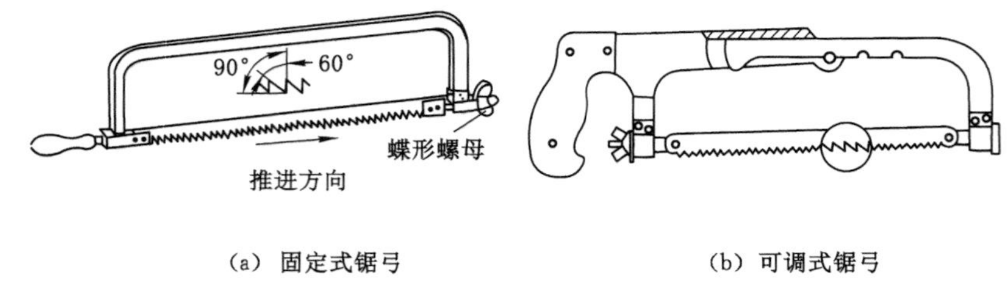

(a) 固定式锯弓　　(b) 可调式锯弓

图 7-18　手锯

(3) 起锯:锯条开始切入零件称为起锯。其操作如图 7-19 所示,起锯时要用左手拇指指甲挡住锯条,起锯角小于 15°。锯弓往复行程要短,压力要轻,锯条要与零件表面垂直。当起锯到槽深 2～3 mm 时,起锯可结束,应逐渐将锯弓改至水平方向进行正常锯削。起锯方式有近起锯和远起锯两种。

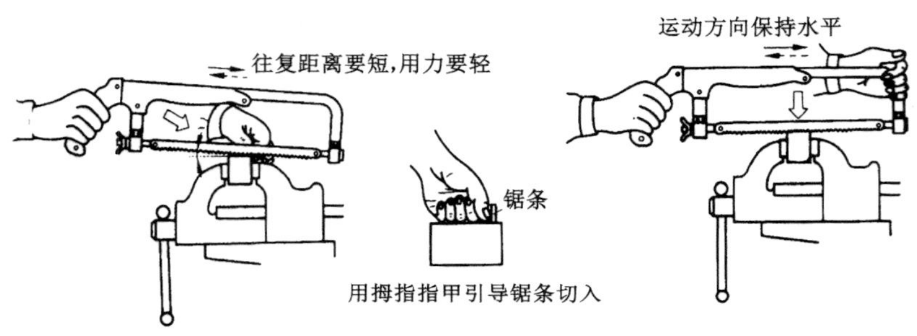

图 7-19　起锯

3. 锯削安全注意事项

(1) 锯条张紧程度要适当,以免折断弹出伤人。

(2) 工件夹持要合适牢固,以防工件抖动锯条折断。

(3) 工件快锯断时,应减小压力并及时用手扶持,以免断折部分落下伤人或损坏工件。

7.2.3　锉削

用锉刀从零件表面锉掉多余的金属,使零件达到图样要求的尺寸、形状和表面粗糙度的操作叫锉削。锉削加工范围包括平面、台阶面、角度面、曲面、沟槽和各种形状的孔等。

1. 锉刀

锉刀是锉削的主要工具,锉刀的构造及各部分名称如图 7-20 所示。

锉刀分类如下:

(1) 按锉齿的大小分为粗齿锉、中齿锉、细齿锉和油光锉等。

(2) 按齿纹分为单齿纹锉刀和双齿纹锉刀。单齿纹锉刀的齿纹只有一个方向,与锉刀中心线成 70°,一般用于锉软金属,如铜、锡、铅等。双齿纹锉刀的齿纹有两个互相交错的排列方向,先剁上去的齿纹叫底齿纹,后剁上去的齿纹叫面齿纹。底齿纹与锉刀中心线成

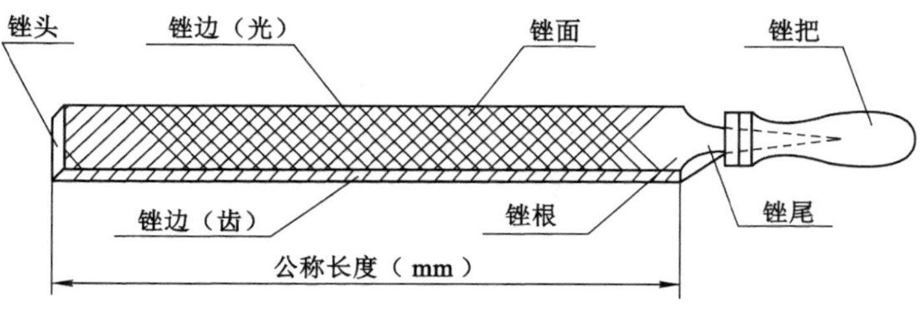

图 7-20　锉刀

45°,齿纹间距较大;面齿纹与锉刀中心线成 65°,间距较小。由于底齿纹和面齿纹的角度不同,间距疏密不同,所以,锉削时锉痕不重叠,锉出来的表面平整而且光滑。

(3) 按断面形状[如图 7-21(a)所示]可分成:板锉(平锉),用于锉平面、外圆面和凸圆弧面;方锉,用于锉平面和方孔;三角锉,用于锉平面、方孔及 60°以上的锐角;圆锉,用于锉圆和内弧面;半圆锉,用于锉平面、内弧面和大的圆孔。如图 7-21(b)所示为特种锉刀,用于加工各种零件的特殊表面。

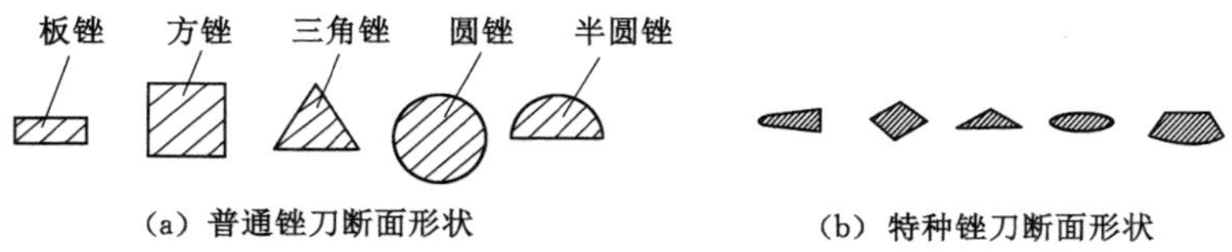

(a) 普通锉刀断面形状　　(b) 特种锉刀断面形状

图 7-21　锉刀的种类

另外,由多把各种形状的特种锉刀所组成的“什锦”锉刀,用于修锉小型零件及模具上难以机械加工的部位。

2. 锉削操作要领

(1) 握锉

如图 7-22(a)所示为大锉刀的握法,图 7-22(b)所示为中、小锉刀的握法。

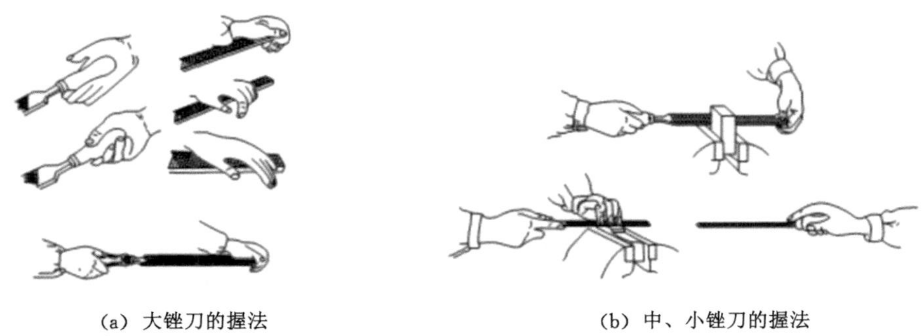

(a) 大锉刀的握法　　(b) 中、小锉刀的握法

图 7-22　握锉

(2) 锉削姿势

锉削操作姿势如图 7-23 所示,身体重量放在左脚,右膝要伸直,双脚始终站稳不移动,

靠左膝的屈伸做往复运动。开始时，身体向前倾斜 10°左右，右肘尽可能向后收缩，如图 7-23(a)所示。在最初三分之一行程时，身体逐渐前倾至 15°左右，左膝稍弯曲，如图 7-23(b)所示。接下来三分之一行程，右肘向前推进，同时身体也逐渐前倾到 18°左右，如图 7-23(c)所示。最后三分之一行程，用右手腕将锉刀推进，身体随锉刀向前推的同时自然后退到 15°左右的位置上，如图 7-23(d)所示。锉削行程结束后，把锉刀略提起一些，身体姿势恢复到起始位置。

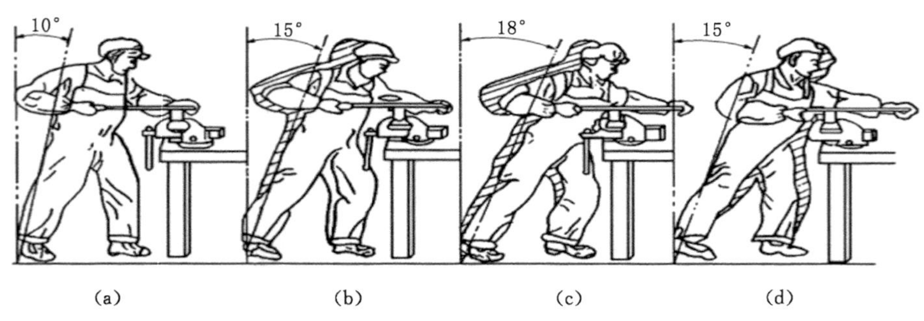

图 7-23　锉削姿势

锉削过程中，两手用力也时刻在变化。开始时，左手压力大推力小，右手压力小推力大。随着推锉过程，左手压力逐渐减小，右手压力逐渐增大。锉刀回程时不加压力，以减少锉齿的磨损。锉刀往复运动速度一般为 30～40 次/min，推出时慢，回程时可快些。

3. 锉削方法

(1) 平面锉削

锉削平面的方法有顺向锉法[如图 7-24(a)所示]、交叉锉法[如图 7-24(b)所示]、推锉法[如图 7-24(c)所示]。锉削平面时，锉刀要按一定方向进行锉削，并在锉削回程时稍做平移，这样逐步将整个面锉平。

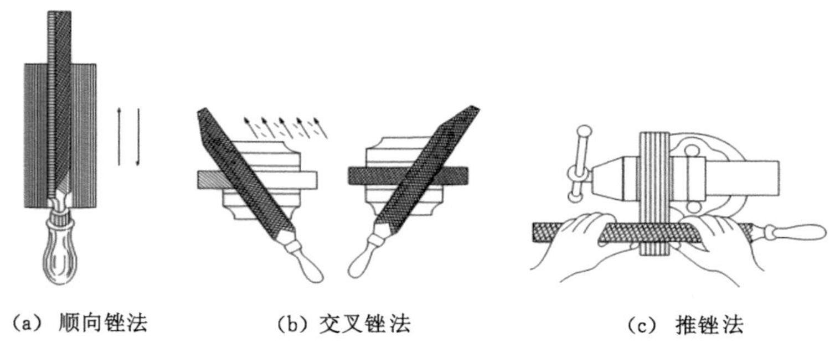

图 7-24　平面锉削方法

(2) 弧面锉削

外圆弧面一般可采用平锉进行锉削，常用的锉削方法有两种。顺锉法如图 7-25(a)所示，是顺着圆弧方向锉，可锉成接近圆弧的多棱形（适用于曲面的粗加工）。滚锉法如图 7-25(b)所示，锉刀向前锉削时右手下压，左手随着上提，使锉刀在零件圆弧上做转动。

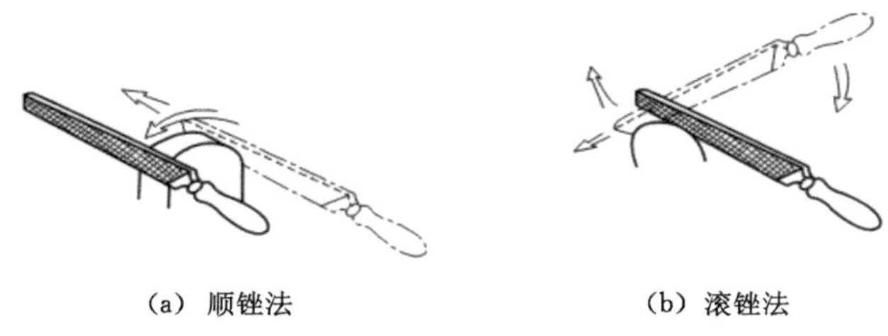

(a) 顺锉法　　(b) 滚锉法

图 7-25　圆弧面锉削方法

(3) 检验工具及其使用

检验工具有刀口形直尺、90°角尺、游标角度尺等。刀口形直尺、90°角尺可检验零件的直线度、平面度及垂直度。下面介绍用刀口形直尺检验零件平面度的方法。

① 将刀口形直尺垂直紧靠在零件表面，并在纵向、横向和对角线方向逐次检查，如图 7-26 所示。

② 检验时，如果刀口形直尺与零件平面之间透光微弱而均匀，则该零件平面度合格；如果透光强弱不一，则说明该零件平面凹凸不平。可在刀口形直尺与零件紧靠处用塞尺插入，根据塞尺的厚度即可确定平面度的误差，如图 7-27 所示。

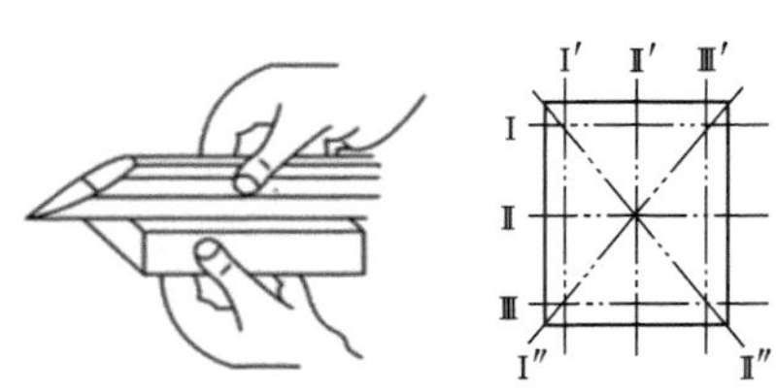

图 7-26　用刀口形直尺检验平面度

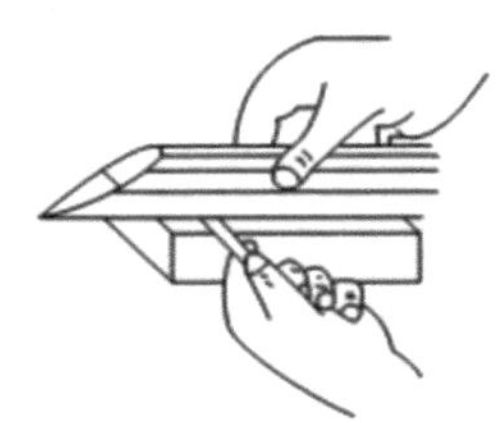

图 7-27　用塞尺测量平面度误差值

7.3　钻孔、扩孔和铰孔

钳工加工孔的方法一般指钻孔、扩孔和铰孔。

通常孔加工刀具的运动是复合运动，如图 7-28 所示，由两个运动合成：主运动，即刀具绕轴线的旋转运动（箭头 1 所指方向）；进给运动，即刀具沿着轴线方向对着零件的直线运动（箭头 2 所指方向）。

7.3.1　钻孔

钻孔的尺寸公差等级低，为 IT12～IT11；表面粗糙度大，为 50～12.5 μm。

1. 标准麻花钻组成

麻花钻如图 7-29 所示，是钻孔的主要刀具。麻花钻由钻柄、颈部和工作部分组成。

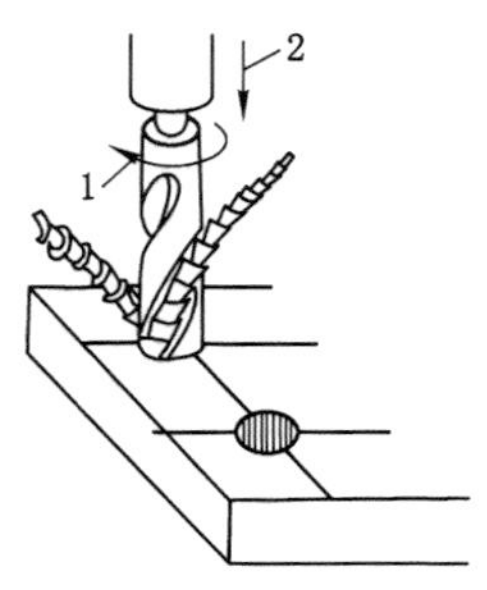

1—主运动;2—进给运动。

图 7-28　孔加工切削运动

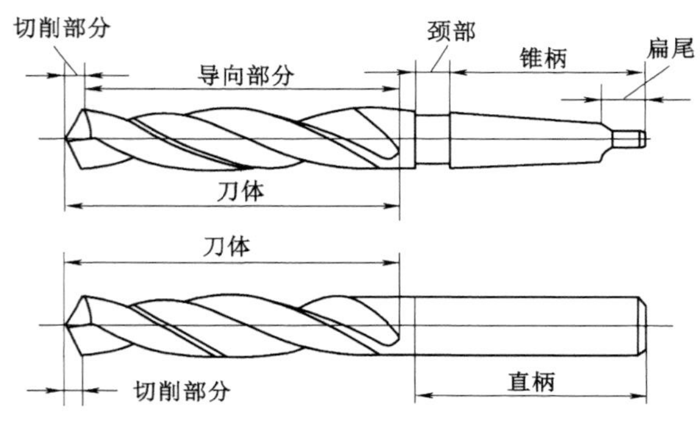

图 7-29　标准麻花钻组成

(1) 钻柄:供装夹和传递动力用。钻柄形状有两种:直柄传递扭矩较小,用于直径13 mm以下的钻头;锥柄对中性好,传递扭矩较大,用于直径大于13 mm的钻头。

(2) 颈部:是磨削工作部分和钻柄之间的退刀槽。钻头直径、材料、商标一般刻印在颈部。

(3) 工作部分:它分成导向部分与切削部分。

2. 零件装夹

钻孔时零件夹持方法与零件生产批量及孔的加工要求有关。生产批量较大或精度要求较高时,零件一般是用钻模来装夹的;单件小批生产或加工要求较低时,零件经画线确定孔中心位置后,多数装夹在通用夹具或工作台上。常用的附件有手虎钳、平口虎钳、V形铁和压板螺钉等,如图7-30所示。

3. 钻头的装夹

钻头的装夹方法,如图7-31所示,按其柄部的形状不同而异。直柄钻头用钻夹头安装,如图7-31(a)所示。锥柄钻头可以直接装入钻床主轴锥孔内,较小的钻头可用过渡套筒安装。钻夹头(或过渡套筒)的拆卸方法是将楔铁插入钻床主轴侧边的扁孔内,左手握住钻夹头,右手用锤子敲击楔铁卸下钻夹头,如图7-31(b)所示。

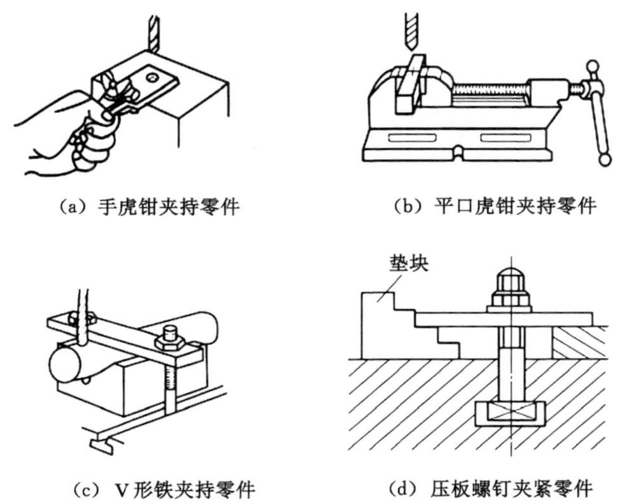

图 7-30 零件夹持方法

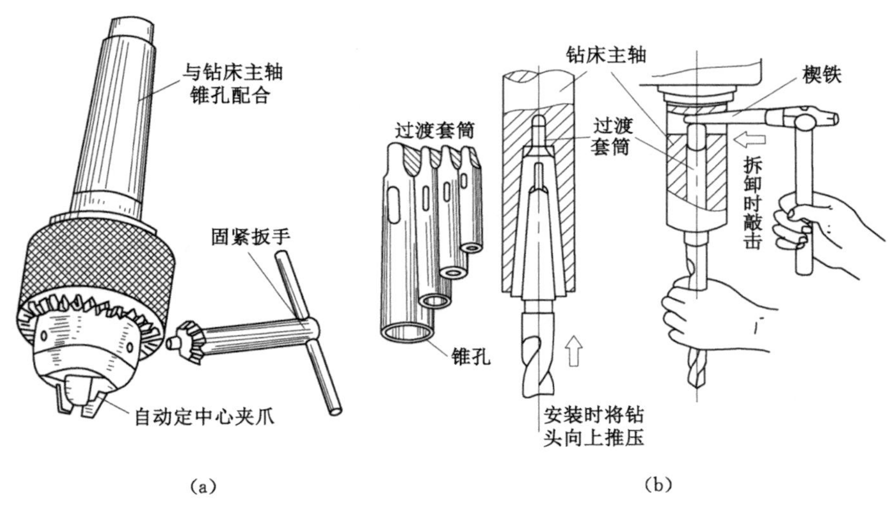

图 7-31 安装拆卸钻头

4. 钻孔方法

钻孔前先用样冲在孔中心线上打出样冲眼，用钻尖对准样冲眼锪一个小坑，检查小坑与所画孔的圆周线是否同心(称试钻)。如稍有偏离，可移动零件找正；若偏离较多，可用尖凿或样冲在偏离的相反方向凿几条槽，如图 7-32 所示。对较小直径的孔，也可在偏离的方向用垫铁垫高些再钻。直到钻出的小坑完整，与所画孔的圆周线同心或重合时才可正式钻孔。

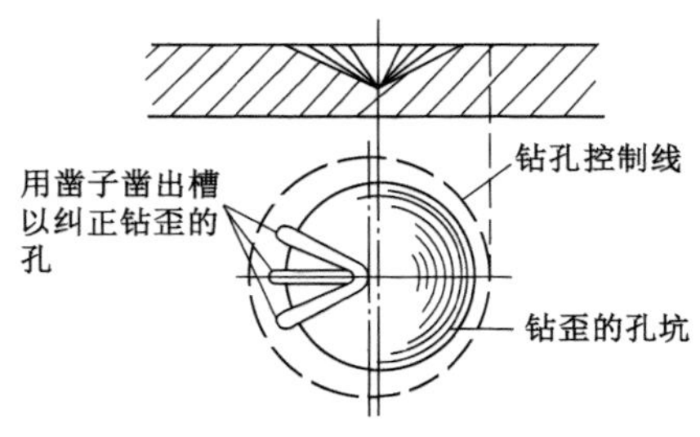

图 7-32　钻孔方法

7.3.2　扩孔与铰孔

用扩孔钻或钻头扩大零件上原有的孔叫扩孔。经钻孔、扩孔后，用铰刀对孔进行提高尺寸精度和表面质量的加工叫铰孔。

1. 扩孔

一般用麻花钻作扩孔钻扩孔。在扩孔精度要求较高或生产批量较大时，还采用专用扩孔钻（如图 7-33 所示）扩孔。专用扩孔钻一般有 3～4 条切削刃，故导向性好，不易偏斜，没有横刃，轴向切削力小，扩孔能得到较高的尺寸精度（可达 IT10～IT9）和较小的表面粗糙度值（Ra 为 6.3～3.2）。

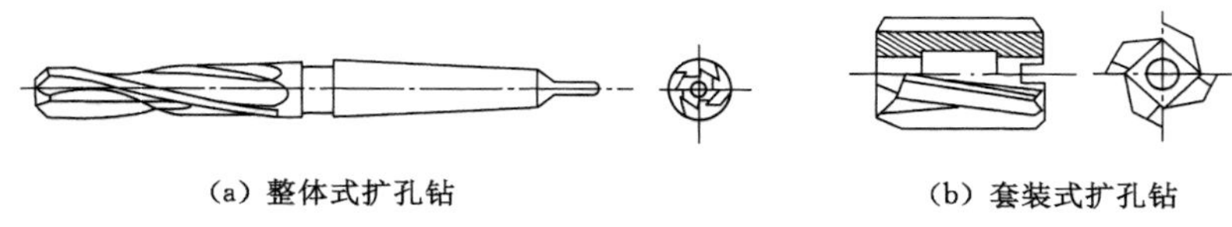

图 7-33　专用扩孔钻

2. 铰孔

钳工常用手用铰刀进行铰孔，铰孔精度高（可达 IT8～IT6），表面粗糙度值小（Ra 为 1.6～0.4）。铰孔的加工余量较小，粗铰为 0.15～0.5 mm，精铰为 0.05～0.25 mm。钻孔、扩孔、铰孔时，要根据工作性质、零件材料，选用适当的切削液，以降低切削温度，提高加工质量。

（1）铰刀：是孔的精加工刀具。铰刀分为机用铰刀和手工铰刀两种，机用铰刀为锥柄，手工铰刀为直柄。如图 7-34 所示为手工铰刀。铰刀一般是制成两支一套，其中一支为粗铰刀（它的刃上开有螺旋形分布的分屑槽），一支为精铰刀。

（2）手工铰孔方法：将铰刀插入孔内，两手握铰杠手柄，顺时针转动并稍加压力，使铰刀慢慢向孔内进给。注意两手用力要平衡，使铰刀铰削时始终保持与零件垂直。铰刀退出时，也应边顺时针转动边向外拔出。

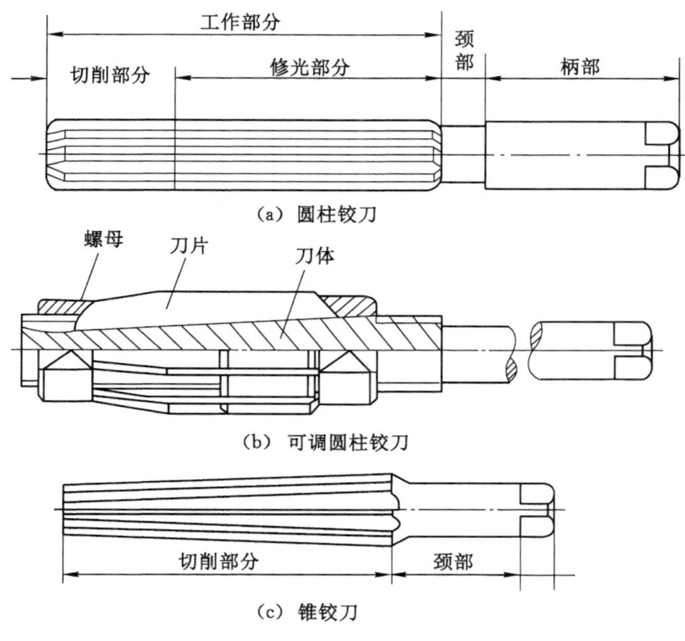

图 7-34　手工铰刀

7.4　攻螺纹和套螺纹

7.4.1　攻螺纹

攻螺纹是指用丝锥加工出内螺纹。

1. 丝锥

(1) 丝锥的结构

丝锥是加工小直径内螺纹的成形工具，如图 7-35 所示。它由切削部分、校准部分和柄部组成。切削部分磨出锥角，以便将切削负荷分配在几个刀齿上。校准部分有完整的齿形，用于校准已切出的螺纹，并引导丝锥沿轴向运动。柄部有方榫，便于装在铰杠内传递扭矩。丝锥切削部分和校准部分一般沿轴向开有 3～4 条容屑槽以容纳切屑，并形成切削刃和前角 y，切削部分的锥面上铲磨出后角 a。

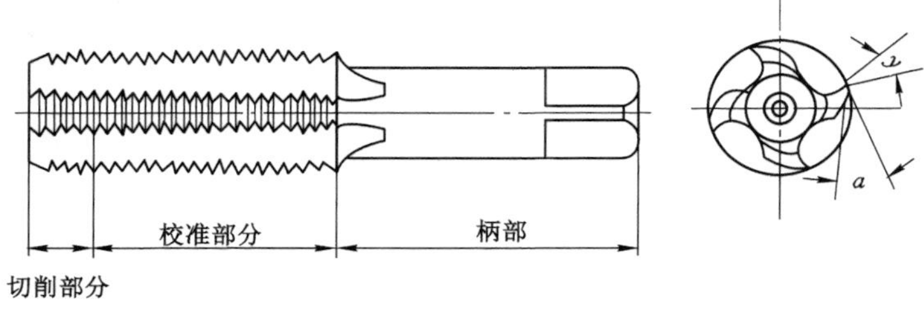

图 7-35　丝锥的构造

（2）成组丝锥

由于螺纹的精度、螺距大小不同，丝锥一般为 1 支、2 支、3 支等成组使用。使用成组丝锥攻螺纹孔时，要按顺序使用来完成螺纹孔的加工。

2. 手工丝锥铰杠

丝锥铰杠是扳转丝锥的工具，如图 7-36 所示。常用的铰杠有固定式和可调式两种，以便夹持各种不同尺寸的丝锥。

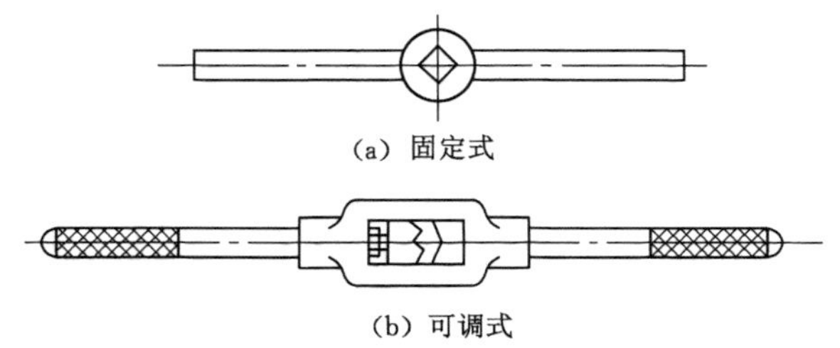

(a) 固定式

(b) 可调式

图 7-36　手工丝锥铰杠

3. 攻螺纹

（1）攻螺纹前的孔径 d（钻头直径）略大于螺纹内径。其选用丝锥尺寸可查表，也可按经验公式计算。

对于普通螺纹：

钢料及塑性材料时　　$d=D-p$

铸铁及脆性材料时　　$d=D-1.1p$

式中　D——内螺纹大径；

p——螺距。

若孔为盲孔，由于丝锥不能攻到底，所以钻孔深度要大于螺纹长度，其尺寸按下式计算：

$$钻孔深度=螺纹长度+0.7D$$

（2）手工攻螺纹的方法如图 7-37 所示。

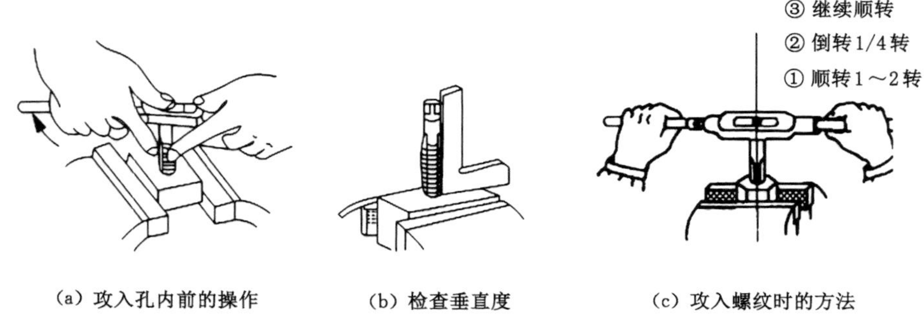

(a) 攻入孔内前的操作　　(b) 检查垂直度　　(c) 攻入螺纹时的方法

图 7-37　手工攻螺纹的方法

双手转动铰杠，并轴向加压力，当丝锥切入零件 1～2 牙时，用 90°角尺检查丝锥是否歪斜，如丝锥歪斜，要纠正后再往下攻。当丝锥位置与螺纹底孔端面垂直后，轴向就不再加压力，两手均匀用力。为避免切屑堵塞，要经常倒转 1/4～1/2 圈，以达到断屑目的。头锥、二锥应依次攻入。攻铸铁材料螺纹时加煤油而不加切削液，钢材料加切削液，以保证螺纹孔表面的粗糙度要求。

7.4.2 套螺纹

1. 套螺纹的工具

(1) 圆板牙

板牙是加工外螺纹的工具。圆板牙如图 7-38 所示，就像一个圆螺母，不过上面钻有几个排屑孔并形成切削刃。板牙两端带 2Φ 的锥角部分是切削部分。中间一段是校准部分，也是套螺纹时的导向部分。板牙一端的切削部分磨损后可调头使用。

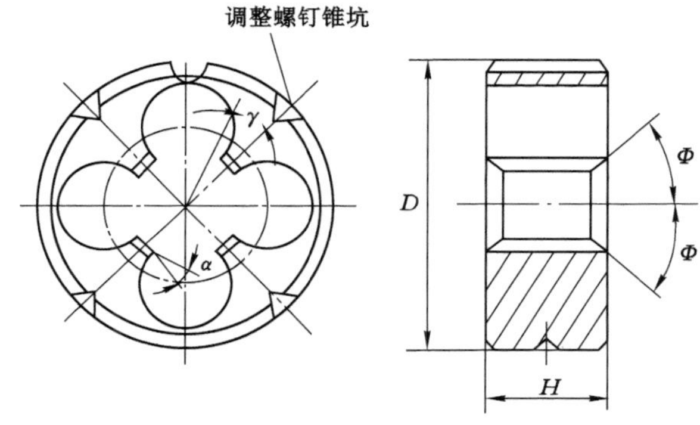

图 7-38 板牙

用圆板牙套螺纹的精度比较低，可用它加工等级 8h、表面粗糙度 Ra 为 6.3～3.2 μm 的螺纹。圆板牙一般用合金工具钢 9SiCr 或高速钢 W18Cr4V 制造。

(2) 圆锥管螺纹板牙

圆锥管螺纹板牙的基本结构与普通圆板牙一样，因为管螺纹有锥度，所以只在单面制成切削锥。这种板牙所有切削刃都参加切削，板牙在零件上的切削长度影响管子与相配件的配合尺寸，套螺纹时要用相配件旋入管子来检查是否满足配合要求。

(3) 铰杠

手工套螺纹时需要用圆板牙铰杠，如图 7-39 所示。

图 7-39 铰杠

2. 套螺纹

(1) 套螺纹前零件直径的确定

确定螺杆的直径可直接查表,也可按零件直径 $d=D-0.13p$ 的经验公式计算,其中,D 为外螺纹大径,p 为螺距。

(2) 套螺纹操作

套螺纹开始时将板牙套在圆杆头部倒角处,并保持板牙横截面与圆杆垂直,右手握住铰杠中间部分,加适当压力,左手将铰杠的手柄顺时针方向转动,在板牙切入圆杆 2~3 牙时,应检查板牙是否歪斜,发现歪斜,应纠正后再套。当板牙位置正确后,再往下套就不加压力了,如图 7-40 所示。套螺纹和攻螺纹一样,应经常倒转以切断切屑。套螺纹应加切削液,以保证螺纹的表面粗糙度要求。

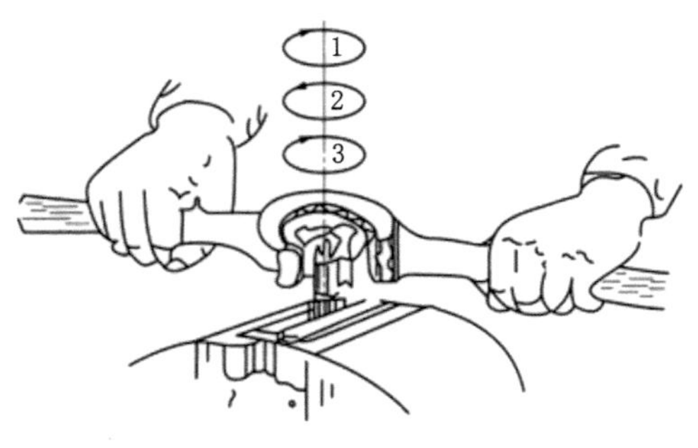

图 7-40　套螺纹

复习思考题

1. 钳工主要工作包括哪些?
2. 画线的作用是什么?如何选择画线基准?
3. 画线工具有哪几类?如何正确使用?
4. 有哪几种起锯方式?起锯时应注意哪些问题?
5. 什么是锉削?其加工范围包括哪些?
6. 怎样正确采用顺向锉法、交叉锉法和推锉法?
7. 钻孔、扩孔与铰孔各有什么区别。
8. 什么是攻螺纹?什么是套螺纹?

第8章 车削加工

【学习要点及工程思政】

1. 实训要求

(1) 掌握普通车床的型号、功用、组成、切削运动、传动系统及调整方法。

(2) 掌握常用车刀、量具、主要附件的结构及使用方法。

(3) 了解零件加工精度、切削用量与加工经济性的相互关系。

(4) 掌握车工的基本操作技能,能独立地加工一般轴类、盘类、套类零件及简单形表面。

(5) 能根据图纸进行简单零部件工艺的编制、成品车削。

2. 实训操作规程

(1) 进入实训场地要听从指导教师安排,安全着装,认真听讲,仔细观摩,严禁嬉戏打闹,保持场地干净整洁。

(2) 必须先学习安全操作规程,在掌握相关设备和工具的正确使用方法后,才能进行操作。未经许可或指导教师不在场的情况下,严禁私自开机。

(3) 工件夹紧后,必须随手取下卡盘扳手,以免飞出造成事故。

(4) 安装车刀时,刀尖应与工件轴线在同一高度,刀杆伸出刀架外不宜过长。

(5) 开动机床前,要检查机床周围有无障碍物,各操作手柄位置是否正确,工件及刀具是否装夹牢固。

(6) 加工过程中,严禁戴手套进行操作,不准用手触摸运动的工件和刀具,不准站在切屑飞出的方向,不准用棉纱或手清理切屑。

(7) 工件加工时,操作者必须密切关注机床的加工过程,不得擅自离开工作岗位。

(8) 切削用量应根据工件的材料和加工要求适当选择,不能随意变换。

(9) 调整转速、更换车刀或测量工件时,都必须在机床停止运转后进行。停车时,不准用开倒车来代替刹车,严禁用手去刹卡盘。

(10) 机床导轨面上不准存放夹具、量具、工件、刀具等物品。

(11) 实训结束后,关闭电源,擦净机床并在指定部位加注润滑油,各部件调整到正常位置,将场地清扫干净。

3. 工程思政

◆ 技校毕业却攻克国家难题

洪家光,中国航空沈阳黎明航空发动机有限责任公司的一名普通车工,多次参与辽宁舰舰载机等多项国家重点航空发动机科研项目,拥有多项国家发明和实用新型专利。作为省级"洪家光技能大师工作室"领创人,带领团队完成近百项创新项目和攻关项目,带领辽宁队获得第九届全国青年职业技能大赛车工组团体第一名。

(1) 贫穷却发光的奋斗年华

洪家光20世纪70年代出生于沈阳的一个农村家庭。那个年代很多的普通农户家庭都多多少少会有一点贫困，洪家光家也不例外，经济上的困难迫使着他“穷人家的孩子早当家”。洪家光的童年风景是略微有些单调的，一个是“农田”，一个是母亲的垃圾车。和很多农村孩子一样，洪家光很小便负担起了家里的重担。只是，对于洪家光的家庭来说，一片农田还养不活一家人，他的母亲还要靠着那个一年四季都臭烘烘的垃圾车补贴家用。但洪家光很懂事，不论寒冬烈日，都跟在母亲身边。从小就不得不面对生活的艰辛，这让洪家光早早懂了事。为了能够早点分担家里的压力，洪家光选择了可以真正快一点学到能吃饭的手艺的技校。虽然经济上是很困难的，但洪家光没有因此放弃学习。求学之路对于农村孩子来说是段漫长的旅程，洪家光往返学校和家里的路就要长达四个小时。四个小时对于很多小孩子来说，不过是聊聊八卦，看看小人书，或者睡一觉便过去了，但洪家光深知只有学习才能真正靠自己去养活家里，这四个小时便成了他“额外”的学习时间。功夫不负有心人，洪家光凭借这份毅力以第一名的毕业成绩被分配到了沈阳黎明航空发动机公司当技术工人。

(2) 沉迷于钻研的洪家光

勤奋好学、意志坚定的品质并没有随着毕业而消磨，投入到工作中的洪家光将这一份品质发展成了对自己手艺的钻研精神。洪家光的师傅就曾提到，能成为“大国工匠”，真正是来自洪家光的勤奋好学。刚参加工作的洪家光，向熟练掌握“高速切削内螺纹”技术的孟宪新拜师，天天都守在师傅身边，不放过任何能够去学习和体悟的机会。真正的大师总是能够一接触到自己的手艺，就学会去“钻”。洪家光也一样，为了能够真正从师傅孟宪新那里学到本领，他总结了10万余字的心得，每一个字都饱含着洪家光对自己工作那种极致认真的态度。不仅如此，洪家光还将自己的体悟充分融入自己的实践，这10万字有的不仅是笔墨，还有洪家光在工作中磨出的厚厚的老茧。也正是因为这份执着，仅仅三个月，洪家光就熟练掌握了车刀磨削技术。

(3) 中国最年轻的大国工匠

认真做事的人，总会有不凡的成就，而属于洪家光的最耀眼的成就便是名为“航空发动机叶片滚轮精密磨削技术”的一个项目。

只要与“航空”二字挂钩，那就必然是难上加难、精上加精的技术，放在航空发动机这种关键的地方，就要求追求完美的精细。航空发动机叶片的磨削需要达到的加工精度，是比发丝还要细的0.003 mm，这需要靠金刚石滚轮去仔细操作，稍有差池便会造成上万元的损失。这份重任交到了洪家光的头上，不得不说是交对人了，一接到任务，洪家光便立马着手开始钻研。可这毕竟是被称为“难题”的一项技术，哪有那么容易攻破？一开始，洪家光连续干了十几个小时也没有做出一件合格的成品。可倔脾气的洪家光对于技术这件事情，一直是不钻透不罢休的。之后的洪家光，凭借自己的钻研，竟然真的将这些技术难题一一攻破。

凭借这项技术，洪家光到了国家科学技术大会的现场，以一个技校出身的一线工人的身份，捧回了属于自己的荣耀——国家科学技术进步二等奖。纵使身边的获奖者有的是院士级别的，但洪家光的荣耀依旧独特而瞩目。他也凭借39岁的年纪，成为我国最年轻的“大国工匠”!

8.1　概述

车削加工是机械加工中最基本最常用的加工方法,它是在车床上用车刀对零件进行切削加工的过程。车床在机械加工设备中占总数的50%以上,是金属切削机床中数量最多的一种。

车削主要用来加工各种回转体表面,如内外圆柱面、内外圆锥面、螺纹、沟槽、端面和成形面等,其主运动为工件的旋转运动,进给运动为刀具的直线移动。车床上能加工的各种典型表面如图8-1所示。

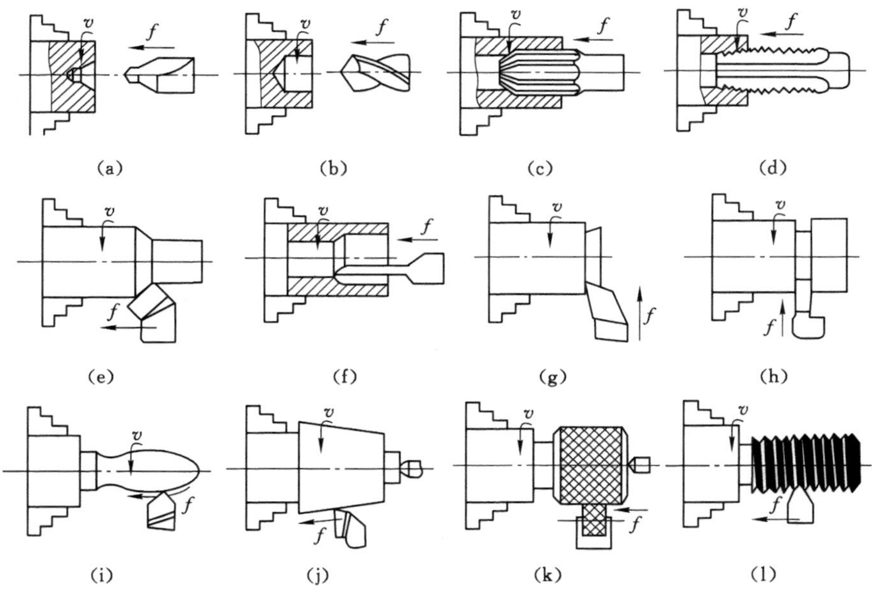

图8-1　普通车床所能加工的典型表面

车削加工的尺寸精度较宽,一般可达IT12～IT7,精车时可达IT6～IT5。表面粗糙度(轮廓算术平均高度)数值的范围一般是6.3～0.8 μm,常用车削精度与相应表面粗糙度见表8-1。

表8-1　常用车削精度与相应表面粗糙度

加工类别	加工精度	表面粗糙度值 $Ra/\mu m$	标注代号	表面特征
粗车	IT12 IT11	25～50 12.5	50/25▽　12.5▽	可见明显刀痕 可见刀痕
半精车	IT10 IT9	6.3 3.2	6.3▽　3.2▽	可见加工痕迹 微见加工痕迹

表 8-1(续)

加工类别	加工精度	表面粗糙度值 $Ra/\mu m$	标注代号	表面特征
精车	IT8 IT7	1.6 0.8	1.6 ▽ 0.8 ▽	不见加工痕迹 可辨加工痕迹方向
精细车	IT6 IT5	0.4 0.2	0.4 ▽ 0.2 ▽	微辨加工痕迹方向 不辨加工痕迹

8.2 普通车床

车床的类型很多，主要有卧式车床、立式车床、转塔车床、自动车床和数控车床等。其中卧式车床是目前生产中应用最广的一种车床，它具有性能良好、结构先进、操作轻便、通用性强和外形整齐美观等优点，但自动化程度较低，适用于单件小批生产，主要用于加工各种轴、盘、套等类零件上的各种表面或用于机修车间。图 8-2 为 CA6140 型卧式车床的简图。

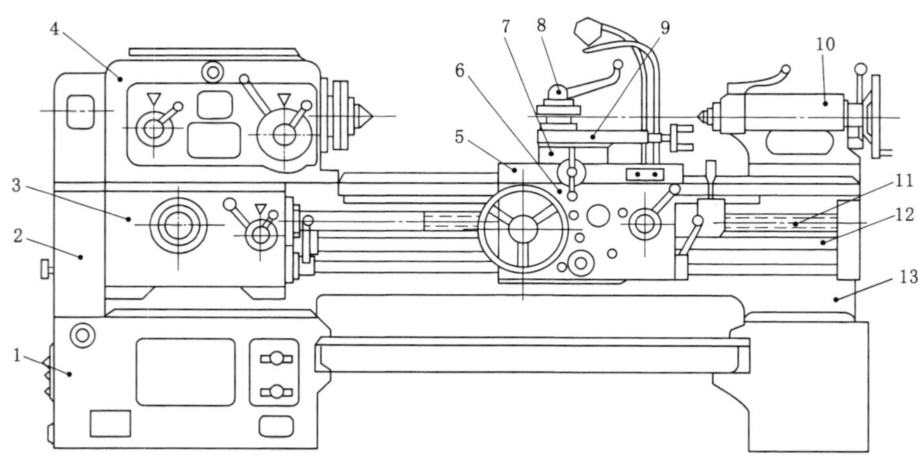

1—配电箱；2—挂轮罩；3—进给箱；4—主轴箱；5—大滑板；6—溜板箱；7—中滑板；8—方刀架；9—小滑板；10—尾架；11—丝杠；12—光杠；13—床身。

图 8-2　CA6140 型卧式车床

8.2.1 卧式车床的组成

目前实训常用的卧式车床型号为 C6132、C6140 等，C6132 的含义如下：

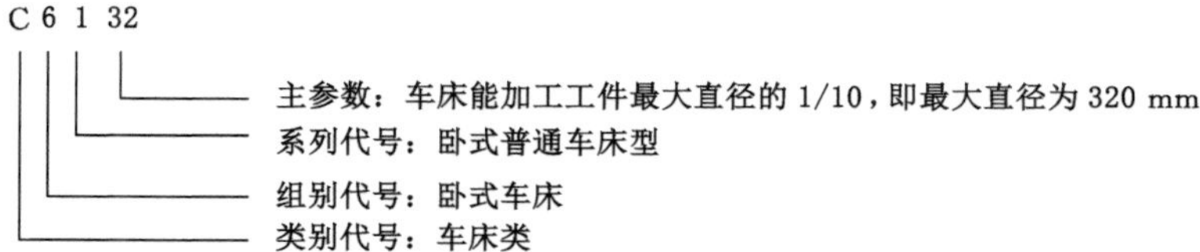

卧式车床的主要部件有以下几种：

(1) 主轴箱。主轴箱固定在床身的左端。主轴箱内装有变速机构和主轴，其功能是支撑主轴，使它旋转、停止、变速、变向。主轴是空心的，中间可以穿过棒料。主轴的前端装有卡盘，用以夹持工件。车床的电动机经V带传动，通过主轴箱内的变速机构，把动力传给主轴，以实现车削的主运动。

(2) 刀架。刀架装在床身的床鞍导轨上。刀架一般可同时装4把车刀。床鞍的功用是使刀架做纵向、横向和斜向运动。刀架位于3层滑板的顶端，最底层的滑板称为床鞍，它可沿床身导轨纵向运动，可以机动也可以手动，以带动刀架实现纵向进给。第二层为中滑板，它可沿着床鞍顶部的导轨做垂直于主轴方向的横向运动，也可以机动或手动，以带动刀架实现横向进给。最顶层为小滑板，它与中滑板以转盘连接，因此，小滑板可在中滑板上转动，调整好某个方向后，可以带动刀架实现斜向手动进给。

(3) 尾座。尾座安装在床身的尾座导轨上，可沿床身导轨纵向运动以调整其位置。尾座的功用是用后顶尖支承长工件和安装钻头、铰刀等进行孔加工。尾座可在其底板上做少量的横向运动，以便用后顶尖顶住工件车锥体。

(4) 床身。床身固定在左床腿和右床腿上。床身用来支承和安装车床的主轴箱、进给箱、溜板箱、刀架、尾座等，使它们在工作时保证准确的相对位置和运动轨迹。床身上面有两组导轨——床鞍导轨和尾座导轨。床身前方床鞍导轨下装有长齿条，与溜板箱中的小齿轮啮合，以带动溜板箱纵向移动。

(5) 溜板箱。溜板箱固定在床鞍底部。它的功用是将丝杠或光杠的旋转运动，通过箱内的开合螺母和齿轮齿条机构，转变为床鞍纵向移动、中滑板的横向移动。在溜板箱表面装有各种操纵手柄和按钮，用来实现手动或机动进给、车螺纹车削进给、纵向进给或横向进给、快速进退或工作速度移动等。

(6) 进给箱。进给箱固定在床身的左前侧。箱内装有进给运动变速机构。进给箱的功用是让丝杠旋转或光杠旋转，改变机动进给的进给量和被加工螺纹的导程。

(7) 丝杠。丝杠左端装在进给箱上，右端装在床身右前侧的挂脚上，中间穿过溜板箱。丝杠专门用来车螺纹。若溜板箱中的开合螺母合上，丝杠就带动床鞍移动车制螺纹。

(8) 光杠。光杠左端装在进给箱上，右端装在床身右前侧的挂脚上，中间穿过溜板箱。光杠专门用于实现车床的自动纵、横向进给。

(9) 挂轮变速机构。它装在主轴箱和进给箱的左侧，其内部的挂轮连接主轴箱和进给箱。挂轮变速机构的用途是车削特殊的螺纹(英制螺纹、径节螺纹、精密螺纹和非标准螺纹等)时调换齿轮用。

8.2.2 基本操作

卧式车床调整手柄位置如图 8-3 所示。

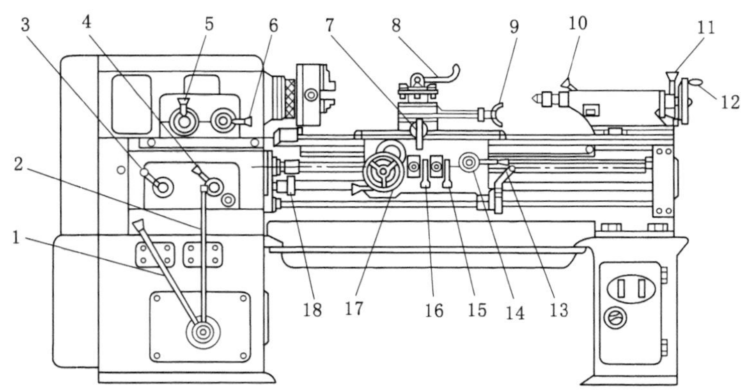

1,2,6—主运动变速手柄;3,4—进给运动变速手柄;5—刀架左右移动手柄;7—刀架横向手动手柄;8—方刀架锁紧手柄;9—小刀架移动手柄;10—尾座套筒锁紧手柄;11—尾座锁紧手柄;12—尾座套筒移动手轮;13—主轴正反转及停止手柄;14—开合螺母开合手柄;15—刀架横向自动手柄;16—刀架纵向自动手柄;17—刀架纵向手动手轮;18—光杠、丝杠更换使用的离合器。

图 8-3　C6132 车床的调整手柄

1. 主轴变速的调整

主轴变速可通过调整主轴箱前侧各变速手柄的位置来实现。不同型号的车床,其手柄的位置不同,但一般都有指示转速的标记或主轴转速表来显示主轴转速与手柄的位置关系,需要时,只需按标记或转速表的指示,将手柄调到所需位置即可。若手柄扳不到位时.可用手轻轻扳动主轴。

2. 进给量的调整

进给量的大小是靠调整进给箱上的手柄位置或调整挂轮箱内的配换齿轮来实现的,一般是根据车床进给箱上进给量表中的进给量与手柄位置的对应关系进行调整的。即先从进给量表中查出所选用进给量数值,然后对应查出各手柄的位置,将各手柄扳到所需位置即可。

3. 螺纹种类移换及丝杠或光杠传动的调整

一般车床均可车制米制和英制螺纹。车螺纹时必须用丝杠传动,而其他进给则用光杠传动。实现螺纹种类的移换和光、丝杠传动的转换,一般是采取一个或两个手柄控制。不同型号的车床,其手柄的位置和数目有所不同,但都有符号或汉字指示,使用时按符号或汉字指示扳动手柄即可。

4. 手动手柄的使用

一般来说,操作者面对车床,顺时针摇动纵向手动手柄,刀架向右移动;逆时针转动时,刀架向左移动。顺时针摇动横向手柄,刀架向前移动;逆时针摇动则相反。此外,小滑板手轮也可以手动,使小滑板做少量移动。

5. 自动手柄的使用

一般车床控制自动进给的手柄设在溜板箱前面，并且在手柄两侧都有文字或图形表明自动进给的方向，使用时只需按标记扳动手柄即可。如果是车削螺纹，则需由开合螺母手柄控制，将开合螺母手柄置于“合”的位置即可车削螺纹。

6. 主轴启闭和变向手柄的使用

一般车床都在光杠下方设有一操纵杆式开关，来控制主轴的启闭和变向。当电源开关接通后，操作杆向上提为正转，向下为反转，中间位置为停止。

7. 操作车床注意事项

(1) 开车前要检查各手柄是否处于正确位置，机床上是否有异物，卡盘扳手是否移开，确定无误后再开车。

(2) 机床主轴未完全停止前严禁变换主轴转速，否则可能发生严重的主轴箱内齿轮打齿现象，甚至发生更大事故。纵向和横向手柄进退方向不能摇错，尤其是快速进、退刀时要千万注意，否则可能发生工件报废或安全事故。

8.3 车刀

8.3.1 刀具材料

刀具材料应具备的性能如下。

1. 高硬度和良好的耐磨性

刀具材料的硬度必须高于被加工材料的硬度，这样才能切下金属。一般刀具材料的硬度应在60HRC以上。刀具材料越硬，其耐磨性就越好。

2. 足够的强度与冲击韧度

强度是指在切削力的作用下，不至于发生刀刃崩碎与刀杆折断所具备的性能。冲击韧度是指刀具材料在有冲击或间断切削的工作条件下，保证不崩刃的能力。

3. 高的耐热性

耐热性又称红硬性，是衡量刀具材料性能的主要指标，它综合反映了刀具材料在高温下仍能保持高硬度、耐磨性、强度、抗氧化、抗黏结和抗扩散的能力。

4. 良好的工艺性和经济性

良好的工艺性和经济性是保证刀具材料便于加工成各种刀具并推广使用的先决条件，只有容易加工成各种刀具，造价低并经济实用的刀具材料，才能广泛推广使用。

目前，车刀广泛应用硬质合金刀具材料，在某些情况下也应用高速钢刀具材料。

8.3.2 车刀的结构

车刀由刀头和刀杆两部分所组成。刀头是车刀的切削部分，刀杆是车刀的夹持部分。车刀从结构上分为四种形式，即整体式、焊接式、机夹式、可转位式车刀。其结构特点及适用场合见表8-2。

表 8-2　车刀结构类型特点及适用场合

名称	特点	适用场合
整体式	用整体高速钢制造，刃口可磨得较锋利	小型车床或加工非铁金属
焊接式	焊接硬质合金或高速钢刀片，结构紧凑，使用灵活	各类车刀特别是小刀具
机夹式	避免了焊接产生的应力、裂纹等缺陷，刀杆利用率高。刀片可集中刃磨获得所需参数，使用灵活方便	外圆、端面、镗孔、切断、螺纹等
可转位式	避免了焊接刀的缺点，刀片可快换转位，生产率高，断屑稳定，可使用涂层刀片	大中型车床加工外圆、端面、镗孔，特别适用于自动线、数控机床

8.3.3　车刀的刃磨

车刀(指整体车刀与焊接车刀)用钝后重新刃磨是在砂轮机上进行的。磨高速钢车刀用氧化铝砂轮(白色)，磨硬质合金刀头用碳化硅砂轮(绿色)。

1. 车刀刃磨的步骤

(1) 磨主后刀面：目的是磨出车刀的主偏角和主后角，如图 8-4(a)所示；

(2) 磨副后刀面：目的是磨出车刀的副偏角和副后角，如图 8-4(b)所示；

(3) 磨前刀面：目的是磨出车刀的前角及刃倾角，如图 8-4(c)所示；

(4) 磨刀尖圆弧：在主刀刃与副刀刃之间磨刀尖圆弧，以提高刀尖强度和改善散热条件，如图 8-4(d)所示。

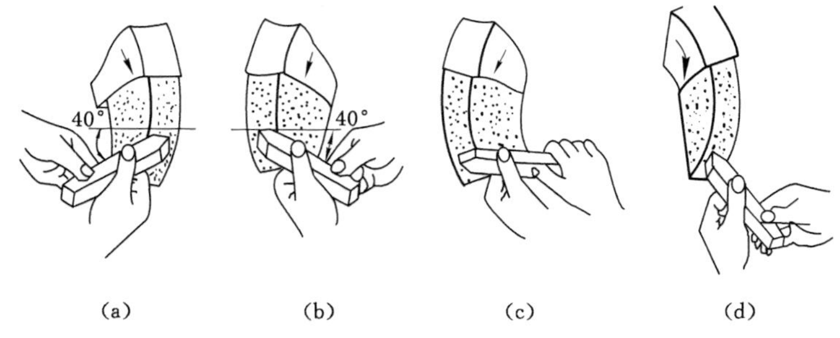

图 8-4　刃磨外圆车刀的一般步骤

2. 刃磨车刀的姿势及方法

(1) 人站立在砂轮机的侧面，以防砂轮碎裂时，碎片飞出伤人。

(2) 握刀的两手应有适当距离，两肘夹紧腰部，以减小磨刀时的抖动。

(3) 磨刀时，车刀要放在砂轮的水平中心，刀尖略向上翘 3°～8°，车刀接触砂轮后应做左右方向水平移动；当车刀离开砂轮时，车刀需向上抬起，以防磨好的刀刃被砂轮碰伤。

(4) 磨主后刀面时，刀杆尾部向左偏过一个主偏角的角度；磨副后刀面时，刀杆尾部向右偏过一个副偏角的角度。

(5) 修磨刀尖圆弧时，通常以左手握车刀前端为支点，用右手转动车刀的尾部。

3. 磨刀安全知识

(1) 刃磨刀具前,应首先检查砂轮有无裂纹、砂轮轴螺母是否拧紧,并经试转后使用,以免砂轮碎裂或飞出伤人。

(2) 刃磨刀具不能用力过大,否则会使手打滑而触及砂轮面,造成工伤事故。

(3) 磨刀时应戴防护眼镜,以免砂砾和铁屑飞入眼中。

(4) 磨刀时不要正对砂轮的旋转方向站立,以防发生意外。

(5) 磨小刀头时,必须把小刀头装入刀杆。

(6) 砂轮支架与砂轮的间隙不得大于 3 mm,若发现过大,应调整适当。

8.3.4 车刀的安装

车刀必须正确牢固地安装在刀架上,如图 8-5 所示。

安装车刀应注意下列几点:

(1) 刀头不宜伸出太长,否则切削时容易产生振动,影响工件加工精度和表面粗糙度。一般刀头伸出长度不超过刀杆厚度的两倍,能看见刀尖车削即可。

(2) 刀尖应与车床主轴中心线等高。车刀装得太高,后角减小,则车刀的主后刀面会与工件产生强烈的摩擦;如果装得太低,前角减小,切削不顺利,会将刀尖崩碎。刀尖的高低,可根据尾架顶尖高低来调整。车刀的安装如图 8-5 所示。

(3) 车刀底面的垫片要平整,并尽可能用厚垫片,以减少垫片数量。调整好刀尖高低后,至少要用两个螺钉交替将车刀拧紧。

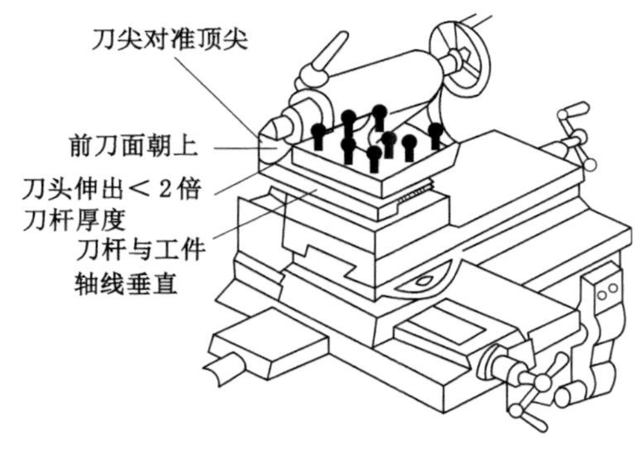

图 8-5 车刀的安装

8.4 工件的安装及车床附件

在车床上安装工件时,应使被加工表面的回转中心与车床主轴的轴线重合,以保证工件位置准确;要把工件夹紧,以承受切削力,保证工作时安全。在车床上加工工件时,主要有以下几种安装方法。

8.4.1 用三爪卡盘

三爪卡盘是车床最常用的附件，其结构如图 8-6 所示。当转动小锥齿轮时，与之啮合的大锥齿轮也随之转动，大锥齿轮背面的平面螺纹就使 3 个卡爪同时缩向中心或外胀，以夹紧不同直径的工件。由于 3 个卡爪能同时移动并对中(对中精度为 0.05～0.15 mm)，故三爪卡盘适于快速夹持截面为圆形、正三边形、正六边形的工件。三爪卡盘本身还带有 3 个“反爪”，反方向装到卡盘体上即可用于夹持直径较大的工件。三爪卡盘由于三爪联动，能自动定心，但夹紧力小，故适用于装夹圆棒料、六角棒料及外表面为圆柱面的工件。

8.4.2 用四爪卡盘

四爪卡盘的构造如图 8-7 所示。它的 4 个卡爪与三爪卡盘不同，是互不相关的，可以单独调整。每一个爪后面均是一个丝杠螺母机构。当用卡盘扳手转动调整丝杠时，带螺纹的卡爪就会做向心或者离心运动。卡盘后面配有法兰盘，法兰盘有内螺纹与主轴螺纹相配合。

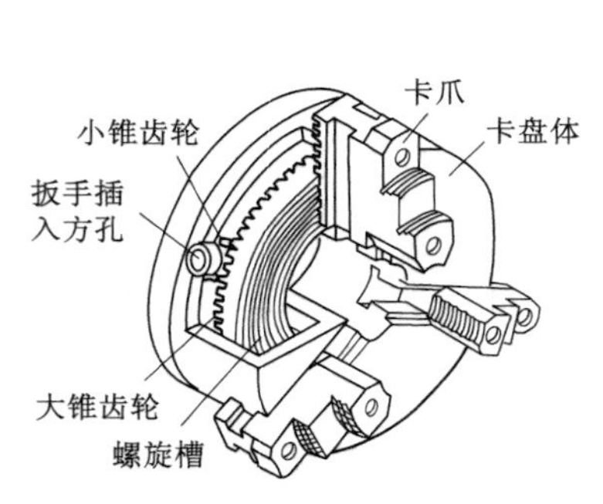

图 8-6 三爪卡盘结构

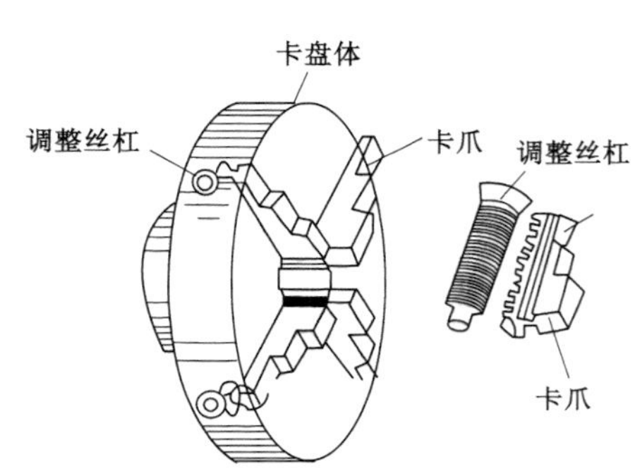

图 8-7 四爪卡盘结构

由于四爪单动，夹紧力大，装夹时工件需找正，如图 8-8 所示。故四爪卡盘适于装夹毛坯、方形、椭圆形和其他形状不规则的工件及较大的工件。

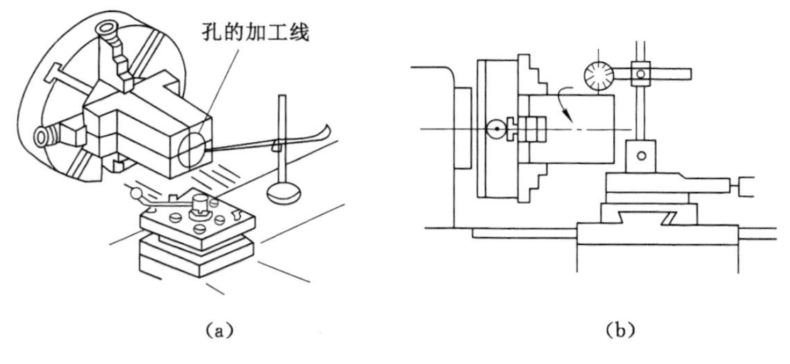

图 8-8 四爪卡盘装夹找正

8.4.3 用顶尖

卡盘装夹适于安装长径比小于 4 的工件，而当某些工件在加工过程中需多次安装，要求有统一基准，或不需多次安装但为了增加工件的刚性(加工长径比为4～10的轴类零件)时，往往采用双顶尖安装工件，如图8-9所示。用顶尖装夹，必须先在工件两端面上用中心钻钻出中心孔，再把轴安装在前后顶尖上。前顶尖装在车床主轴锥孔中与主轴一起旋转，后顶尖装在尾座套筒锥孔内。它有死顶尖和活顶尖两种，死顶尖与工件中心孔发生摩擦，在接触面上要加润滑脂润滑。死顶尖定心准确，刚性好，适于低速切削和工件精度要求较高的场合。活顶尖随工件一起转动，与工件中心孔无摩擦，它适于高速切削，但定心精度不高。用两顶尖装夹时，需有鸡心夹头和拨盘夹紧来带动工件旋转。

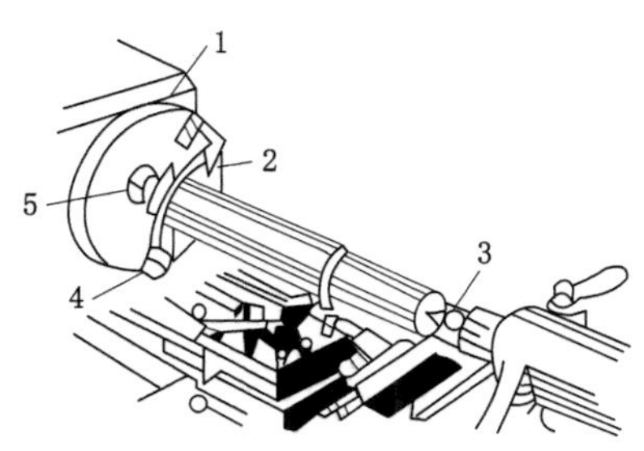

1—拨盘；2—鸡心夹头；3—后顶尖；4—夹紧螺钉；5—前顶尖。

图8-9　用双顶尖安装工件

当加工长径比大于10的细长轴时，为了防止轴受切削力的作用而产生弯曲变形，往往需要加用中心架或跟刀架支承，以增加其刚性。

中心架的应用如图8-10所示。中心架固定于床身导轨上，不随刀架移动。中心架应用比较广泛，尤其在车床上加工细长工件时，必须采用中心架，以保证工件在加工过程中有足够的刚性。

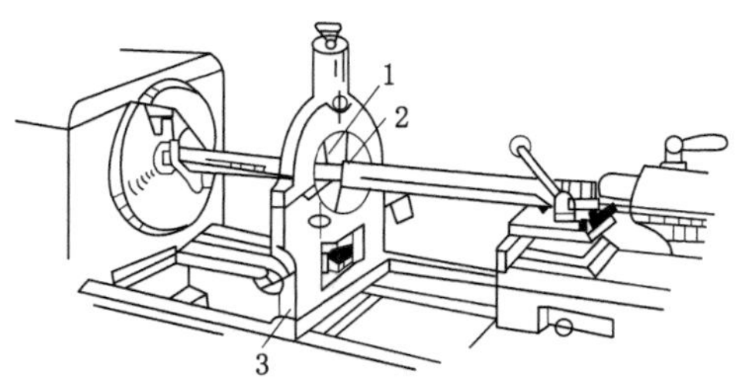

1—可调节支承爪；2—预先车出的外圆面；3—中心架。

图8-10　中心架的应用

图8-11所示为跟刀架的使用情况。使用跟刀架的目的与使用中心架的目的基本相同，都是增加工件在加工中的刚性。不同点在于跟刀架只有两个支承点，而另一个支承点被车刀所代替。跟刀架固定在大滑板上，可以跟随滑板与刀具一起移动，从而有效地增强工件在切削过程中的刚性，所以跟刀架常被用于精车细长轴工件上的外圆，有时也适用于需一次装夹而不能调头加工的细长轴类工件。

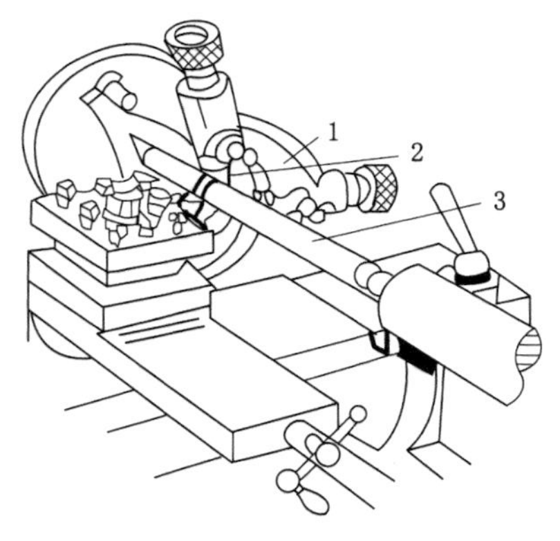

1—跟刀架；2—可调节支承爪；3—车出的外圆面。

图 8-11　跟刀架的应用

8.5　车削工艺

8.5.1　车外圆

1. 安装工件和校正工件

安装工件的方法主要有用三爪自定心卡盘或者四爪卡盘、心轴等。校正工件的方法有画针或者百分表校正。

2. 选择车刀

车外圆可用图 8-12 所示的各种车刀。直头车刀(尖刀)的形状简单，主要用于粗车外圆；弯头车刀不但可以车外圆，还可以车端面，加工台阶轴和细长轴则常用偏刀。图 8-12 为车外圆的几种情况。

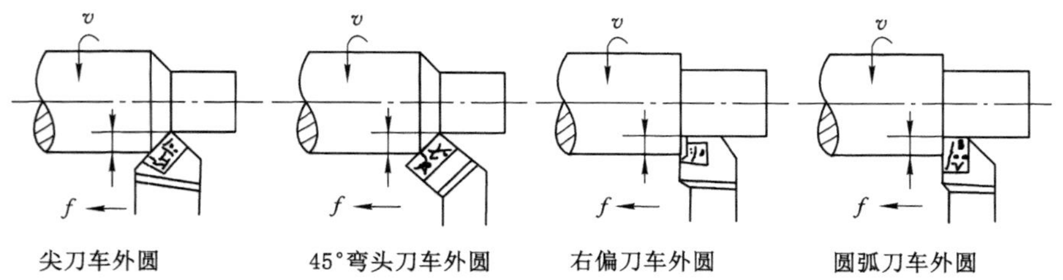

图 8-12　车外圆的几种情况

3. 调整车床

车床的调整包括调整主轴转速和车刀的进给量。

主轴的转速是根据切削速度计算选取的，而切削速度的选择则和工件材料、刀具材料以及工件加工精度有关。用高速钢车刀车削时，$v=0.3\sim1$ m/s；用硬质合金刀时，$v=1\sim3$ m/s。车硬度高的钢比车硬度低的钢转速低一些。根据选定的切削速度计算出车床主轴的转速，再对照车床主轴转速铭牌，选取车床上最近似计算值而偏小的一挡，然后根据如

表 8-3 所示的手柄要求，扳动手柄即可。但特别要注意的是，必须在停车状态下扳动手柄。

表 8-3 C6132 型车床主轴转速铭牌

手柄位置		Ⅰ			Ⅱ		
		长手柄			长手柄		
		↖	↑	↗	↖	↑	↗
短手柄	↖	45	66	94	360	530	750
	↗	120	173	248	958	1 380	1 980

例如用硬质合金车刀加工直径 $D=200$ mm 的铸铁带轮，选取的切削速度 $v=0.9$ m/s，计算主轴的转速为：$n=\dfrac{1\,000\times60\times v}{\pi D}=\dfrac{1\,000\times60\times0.9}{3.14\times200}\approx99$ (r/min)。

主轴转速铭牌中选取偏小一挡的近似值为 94 r/min，即短手柄扳向左方，长手柄扳向右方，主轴箱手柄放在低速挡位置Ⅰ。

进给量根据工件加工要求确定。粗车时，一般取 0.2～0.3 mm/r；精车时，随所需要的表面粗糙度而定。例如表面粗糙度为 $Ra3.2$ 时，选用 0.1～0.2 mm/r；$Ra1.6$ 时，选用0.06～0.12 mm/r；等等。进给量的调整可对照车床进给量表扳动手柄位置，具体方法与调整主轴转速相似。

4. 粗车和精车

粗车的目的是尽快地切去多余的金属层，使工件接近最后的形状和尺寸。粗车后应留下 0.5～1 mm 的加工余量。

精车是切去余下的少量金属层以获得零件所要求的精度和表面粗糙度，因此背吃刀量较小，一般为 0.1～0.2 mm，切削速度则可用较高或较低速，初学者可用较低速。为了提高工件表面粗糙度，用于精车的车刀的前、后刀面应采用油石加机油磨光，有时刀尖磨成一个小圆弧。为了保证加工的尺寸精度，应采用试切法车削。试切法的步骤如图 8-13 所示。

(1) 开车对刀，使车刀和工件表面轻微接触；

(2) 向右退出车刀；

(3) 按要求横向进给 a_{p1}；

(4) 试切 1～3 mm；

(5) 向右退出，停车，测量；

(6) 调整切深至 a_{p2}后，自动进给车外圆。

5. 刻度盘的原理和应用

车削工件时，为了正确迅速地控制背吃刀量，可以利用中滑板上的刻度盘。当摇动中滑板手柄带动刻度盘转一周时，中滑板丝杠也转了一周。这时，固定在中滑板上与丝杠配合的螺母沿丝杠轴线方向移动了一个螺距。因此，安装在中滑板上的刀架也移动了一个螺距。如果中滑板丝杠螺距为 4 mm，当手柄转一周时，刀架就横向移动 4 mm。若刻度盘圆周上

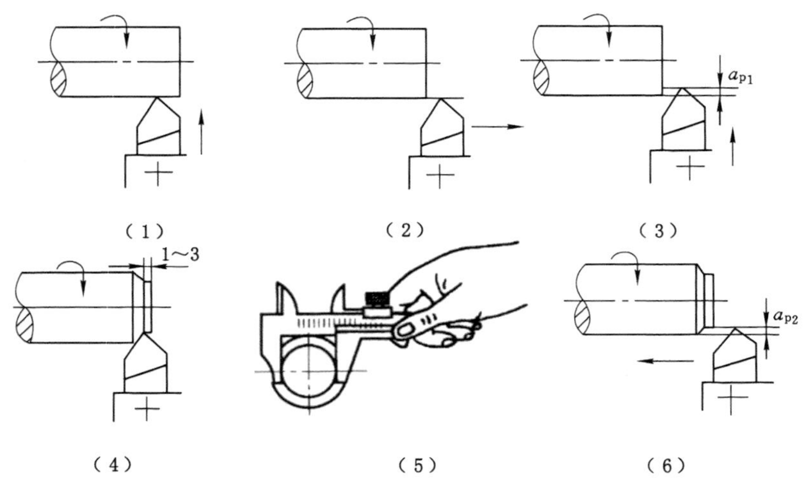

图 8-13　试切法步骤示意图

等分 200 格，则当刻度盘转过一格时，刀架就移动了 0.02 mm。使用中滑板刻度盘控制背吃刀量时，应注意以下事项：

(1) 由于丝杠和螺母之间有间隙存在，因此会产生空行程(即刻度盘转动，而刀架并未移动)。使用时必须慢慢地把刻度盘转到所需要的位置。如图 8-14(a)所示，若不慎多转过几格，不能简单地退回几格，如图 8-14(b)所示。必须向相反方向退回全部空行程，再转到所需位置，如图 8-14(c)所示。

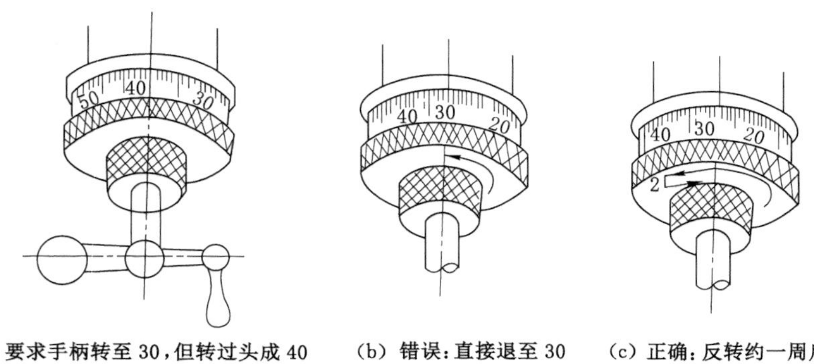

图 8-14　手柄摇过头后的纠正方法

(2) 由于工件是旋转的，使用中滑板刻度盘时，车刀横向进给后的切除量刚好是背吃刀量的两倍，因此要注意，当工件外圆余量测得后，中滑板刻度盘控制的背吃刀量是外圆余量的二分之一，而小滑板的刻度值则直接表示工件长度方向的切除量。

6. 纵向进给

纵向进给到所需长度时，关停自动进给手柄，退出车刀，然后停车，检验。

7. 车外圆时的质量分析

(1) 尺寸不正确：原因是车削时粗心大意，看错尺寸；刻度盘计算错误或操作失误；测量时不仔细、不准确。

(2) 表面粗糙度不合要求：原因是车刀刃磨角度不对；刀具安装不正确或刀具磨损以及切削用量选择不当；车床各部分间隙过大。

(3) 外径有锥度：原因是吃刀深度过大，刀具磨损；刀具或滑板松动；用小滑板车削时转盘下基准线不对准“0”线；两顶尖车削时床尾“0”线不在轴心线上；精车时加工余量不足。

8.5.2 车台阶

车削台阶的方法与车削外圆基本相同，但在车削时应兼顾外圆直径和台阶长度两个方向的尺寸要求，还必须保证台阶平面与工件轴线的垂直度要求。

车高度在5 mm以下的台阶时，可用主偏角为90°的偏刀在车外圆时同时车出；车高度在5 mm以上的台阶时，应分层进行切削，如图8-15所示。

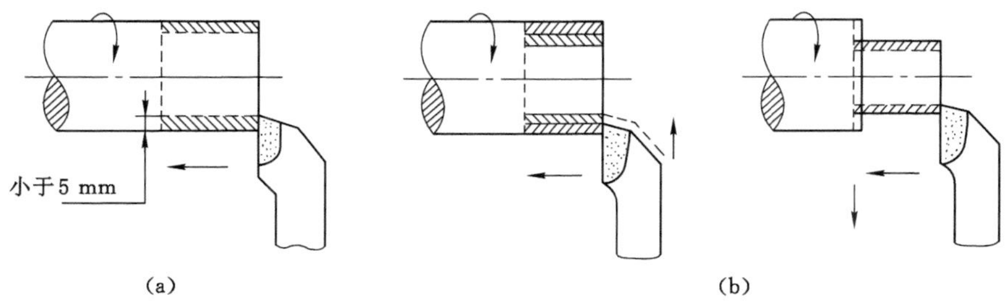

图8-15 台阶的车削

1. 台阶长度尺寸的控制方法

(1) 台阶长度尺寸要求较低时可直接用大滑板刻度盘控制。

(2) 台阶长度可用钢直尺或样板确定位置。如图8-16(a)所示，车削时先用刀尖车出比台阶长度略短的刻痕作为加工界限，台阶的准确长度可用游标卡尺或深度游标卡尺测量，如图8-16(b)所示。

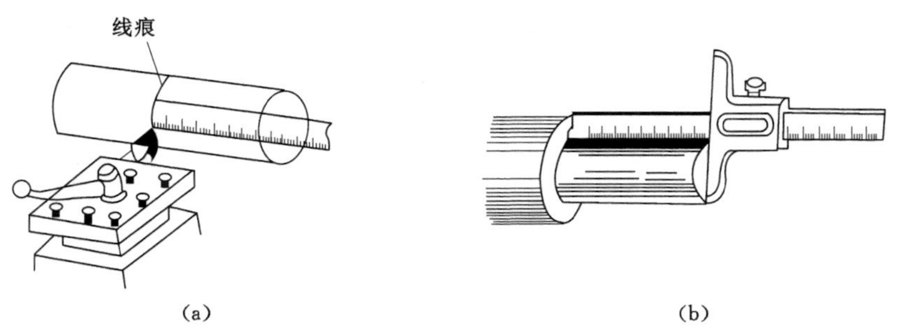

图8-16 台阶长度尺寸的控制方法

(3) 台阶长度尺寸要求较高且长度较短时,可用小滑板刻度盘控制其长度。

2. 车台阶的质量分析

(1) 台阶长度不正确,不垂直,不清晰:原因是操作粗心,测量失误,自动走刀控制不当,刀尖不锋利,车刀刃磨或安装不正确。

(2) 表面粗糙度差:原因是车刀不锋利,手动走刀不匀或太快,自动走刀切削用量选择不当。

8.5.3 车端面

对工件的端面进行车削叫车端面。

车端面时,刀具的主刀刃要与端面有一定的夹角。工件伸出卡盘外部分应尽可能短些,车削时用中滑板横向走刀,走刀次数根据加工余量确定。可采用自外向中心走刀,也可以采用自圆中心向外走刀的方法。常用端面车削时的几种情况如图 8-17 所示。

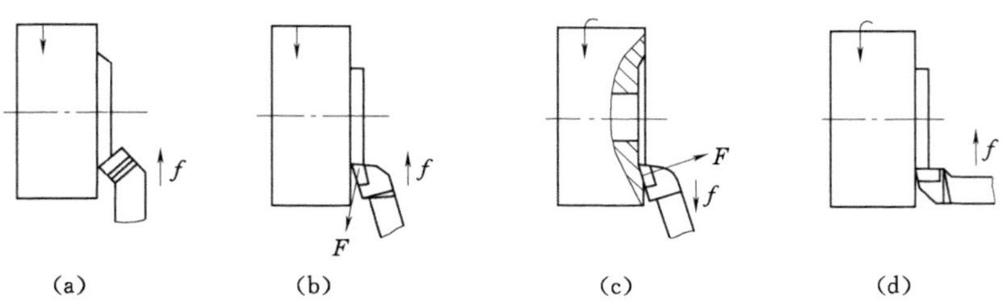

图 8-17 车削端面的几种情况

1. 车端面时应注意要点

(1) 车刀的刀尖应对准工件中心,以免车出的端面中心留有凸台。

(2) 偏刀车端面时若背吃刀量较大容易扎刀。背吃刀量 a_p 的选择:粗车时 a_p 为 0.2~1 mm,精车时 a_p 为 0.05~0.2 mm。

(3) 端面的直径从外到中心是变化的,切削速度也在改变,在计算切削速度时必须按端面的最大直径计算。

(4) 车直径较大的端面,若出现平面中心向内凹或向外凸的现象,应检查车刀和方刀架,以及大滑板是否锁紧。

2. 车端面的质量分析

(1) 端面不平,产生凸凹现象或端面中心留"小头":原因是车刀刃磨或安装不正确,刀尖没有对准工件中心;吃刀深度过大;车床有间隙造成滑板移动。

(2) 表面粗糙度差:原因是车刀不锋利;手动走刀摇动不均匀或太快;自动走刀切削用量选择不当。

8.5.4 孔加工

车床上可以用钻头、镗刀、扩孔钻头、铰刀进行钻孔、镗孔、扩孔和铰孔。下面主要介绍钻孔和镗孔的方法。

1. 车床上钻孔

利用钻头将工件钻出孔的方法称为钻孔。钻孔的公差等级为 IT10 以下,表面粗糙度 Ra 为 12.5 μm,多用于粗加工孔。在车床上钻孔如图 8-18 所示,工件装夹在卡盘上,钻头安装在尾架套筒锥孔内。钻孔前先车平端面并车出一个中心坑或先钻中心孔作为引导。钻孔时，摇动尾架手轮使钻头缓慢进给，注意经常退出钻头排屑。钻孔进给不能过猛，以免折断钻头；钻钢料时应加切削液。

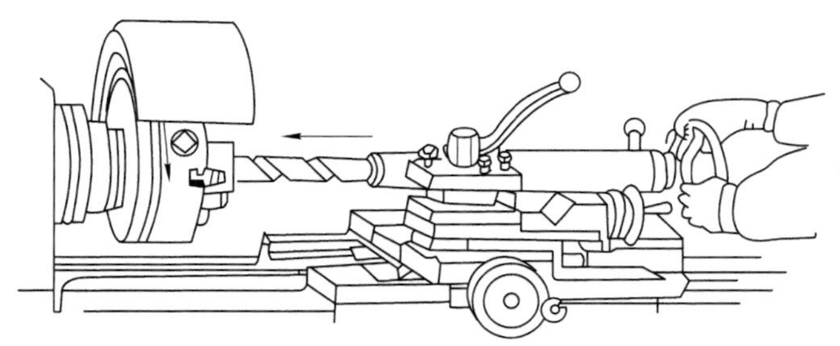

图 8-18 车床上钻孔

钻孔注意事项如下：

(1) 起钻时进给量要小，待钻头头部全部进入工件后，才能正常钻削。

(2) 钻钢件时，应加冷却液，防止因钻头发热而退火。

(3) 钻小孔或钻较深孔时，由于铁屑不易排出，必须经常退出排屑，否则会因铁屑堵塞而使钻头"咬死"或折断。

(4) 钻小孔时，钻头转速应选择快些。钻头的直径越大，钻速应相应越慢。

(5) 在用钻头钻通孔时，当钻头将要钻通工件时，由于钻头横刃首先钻出，因此轴向阻力大减，这时进给速度必须减慢，否则钻头容易被工件卡死，造成锥柄在床尾套筒内打滑而损坏锥柄和锥孔。

2. 镗孔

在车床上对工件的孔进行车削叫镗孔(又叫车孔)，镗孔可以作粗加工，也可以作精加工。镗孔分为镗通孔和镗盲孔，因此，镗孔车刀也相应有通孔车刀和盲孔车刀，如图 8-19 所示。镗通孔基本上与车外圆相同，只是进刀和退刀方向相反。粗镗和精镗内孔时也要进行试切和试测，其方法与车外圆相同。通孔车刀其切削部分的形状基本类似于弯头外圆车刀。为减少径向切削力以减少刀体的弯曲变形，通孔车刀主偏角应取较大值，一般为 60°～75°，副偏角一般为 10°～20°。通孔车刀的长度应大于工件孔的长度 3～7 mm。

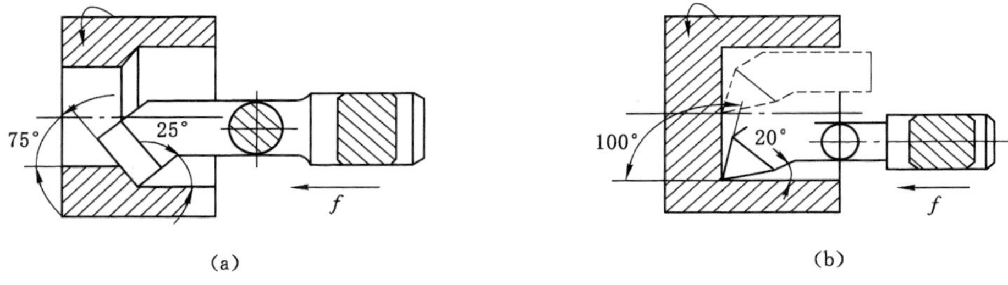

图 8-19 内控车刀及其车削

盲孔车刀用于盲孔或台阶孔的加工，其主偏角常为 92°～100°，同时其刀尖到刀背面的距离必须小于孔径的一半，否则盲孔的孔底无法加工平整。

3. 车内孔时的质量分析

(1) 尺寸精度达不到要求

① 孔径大于要求尺寸：原因是镗孔刀安装不正确；刀尖不锋利；小滑板下面转盘基准线未对准"0"线；孔偏斜、跳动；测量不及时。

② 孔径小于要求尺寸：原因是刀杆细造成"让刀"现象；塞规磨损或选择不当；绞刀磨损以及车削温度过高。

(2) 几何精度达不到要求

① 内孔呈多边形：原因是车床齿轮咬合过紧，接触不良，车床各部间隙过大；薄壁工件装夹变形也会使内孔呈多边形。

② 内孔有锥度：原因是主轴中心线与导轨不平行；使用小滑板时基准线不对；切削量过大或刀杆太细造成"让刀"现象。

③ 表面粗糙度达不到要求：原因是刀刃不锋利；角度不正确；切削用量选择不当；冷却液不充足。

8.5.5 切槽和切断

1. 切槽

在工件表面车沟槽的方法叫切槽，槽的形状有外槽、内槽和端面槽，如图 8-20 所示。

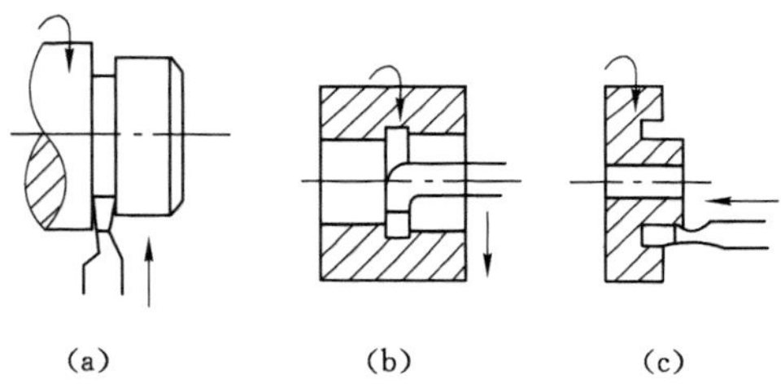

(a) (b) (c)

图 8-20 常用切槽的方法

(1) 切槽刀的选择

切槽时常选用高速钢切槽刀。切槽与车端面很相似，切槽如同左右两把偏刀同时车削左右两个端面。因此，切槽刀具有一个主切削刃和一个主偏角 κ_r，以及两个副切削刃和两个副偏角 κ_r'，切槽刀的角度如图 8-21 所示。

(2) 切槽的方法

车削精度不高的和宽度较窄的矩形沟槽，可以用刀宽等于槽宽的切槽刀，采用直进法一次车出。精度要求较高的，一般分两次车成。

车削较宽的沟槽，可用多次直进法切削，并在槽的两侧留一定的精车余量，然后根据槽深、槽宽精车至要求尺寸，如图 8-22 所示。

车削较小的圆弧形槽，一般用成形车刀车削。较大的圆弧槽，可用双手联动车削，用样板检查修整。车削较小的梯形槽，一般用成形车刀完成；较大的梯形槽，通常先车直槽，然后用梯形刀直进法或左右切削法完成。

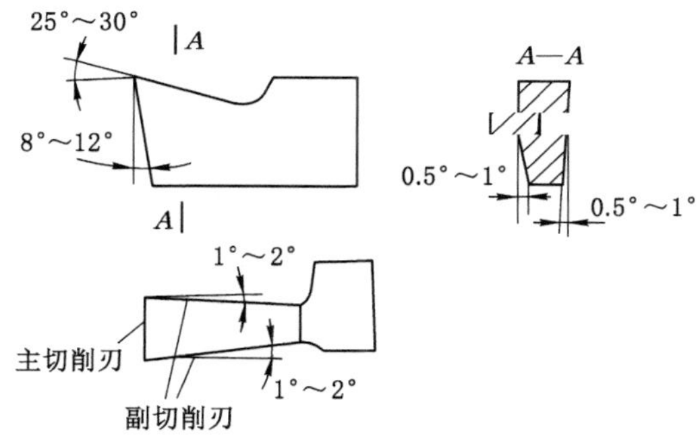

图 8-21　切槽刀角度

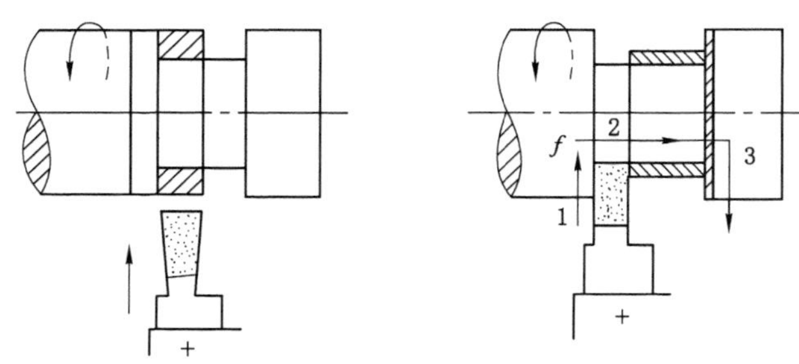

图 8-22　切宽槽方法

2. 切断

切断要用切断刀。切断刀的形状与切槽刀相似，但因刀头窄而长，很容易折断。切断时一般都采用正切断法，即工作时主轴正向旋转，刀具横向走刀进行车削，如图 8-23(a)所示。当机床刚度不高时，切断过程应采用分段切削的方法，分段切削的方法能比直接切削的方法减少一个摩擦面，便于排屑和减小振动，如图 8-23(b)所示。

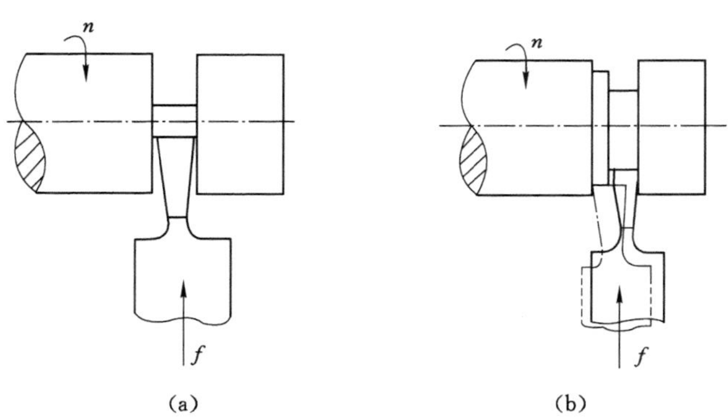

图 8-23　切断方法

切断时应注意以下几点：

(1) 切断一般在卡盘上进行，如图 8-24 所示。工件的切断处应距卡盘近些，避免靠近顶尖处切断。

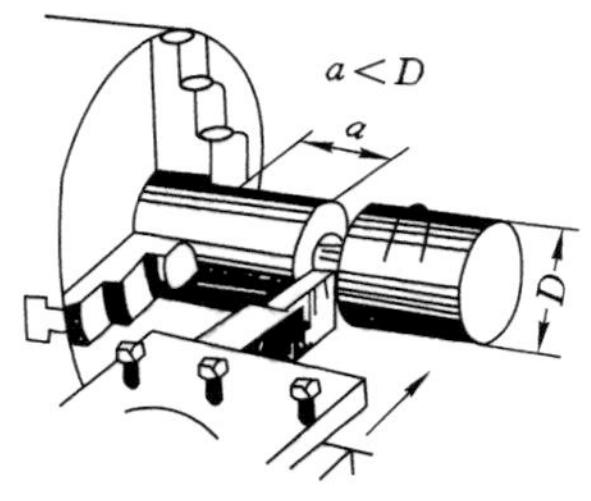

图 8-24 在卡盘上切断

(2) 切断刀刀尖必须与工件中心等高,否则切断处将剩有凸台,且刀头也容易损坏,如图 8-25 所示。

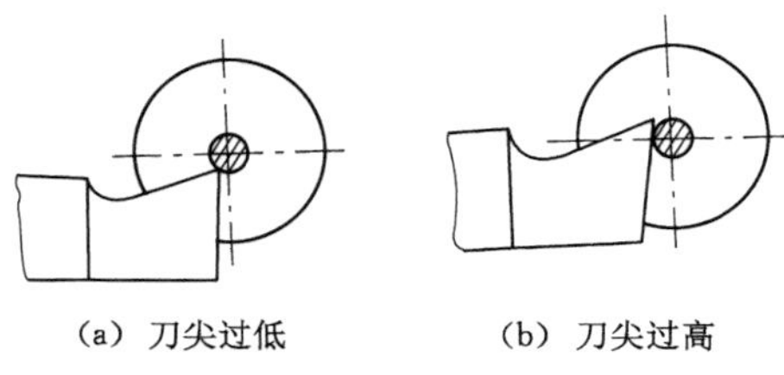

(a) 刀尖过低　　(b) 刀尖过高

图 8-25 切断刀刀尖必须与工件中心等高

(3) 切断刀伸出刀架的长度不要过长,进给要缓慢均匀。将切断时,必须放慢进给速度,以免刀头折断。

(4) 切断钢件时需要加切削液进行冷却润滑;切铸铁时一般不加切削液,但必要时可用煤油进行冷却润滑。

(5) 采用两顶尖工件切断时,不能直接切到中心,以防车刀折断,工件飞出。

8.5.6 车锥度

将工件车削成圆锥表面称为车圆锥。常用车削锥面的方法有宽刀法、转动小刀架法、靠模法、尾座偏移法等几种。

1. 宽刀法

车削较短的圆锥时,可以用宽刃刀直接车出,如图 8-26 所示。其工作原理实质上属于成形法,所以要求切削刃平直,切削刃与主轴轴线的夹角应等于工件圆锥半角 $\alpha/2$。同时要求车床有较好的刚性,否则易引起振动。当工件的圆锥斜面长度大于切削刃长度时,可以用多次接刀方法加工,但接刀处必须平整。

2. 转动小刀架法

当加工锥面不长的工件时,可用转动小刀架法车削。车削时,将小滑板下面转盘上的螺母松开,把转盘转至所需要的圆锥半角 $\alpha/2$ 的刻线上,与基准零线对齐,然后固定转盘上的螺母,如果锥角不是整数,可在锥度附近估计一个值,试车后逐步找正,如图 8-27 所示。

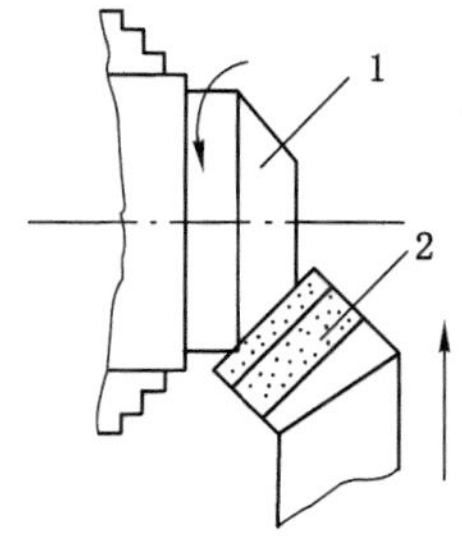

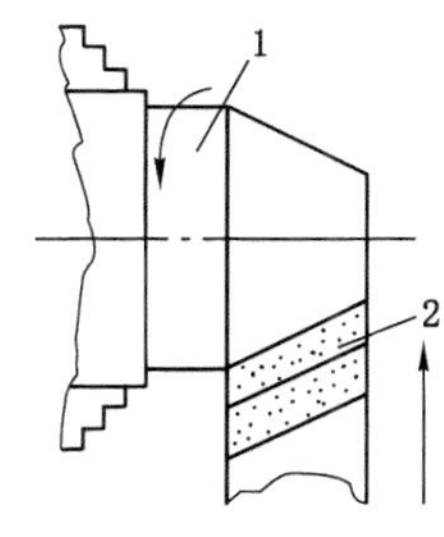

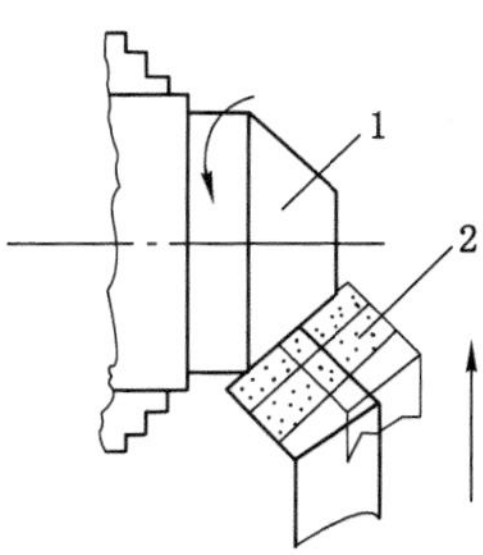

1—工件；2—车刀。

图 8-26　用宽刃刀车削圆锥面

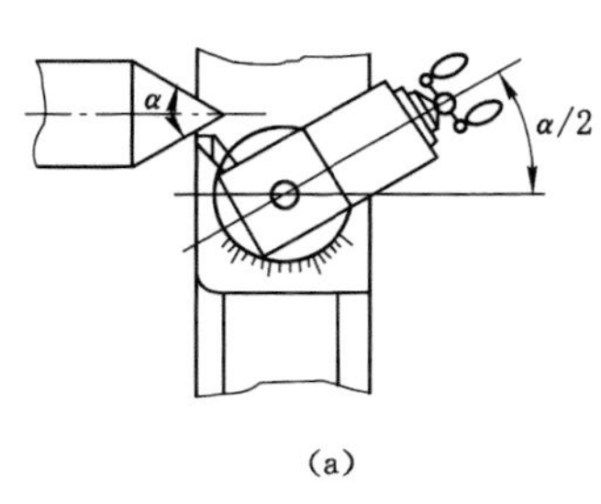

(a)

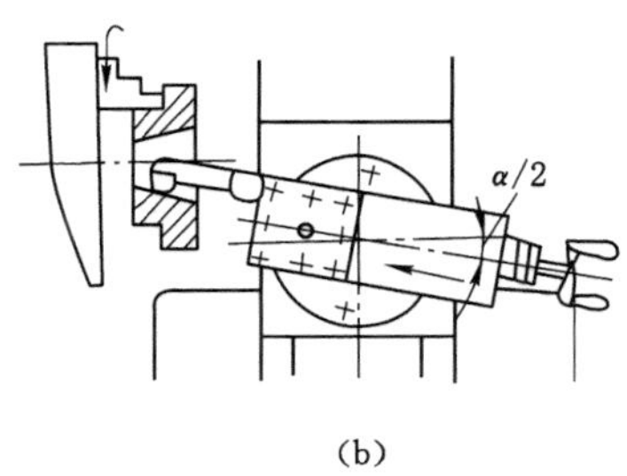

(b)

图 8-27　转动小滑板车圆锥

3. 尾座偏移法

当车削锥度小、锥形部分较长的圆锥面时，可以用偏移尾座的方法，如图 8-28 所示。此方法可以自动走刀，缺点是不能车削内锥体以及锥度较大的工件。将尾座上滑板横向偏移一个距离 S，使偏位后两顶尖连线与原来两顶尖中心线相交一个 $\alpha/2$ 角度，尾座的偏向取决于工件大小头在两顶尖间的加工位置。尾座的偏移量与工件的总长有关。尾座偏移量可用下列公式计算：

$$S=\frac{D-d}{2L}L_0$$

式中　S——尾座偏移量；

L——工件锥体部分长度；

L_0——工件总长度；

D,d——锥体大头直径和锥体小头直径。

床尾的偏移方向，由工件的锥体方向决定。若工件的小端靠近床尾处，床尾应向里移动；反之，床尾应向外移动。

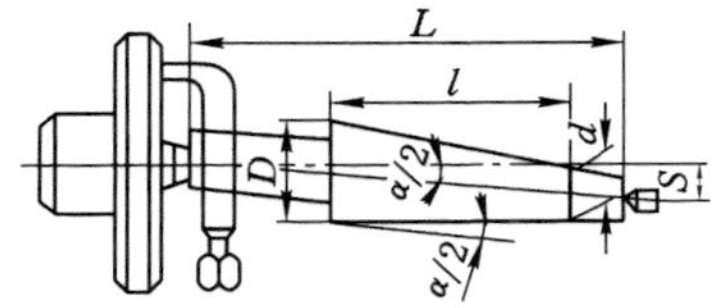

图 8-28　尾座偏移法车削圆锥面

4. 靠模法

靠模装置是车床加工圆锥面的附件。对于较长的外圆锥和圆锥孔，当其精度要求较高而批量又较大时常采用这种方法。靠模法加工锥面与靠模法加工成形面的原理和方法类似，只要将成形面靠模改为斜面模即可(见"车成形面")。

5. 车圆锥体的质量分析

(1) 锥度不准确

原因是计算上有误差；小滑板转动角度和床尾偏移量偏移不精确；车刀、滑板、床尾没有固定好而在车削中移动；以及工件的表面粗糙度太差，量规或工件上有毛刺或没有擦干净，从而造成检验和测量的误差。

(2) 锥度准确而尺寸不准确

原因是粗心大意，测量不及时不仔细；进刀量控制不好，尤其是最后一刀没有掌握好进刀量而造成误差。

(3) 圆锥母线不直

圆锥母线不直是指锥面上产生凹凸现象或是中间低、两头高。主要原因是车刀安装没有对准中心。

(4) 表面粗糙度不合要求

配合锥面一般精度要求较高，表面粗糙度不高，往往会造成废品。造成表面粗糙度差的原因是切削用量选择不当；车刀磨损或刃磨角度不对；没有进行表面抛光或抛光余量不够；用小滑板车削锥面时，手动走刀不匀。另外，机床的间隙大、工件刚性差也会影响表面粗糙度。

8.5.7 车成形面

表面沿轴向剖切平面呈现曲线形特征的这些零件叫成形面。下面介绍三种加工成形面的方法。

1. 样板刀车成形面

图 8-29(a)所示为车圆弧的样板刀。用样板刀车成形面，其加工精度主要靠刀具保证，但要注意，切削时接触面较大，切削抗力也大，易出现振动和工件移位。为此切削力要小些，工件必须夹紧。这种方法生产效率高，但刀具刃磨较困难，车削时容易振动。故只用于批量较大、刚性好、长度较短且较简单的成形面，如图 8-29(b)所示。

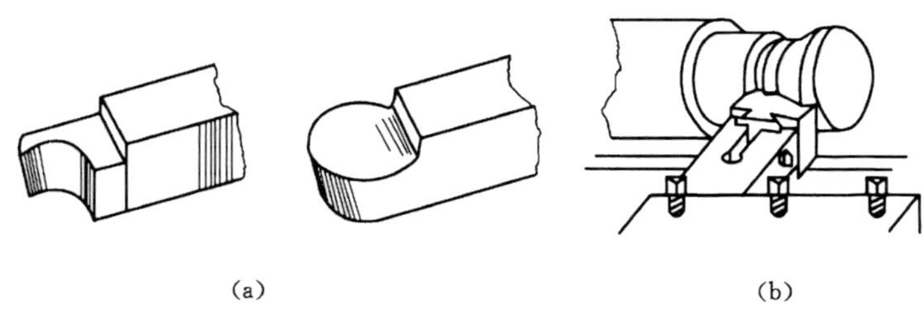

图 8-29 车圆弧的样板刀

2. 用靠模车成形面

图 8-30 表示用靠模加工手柄的成形面。此时刀架的横向滑板已经与丝杠脱开，其前端的拉杆上装有滚柱。当大滑板纵向走刀时，滚柱即在靠模的曲线槽内移动，从而使车刀刀尖也随着做曲线移动，同时用小刀架控制切深，即可车出手柄的成形面。当靠模的槽为直槽时，将靠模转一定角度，即可用于车削锥度。这种方法操作简单，生产率较高，但需制造专用靠模，故只用于大批量生产中车削长度较大、形状较为简单的成形面。

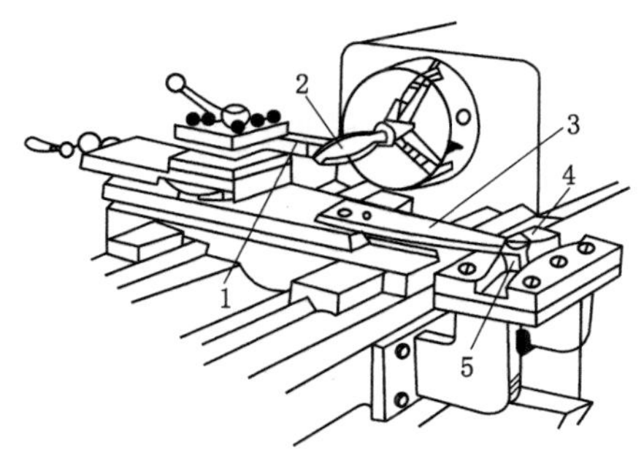

1—车刀；2—手柄；3—连接板；4—靠模；5—滚柱。

图 8-30　用靠模车成形面

3. 双手控制法车成形面

单件加工成形面时，通常采用双手控制法车削成形面，就是将工件坯料夹持在卡盘上，操作者的双手同时操纵车刀进给。一般是右手控制小滑板手柄，左手控制中滑板手柄，如图 8-31(a)所示，形成纵、横双向同时进给，使车刀移动的轨迹与成形面的轮廓相同。

使用双手来控制进给速度时，必须根据成形面的具体情况来掌握，不同的成形面、不同的位置，进给的速度有所不同。例如，车削成形面，如图 8-31(b)所示，当切削到点 A 时，左手控制的中滑板进给速度要低，而右手控制的小滑板退刀速度要高；车削到点 B 时，左手控制的中滑板的进给速度与右手控制的小滑板退刀速度应该基本相同；当车削到点 C 时，左手控制的中滑板进给速度要高，而右手控制的小滑板退刀速度要低。

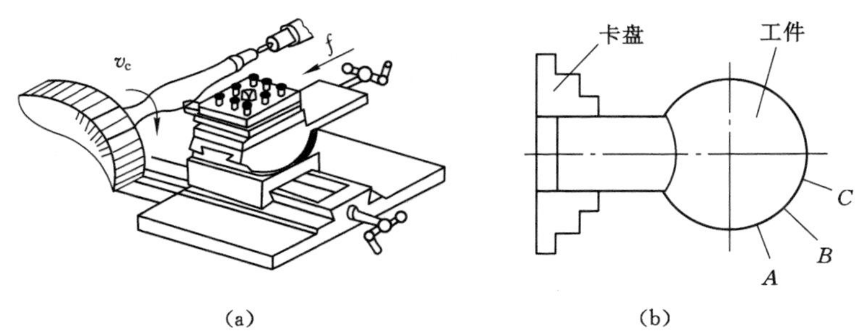

图 8-31　双手控制法车成形面

这种操作技术灵活、方便，不需要其他辅助工具，但需要较高的技术水平，多用于单件、小批量生产。

8.5.8 车螺纹

将工件表面车削成螺纹称为车螺纹。螺纹按牙型分有三角螺纹、梯形螺纹、方牙螺纹等，如图 8-32 所示。三角螺纹作连接和紧固之用，方形螺纹和梯形螺纹作传动之用。各种螺纹又有右旋和左旋之分及单线和多线螺纹之分。按螺距大小又可分为公制、英制、模数制及径节制螺纹，其中以单线、右旋的公制三角螺纹（普通螺纹）应用最为广泛。

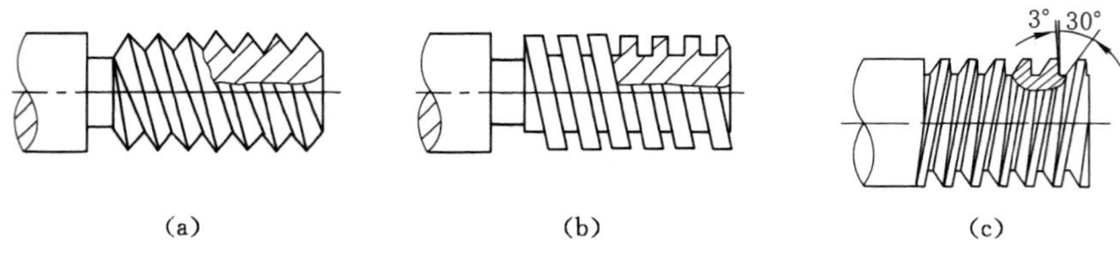

图 8-32 螺纹的种类

1. 普通三角螺纹的基本牙型

普通三角螺纹的基本牙型如图 8-33 所示，普通螺纹的代号为 M。其牙型为三角形，牙型角 $\alpha=60°$，牙型半角 $\alpha/2=30°$，螺距的代号为 P，用大写字母 D 代表内螺纹公称直径，用小写字母 d 代表外螺纹公称直径。

相配合的螺纹除了旋向与线数需一致外，螺纹的配合质量主要取决于下列三个基本要素的精度：

（1）牙型角 α：它是螺纹轴向剖面内相邻两牙侧面之间的夹角。

（2）螺距 P：它是沿轴线方向上相邻两牙对应点的距离，普通螺纹的螺距一般用 mm 表示。

（3）螺纹中径 $D_2(d_2)$：它是平分螺纹理论高度的一个假想圆柱体的直径。在中径处螺纹的牙厚和槽宽相等，只有内外螺纹的中径相等时，两者才能很好地配合。

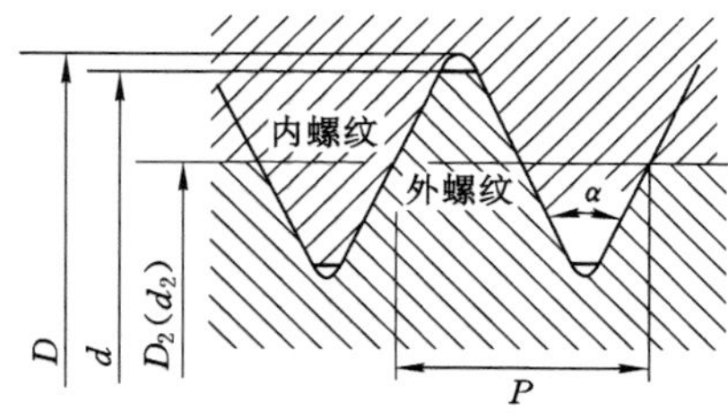

图 8-33 普通三角螺纹基本牙型

2. 车削外螺纹的方法与步骤

（1）准备工作

① 安装螺纹车刀时，车刀的刀尖角度等于螺纹牙型角 $\alpha=60°$，精车时螺纹车刀前角 $\gamma_0=0°$才能保证工件螺纹的牙型角，否则牙型角将产生误差。粗加工时或螺纹精度要求不高时，其前角可取 $\gamma_0=5°\sim20°$。安装螺纹车刀时刀尖对准工件中心，并用样板对刀，以保证

刀尖角的角平分线与工件的轴线垂直，这样车出的牙型角才不会偏斜，如图 8-34 所示。

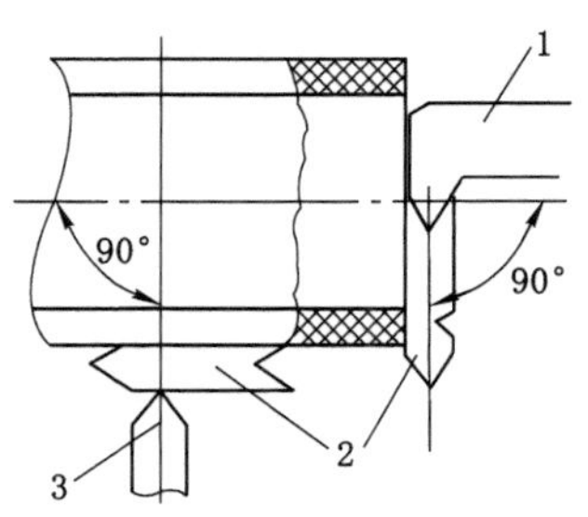

1，3—刀具；2—刀具样板。

图 8-34 用样板安装螺纹车刀

② 按螺纹规格车螺纹外圆，并按所需长度刻出螺纹长度终止线。先将螺纹外径车至要求尺寸，然后用刀尖在工件上的螺纹终止处刻一条微可见线，以它作为车螺纹的退刀标记。

③ 根据工件的螺距 P 查机床上的标牌，然后调整进给箱上手柄位置及配换挂轮箱齿轮（按齿数）以获得所需要的工件螺距。

④ 确定主轴转速。初学者应将车床主轴转速调到最低速。

（2）车螺纹的方法和步骤

具体方法和步骤如图 8-35 所示。

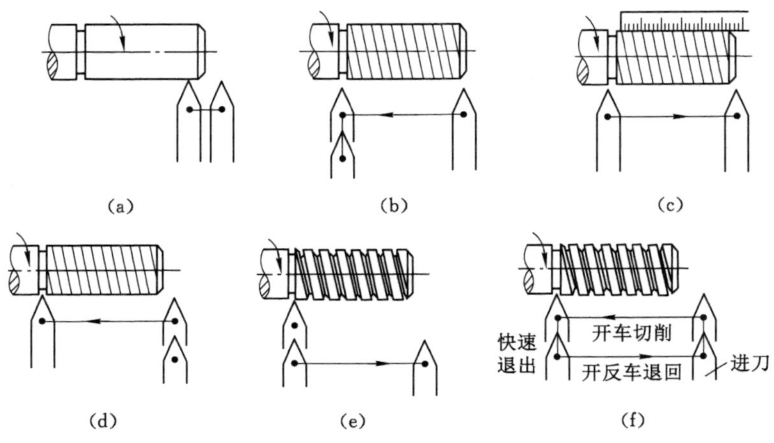

图 8-35 螺纹切削方法与步骤

① 将车刀、工件按要求装夹，并检查其牢固性和正确性。确认无误后开动车床，操纵滑板，使车刀与工件轻微接触，记下刻度盘读数，向右退出车刀，如图 8-35(a)所示。

② 略做横向进给，推上开合螺母，在工件表面车出一条螺纹线，横向退出车刀，停车，如图 8-35(b)所示。

③ 开反车，使车刀退到工件右端，停车，用钢直尺测量螺距是否正确，如图 8-35(c)所示。

④ 使用刻度盘上的刻度，调整切削量，开车切削，如图 8-35(d)所示。如果车削的材料是钢材，应加切削液。

⑤ 车刀将行到终点时，先快速退出车刀，然后停车，开反车退回车刀，如图 8-35(e)所示。

⑥ 再次横向进给，继续切削，如图 8-35(f)所示。经过多次横向进给，并停车检验，若合格即可卸下工件。车削过程的切削深度，可采用逐次递减值，如0.5 mm、0.3 mm、0.2 mm、0.15 mm、0.1 mm、0.05 mm 等。

(3) 螺纹车削注意事项

① 车削螺纹前要检查组装交换齿轮的间隙是否适当。把主轴变速手柄放在空挡位置，用手旋转主轴，检查是否有过重或空转量过大的现象。

② 车螺纹时，开合螺母必须闭合到位，如感到未闭合好，应立即打开，重新闭合。

③ 车削无退刀槽的螺纹时，要特别注意螺纹的收尾，在收尾前 3～5 mm，每次退刀要均匀一致，否则会撞到刀尖。

④ 车削螺纹时，应始终保持刀刃锋利。如中途换刀或磨刀，必须重新对刀以防乱扣，重新调整中滑板的刻度。

⑤ 粗车螺纹时需留适当的精车余量。

3. 螺纹的质量分析

见表 8-4。

表 8-4　车螺纹时产生废品的原因及预防方法

废品种类	产生原因	预防方法
尺寸不正确	车外螺纹前的直径不对。 车内螺纹前的孔径不对。 车刀刀尖磨损。 螺纹车刀切深过大或过小	根据计算尺寸车削外圆与内孔。 经常检查车刀并及时修磨。 车削时严格掌握螺纹切入深度
螺纹不正确	挂轮在计算或搭配时出现错误。 进给箱手柄位置放错。 车床丝杠和主轴窜动。 开合螺母塞铁松动	车削螺纹时先车出很浅的螺旋线然后检查螺距是否正确。 调整好开合螺母塞铁，必要时在手柄上挂上重物。 调整好车床主轴和丝杠的轴向窜动量
牙型不正确	车刀安装不正确，产生半角误差。 车刀刀尖角刃磨不正确。 刀具磨损	用样板对刀。 正确刃磨和测量刀尖角。 合理选择切削用量和及时修磨车刀
螺纹表面不光滑	切削用量选择不当。 切屑流出方向不对。 产生积屑瘤拉毛螺纹侧面。 刀杆刚性不够产生振动	用高速钢车刀车螺纹的切削速度不能太大，进给量应小于 0.06 mm/r，并加切削液。 用硬质合金车刀高速车螺纹时，最后一刀的进给量要大于 0.1 mm/r，切屑要垂直于轴心线方向排出。 刀杆不能伸出过长，并选粗刀杆

表 8-4(续)

废品种类	产生原因	预防方法
扎刀和顶弯工件	车刀径向前角太大。 工件刚性差，而切削用量选择得太大	减小车刀径向前角，调整中滑板丝杆螺母间隙。 合理选择切削用量，增加工件装夹刚性

4. 安全注意事项

(1) 车螺纹前先检查所有手柄是否处于车螺纹位置，防止盲目开车。

(2) 车螺纹时要注意力集中，动作迅速，反应灵敏。

(3) 用高速钢车刀车螺纹时，转速不能太快，以免刀具磨损。

(4) 要防止车刀或者是刀架、滑板与卡盘、床尾相撞。

(5) 旋螺母时，应将车刀退离工件，防止车刀将手划破。禁止开车时紧固或者退出螺母。

8.5.9 滚花

对于各种工具和机器零件的手握部分，为了便于握持和更美观，常常在表面上滚出各种不同的花纹，如百分尺的套管、铰杠扳手以及螺纹量规等。这些花纹一般是在车床上用滚花刀滚压形成的，如图 8-36 所示。

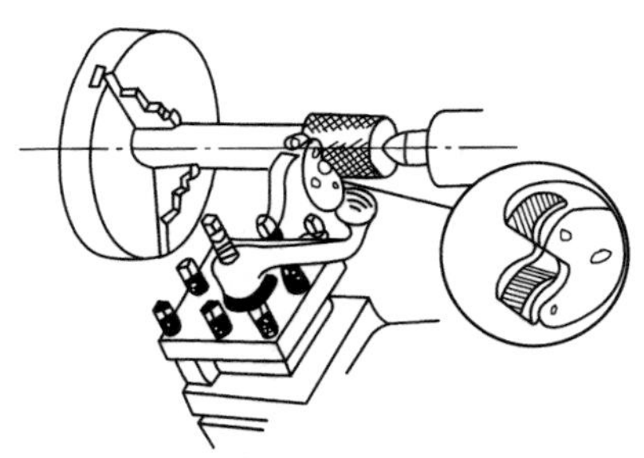

图 8-36　滚花方法

花纹有直纹、斜纹和网纹等种类，滚花刀也分直纹滚花刀、斜纹滚花刀和网纹滚花刀，如图 8-37 所示。滚花刀有单轮、双轮和多轮等类型，如图 8-38 所示。滚花时用滚花刀来挤压工件，使其表面产生塑性变形而形成花纹。滚花的径向挤压力很大，因此加工时，工件的转速要低些，需要充分供给冷却润滑液，以免研坏滚花刀和防止细屑滞塞在滚花刀内而产生乱纹。

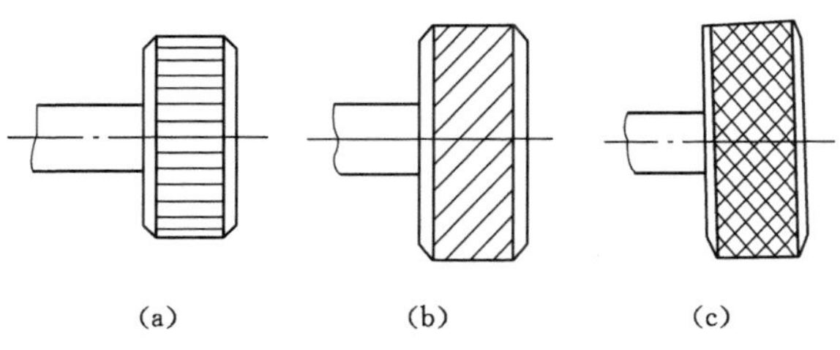

图 8-37　花纹种类

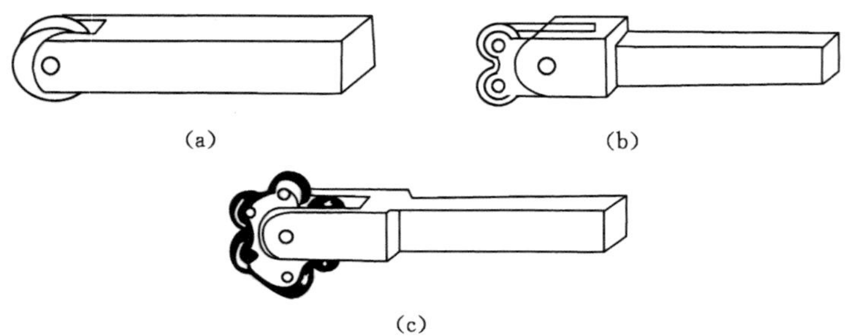

图 8-38　滚花刀种类

复习思考题

1. 车削加工时,工件和刀具需做哪些运动?车削要素的名称、符号和单位分别是什么?解释型号 C6132A 各部分的含义。

2. 卧式车床有哪些主要组成部分?

3. 安装车刀时有哪些要求?

4. 三爪自定心卡盘和四爪单动卡盘的结构用途有何异同?

5. 卧式车床上工件的装夹方式有哪些?

6. 车螺纹时产生乱扣的原因是什么?如何防止乱扣?

7. 试切的目的是什么?结合实际操作说明试切的步骤。

8. 为什么车削时一般先要车端面?为什么钻孔前也要先车端面?

9. 中心架和跟刀架起什么作用?在什么场合下使用?

10. 结合创新设计与制造活动,自己设计一件符合车床加工的产品。要求产品有一定的创意,有一定的使用价值,有一定的欣赏价值,而且需要对产品进行成本核算。

第9章　刨铣磨加工

【学习要点及工程思政】

1. 实训要求

(1) 了解牛头刨床的组成、传动原理,熟悉牛头刨床的调整方法。

(2) 了解刨刀的结构特点和装夹方法。熟悉工件在平口钳上的装夹方法。

(3) 掌握在牛头刨床上刨水平面、垂直面、斜面、沟槽及成形面的操作方法。

(4) 掌握铣削加工的基本知识,铣床的种类、用途和型号。

(5) 掌握铣削加工方法、所用的刀具、加工精度和粗糙度范围。

(6) 了解铣床常用附件——分度头、转台、立铁头的功用。

(7) 了解常用齿形加工方法,铣齿、滚齿、插齿的加工特点、切削运动及齿轮构造。

(8) 了解磨削加工基本知识,如磨削特点、磨削运动、砂轮的选用、常用磨床的工作范围等。了解磨床种类、结构特点和型号。

(9) 初步掌握磨削加工方法和操作。

2. 实训操作规程

◆ **刨削操作安全操作规程**

(1) 进入实训场地要听从指导教师安排,安全着装,认真听讲,仔细观摩,严禁嬉戏打闹,保持场地干净整洁。

(2) 必须先学习安全操作规程,在掌握相关设备和工具的正确使用方法后,才能进行操作。未经许可或指导教师不在场的情况下,严禁私自开机。

(3) 学生应在指定的机床上操作实训,不得乱动其他设备。

(4) 应根据工件的材料和加工要求适当选择切削用量及走刀量。

(5) 开动刨床前,应检查工作台前后有无障碍物,滑枕前后切勿站人。

(6) 工件及刨刀应装夹牢固,刀头不宜伸出刀架过长。

(7) 刨削前,根据工件要求调试刨削行程,不得在开车时调整。

(8) 滑枕运动时,不得用手触摸刨刀和工件,不得在滑枕运动的正前方观看刨削过程。

(9) 设备上不准存放夹具、量具、工件及刀具等物品。

(10) 实训结束后,关闭电源,擦净机床,在指定部位加注润滑油,各部件调整到正常位置,将场地清扫干净。

◆ **铣削实训安全操作规程**

(1) 进入实训场地要听从指导教师安排,安全着装,认真听讲,仔细观摩,严禁嬉戏打闹,保持场地干净整洁。

(2) 必须先学习安全操作规程,在掌握相关设备和工具的正确使用方法后,才能进行操作。未经许可或指导教师不在场的情况下,严禁私自开机。

(3) 装铣刀时，应将刀杆擦拭干净，铣削前检查刀具运转方向及工作台进给方向是否正确。

(4) 开动机床前，要检查机床各操作手柄位置是否正确，工件及刀具是否夹持牢固，切削用量选择是否适当。

(5) 加工过程中，不准用手触摸运动的工件和刀具，不要站在切屑飞出的方向，不准用手直接去清理切屑，不得擅自离开工作岗位。

(6) 使用分度头分度时，等铣刀完全离开工件后，才能转动分度头手柄。

(7) 铣床自动走刀行程挡块要调整准确，不得任意松动。

(8) 设备上不准存放夹具、量具、工件、刀具等物品。

(9) 实训结束后，关闭电源，擦净机床，在指定部位加注润滑油，各部件调整到正常位置，将场地清扫干净。

◆ **磨削实训安全操作规程**

(1) 进入实训场地要听从指导教师安排，安全着装，认真听讲，仔细观摩，严禁嬉戏打闹，保持场地干净整洁。

(2) 必须先学习安全操作规程，在掌握相关设备和工具的正确使用方法后，才能进行操作。未经许可或指导教师不在场的情况下，严禁私自开机。

(3) 安装砂轮时，必须仔细检查砂轮规格是否符合机床转速要求，严禁使用有缺损及裂纹的砂轮。

(4) 砂轮安装前，需经静平衡试验，安装后应牢固平稳。

(5) 砂轮启动前，必须检查防护罩是否完好紧固，严禁使用没有防护装置的磨床。

(6) 砂轮安装后，要经过 5～10 min 试运转。启动时不要过急，要点动检查。

(7) 操作者站在砂轮旋转方向的侧面，不得面对砂轮旋转方向。

(8) 砂轮快速移动时，位置必须适当，防止砂轮与工件相碰。

(9) 停车时，必须先将砂轮退离工件。装卸工件或附件时要小心，不要碰撞砂轮或工作台面。

(10) 实训结束后，关闭电源，擦净机床，在指定部位加注润滑油，各部件调整到正常位置，将场地清扫干净。

3. 工程思政

◆ **用匠心定义精准**

李淑团，河南省三门峡中原量仪股份有限公司装配车间高级磨工。获评全国三八红旗手标兵、全国优秀共产党员、全国五一劳动奖章、全国劳动模范。

(1) 啃下“硬骨头”，磨出真功夫

量仪，指示量值的长度测量工具，是航空航天等各种高精尖制造业不可或缺的配套量具。其灵敏度高、精度高、测量力小，但结构复杂，许多零部件都需达到微米级精度，且完全凭手工制造，这就要求制造者不仅技术高超，还要手感细腻。而手感从哪来呢？“练！”李淑团说，“功夫是练出来的。活干多了，手感就有了。”

拼合式气动量仪是公司的拳头产品之一，用来测量不同内孔的孔径，其关键部件锥度玻璃管的加工是难点，而能否攻克难点则取决于锥度玻璃管模具(芯杆)的制造。之前公司都是委托别的公司代加工，李淑团决心啃下这块“硬骨头”。

总长 320 mm 的芯杆像一个葫芦串，每隔 20 mm 就有一个葫芦，葫芦大小不一，之间的锥度也不相同，精确把握锥度变化是难中之难。“我就用最笨的办法，先画一个坐标图，再对着图把芯杆装到磨床上。”芯杆细而长，虽然两头有顶尖固定，但细杆的中间在加工过程中容易发生颤动，导致零件变形，所以从头到尾都需用手推或托着芯杆。而推或托的力度大小，则全凭手感把控。每磨完一遍，都要对照坐标图测量，检查误差，然后再磨第二遍。就这样一遍遍地磨。操作中，磨床砂轮高速旋转，夹着芯杆的工作台左右移动，此时砂轮的磨削力度、工作台的移动速度同样也需要操作者靠手上的感觉进行调整，直至将误差在磨制过程中一点点消除，最后一根漂亮的芯杆磨制成功。委托加工芯杆时通常需要四道工序：车、热处理、精加工、研磨，而李淑团加工的芯杆在精加工环节就达到了工艺要求。她创新性地摸索出的“以磨代研”技术，不仅解决了精细加工中的难题，每年还为公司节约 50 余万元。

(2) 玩转洋设备，精细出王牌

1996 年，她被调到精加工车间磨工组。在磨工组，她干活也是“一顶一”，质检员最喜欢检她的活——“因为不用返工”。当时车间里还有一台新磨床，被塑料布蒙盖着。李淑团纳闷：新床子为啥不用呢？一打听才知道，这台 S40 的高精度万能磨床是瑞士进口的原装数控机床，因为程序复杂、操作难度大，没人会用，长期被闲置封存了。“太可惜了！”李淑团想把这台磨床用起来，领导听了很支持：“那当然好了！”于是她找来机床的说明书，可满纸都是英文，根本看不懂。她又找厂里的技术员，让人家帮她翻译。那段时间，她白天干活，晚上回家钻研资料，抽空就拿着资料围着机床“按图索骥”，先从按钮学起，“就是试，反复试，试那些按钮有啥功能，A 和 B 组合有啥作用等”。三个月后，她熟悉了 S40 的各种操作。DGC-8ZG 传感器也是公司的主打产品，其通用测杆是关键部件，这是李淑团用 S40 承接的第一批标准件。人们都想看看洋机器到底怎么样，结果一检测，零件合格率 100%，且公差精度都在 0.000 5 mm 左右。从此 S40 成了“明星机床”，李淑团也成了公司的“王牌”，公司因此获得了大量国内外客户的高精尖业务订单。

一晃 30 年过去，现在李淑团也成了师父。“跟我们学徒时不一样，时下年轻人有学历，有文化，脑子活，接受能力也强，有自己的想法。不足的是欠踏实、偏浮躁。”因此她常常跟徒弟们说：“啥叫干一行爱一行？既然选择了，就要好好学。”

李淑团带徒弟的招儿并不多，却很实在，不管干啥活，都是“手把手”。“讲理论，年轻人都懂，甚至比咱还强，可他们缺少实战经验，所以要让他们多上手。”每次干活，她都是亲力亲为，从头到尾干一遍，边干边讲解其中的关键操作步骤，然后再让徒弟上，遇到问题，师徒再边干边问边解答，“干中学，学中干，年轻人很快就能独当一面了”。

如今李淑团已成为出色的工匠，接受采访时常被问起关于工匠精神的话题。她说，成为一个工匠至少应具备三点：一是你要非常热爱自己的工作，二是你要有精益求精的精神，三是你要有锲而不舍的劲头。“如果凡事都抱着‘差不多’的态度，而不是想‘我还能不能干得更好’，肯定成不了工匠。”

9.1　刨削概述

在刨床上用刨刀加工工件的工艺过程称为刨削加工。刨削的主运动为往复直线运动，进给运动是间歇的，因此切削过程不连续，见图 9-1。

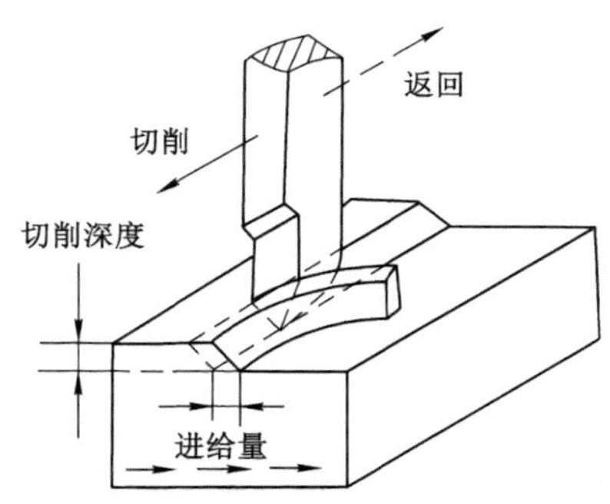

图 9-1　牛头刨床的刨削运动和切削用量

1. 刨削加工的特点

(1) 生产率一般较低。刨削是不连续的切削过程，刀具切入、切出时切削力有突变，将引起冲击和振动。此外，单刃刨刀实际参加切削的长度有限，一个表面往往要经过多个行程才能加工出来，刨刀返回行程不进行工作。由于以上原因，刨削生产率较低，但对于狭长表面（如导轨面）的加工，以及在龙门刨床上进行多刀、多件加工，其生产率可能高于铣削。

(2) 刨削加工通用性好、适应性强。刨床结构较车床、铣床等简单，调整和操作方便；刨刀形状简单，和车刀相似，制造、刃磨和安装都较方便；刨削时一般不需加切削液。

由于刨削加工有这些特点，因此，刨削加工主要用于单件小批生产及修配工作。

2. 刨削加工范围

刨削加工的尺寸精度一般为 IT9～IT8，表面粗糙度值为 6.3～1.6 μm，用宽刀精刨时，粗糙度值可达 1.6 μm。此外，刨削加工还可保证一定的相互位置精度，如面对面的平行度和垂直度等。刨削主要用于加工各种平面（水平面、垂直面和斜面）、各种沟槽（直槽、T 形槽、燕尾槽等）和成形面等，如图 9-2 所示。

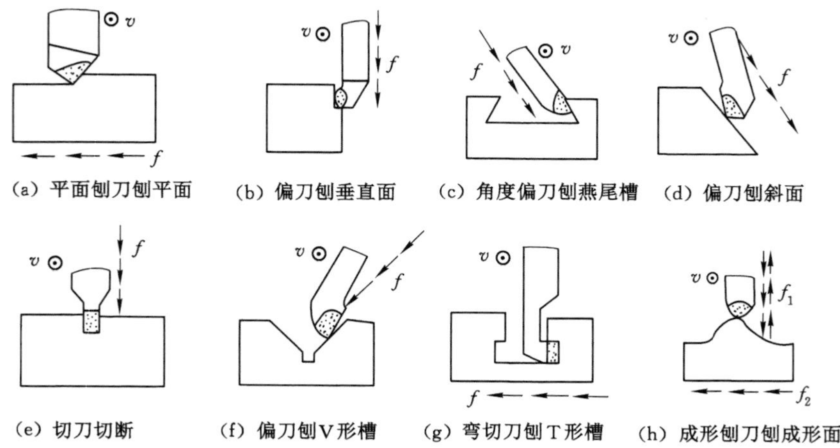

图 9-2　刨削加工的主要应用

9.2 刨削

刨床主要有牛头刨床和龙门刨床，常用的是牛头刨床。牛头刨床最大的刨削长度一般不超过 1 000 mm。龙门刨床刚性好，而且有 2～4 个刀架可同时工作，主要用于加工大型零件或同时加工多个中、小型零件，其加工精度和生产率均比牛头刨床高。

下面主要针对牛头刨床进行介绍。

如图 9-3 所示为 B6065 型牛头刨床简图。型号 B6065 中，B 为机床类别代号，表示刨床；6 和 0 分别为机床组别和系别代号，表示牛头刨床；65 为主参数最大刨削长度的 1/10，即最大刨削长度为 650 mm。

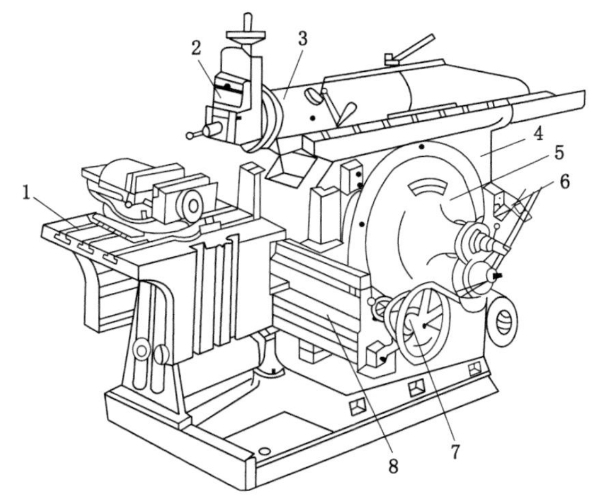

1—工作台；2—刀架；3—滑枕；4—床身；5—摆杆机构；6—变速机构；7—进给机构；8—横梁。

图 9-3　B6065 型牛头刨床外形图

B6065 型牛头刨床主要由以下几部分组成。

(1) 床身：用以支撑和连接刨床各部件。其顶面水平导轨供滑枕带动刀架进行往复直线运动，侧面的垂直导轨供横梁带动工作台升降。床身内部有主运动变速机构和摆杆机构。

(2) 滑枕：用以带动刀架沿床身水平导轨做往复直线运动。滑枕往复直线运动的快慢、行程的长度和位置，均可根据加工需要调整。

(3) 刀架：用以夹持刨刀，其结构如图 9-4 所示。当转动刀架手柄 5 时，刨刀上、下移动，以调整背吃刀量或加工垂直面时做进给运动。松开刻度转盘 7 上的螺母，将转盘扳转一定角度，可使刀架斜向进给，以加工斜面。刀座 3 装在滑板 4 上。抬刀板 2 可绕刀座上的销轴向上抬起，以使刨刀在返回行程时离开零件已加工表面，减少刀具与零件的摩擦。

(4) 工作台：用以安装零件，可随横梁做上下调整，也可沿横梁导轨做水平移动或间歇进给运动。

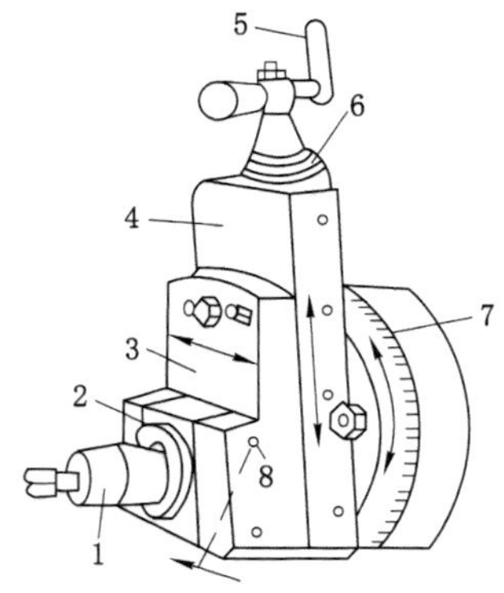

1—刀夹；2—抬刀板；3—刀座；4—滑板；5—手柄；6—刻度环；7—刻度转盘；8—销轴。

图 9-4 刀架

9.2.1 刨刀及其安装

1. 刨刀

(1) 刨刀的几何形状

刨刀的几何形状与车刀相似，但刀杆的截面积比车刀大 1.25～1.5 倍，以承受较大的冲击力。刨刀的前角 γ_0 比车刀的稍小，刃倾角取较大的负值，以增加刀头的强度。刨刀的一个显著特点是刨刀的刀头往往做成弯头状，如图 9-5 所示为弯、直头刨刀比较示意图。做成弯头的目的是当刀具碰到零件表面上的硬点时，刀头能绕 O 点向后上方弹起，使切削刃离开零件表面，不会啃入零件已加工表面或损坏切削刃，因此，弯头刨刀比直头刨刀应用更广泛。

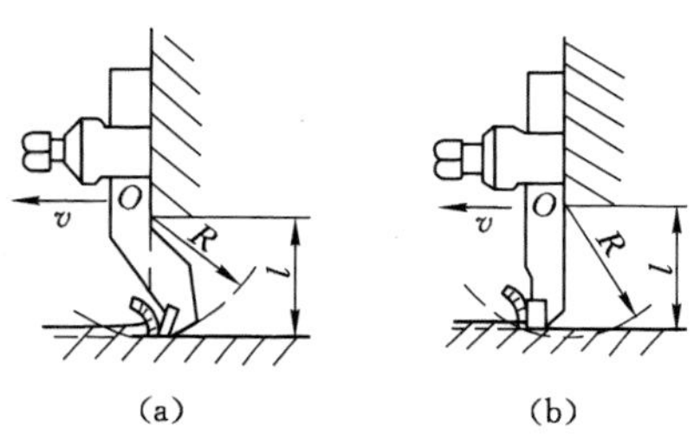

图 9-5 弯头刨刀和直头刨刀

(2) 刨刀的种类及其应用

刨刀的形状和种类依加工表面形状不同而有不同选择。常见刨刀及其应用如图 9-2 所示。平面刨刀用以加工水平面；偏刀用于加工垂直面、台阶面和斜面；角度偏刀用以加工角度和燕尾槽；切刀用以切断或刨沟槽；内孔刀用以加工内孔表面(如内键槽)；弯切刀用以加工 T 形槽及侧面上的槽；成形刀用以加工成形面。

2. 刨刀的安装

如图 9-6 所示，安装刨刀时，将转盘对准零线，以便准确控制背吃刀量。刀头不要伸出太长，以免产生振动和折断。直头刨刀伸出长度一般为刀杆厚度的1.5～2 倍，弯头刨刀伸出长度可稍长些，以弯曲部分不碰刀座为宜。装刀或卸刀时，应使刀尖离开零件表面，以防损坏刀具或者擦伤零件表面，必须一只手扶住刨刀，另一只手使用扳手，用力方向自上而下，否则容易将抬刀板掀起，碰伤或夹伤手指。

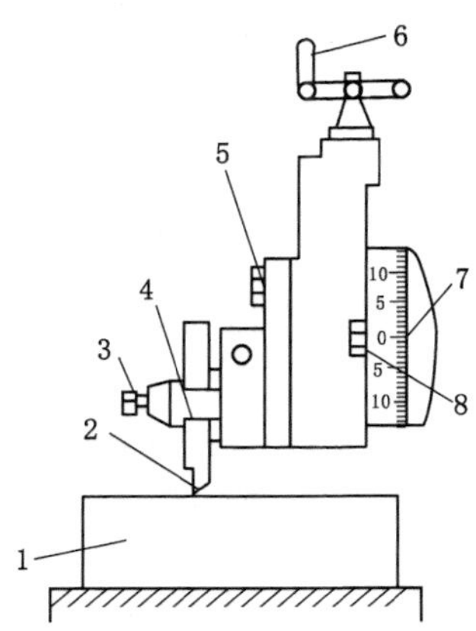

1—零件；2—刀头；3—刀夹螺钉；4—刀夹；5—刀座螺钉；
6—刀架进给手柄；7—转盘对准零线；8—转盘螺钉。

图 9-6　刨刀的安装

3. 工件的安装

刨床上零件的安装方法视零件的形状和尺寸而定。常用的有平口虎钳安装、工作台安装和专用夹具安装等。

如图 9-7 所示为用平口钳装夹小尺寸工件，如图 9-8 所示为用压板、螺栓装夹较大尺寸的工件。

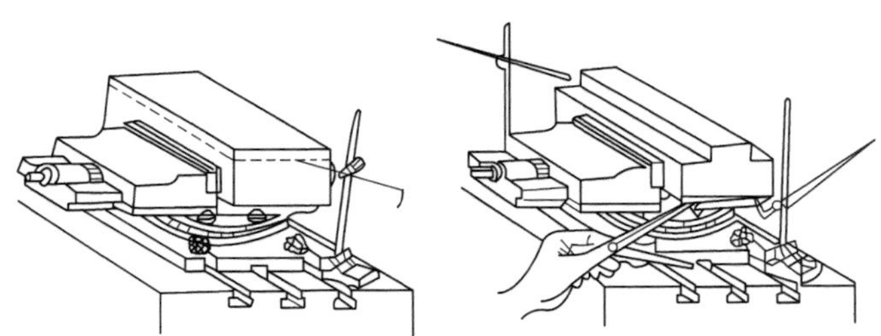

图 9-7　平口钳装夹工件

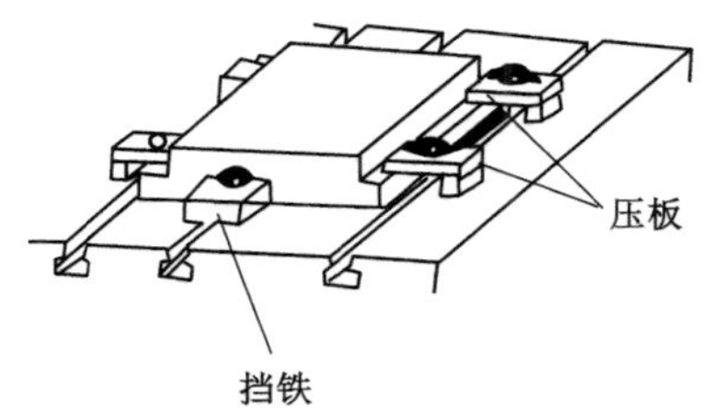

图 9-8　工作台装夹工件

在批量生产中，或被加工工件各种精度要求较高时，可根据工件的形状设计专用夹具来装夹工件。这种方法定位准确，装夹迅速，但夹具要专门制作，费用较高。

9.2.2 刨削工艺

刨削主要用于加工平面、沟槽和成形面。

1. 刨水平面

刨削水平面的顺序如下：

(1) 正确安装刀具和零件。

(2) 调整工作台的高度，使刀尖轻微接触零件表面。

(3) 调整滑枕的行程和起始位置。

(4) 根据零件材料、形状、尺寸等要求，合理选择切削用量。

(5) 对刀试切。移动工作台使工件一侧靠近刀具，转动刀架使刀尖接近工件，开动机床，使滑枕带动刨刀做直线往复运动。手动试切时，手动进给 0.5～1 mm 后，停车测量尺寸，根据测量结果，调整背吃刀量，再开启自动进给正式刨削平面。

(6) 检验。零件刨削完工后，停车检验，尺寸和加工精度合格后即可卸下。

2. 刨垂直面和斜面

刨垂直面的方法如图 9-9 所示。此时采用偏刀。刀架转盘应对准零线，以使刨刀沿垂直方向移动。刀座必须偏转 10°～15°，以使刨刀在返回行程时离开零件表面，减少刀具的磨损，避免零件已加工表面被划伤。刨垂直面和斜面的加工方法一般在不能或不便于进行水平面刨削时才使用。

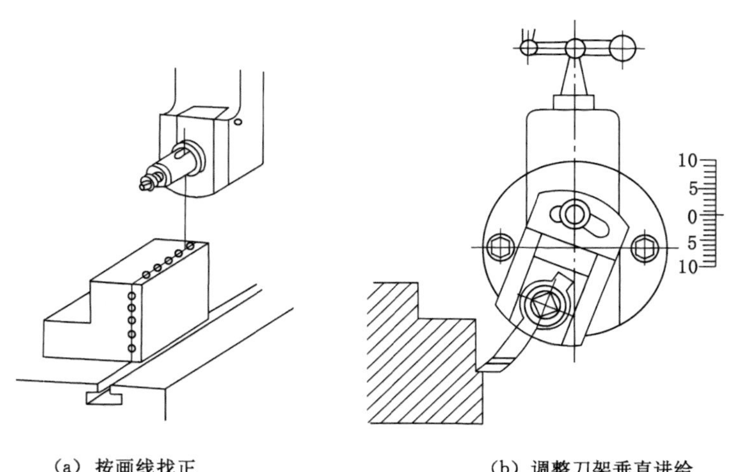

(a) 按画线找正　　(b) 调整刀架垂直进给

图 9-9　刨垂直面

刨斜面与刨垂直面基本相同，只是刀架转盘必须按零件所需加工的斜面扳转一定角度，以使刨刀沿斜面方向移动。如图 9-10 所示，采用偏刀或样板刀，转动刀架手柄进行进给，可以刨削左侧或右侧斜面。

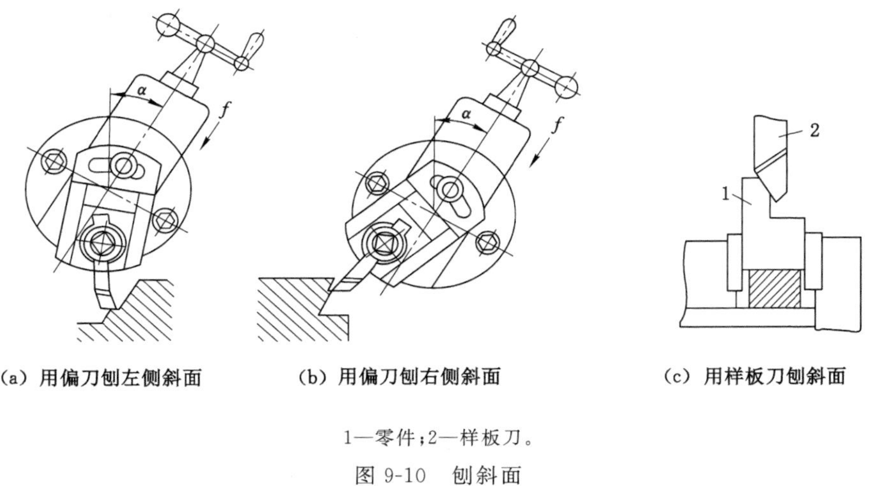

(a) 用偏刀刨左侧斜面　(b) 用偏刀刨右侧斜面　(c) 用样板刀刨斜面

1—零件；2—样板刀。

图 9-10　刨斜面

3. 刨 V 形槽

其方法如图 9-11 所示。步骤如下：

(1) 先按刨平面的方法把 V 形槽粗刨出大致形状，如图 9-11(a)所示。

(2) 用切刀刨 V 形槽底的直角槽，如图 9-11(b)所示。

(3) 按刨斜面的方法用偏刀刨 V 形槽的两斜面，如图 9-11(c)所示。

(4) 最后用样板刀精刨至图样要求的尺寸精度和表面粗糙度，如图 9-11(d)所示。

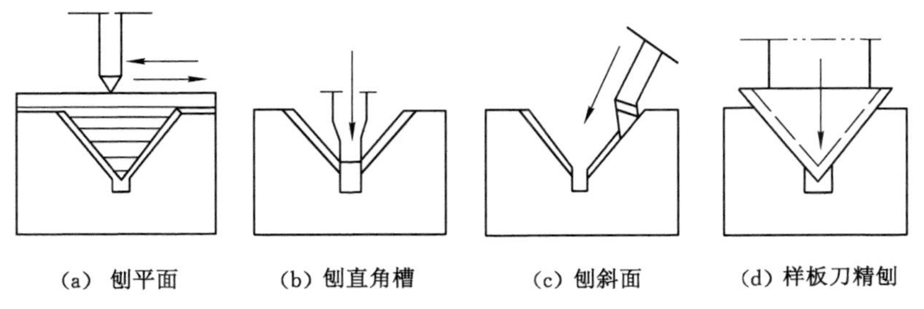

(a) 刨平面　(b) 刨直角槽　(c) 刨斜面　(d) 样板刀精刨

图 9-11　刨 V 形槽

4. 刨 T 形槽

在刨 T 形槽之前，应先将有关表面加工完成，并画出刨削加工线，如图 9-12(a)所示，然后按以下步骤进行刨削加工：

(1) 安装并校正工件，用切槽刀刨出直角槽，使其宽度等于 T 形槽槽口的宽度，深度等于 T 形槽的深度，如图 9-12(b)所示；

(2) 用弯头切刀刨一侧的凹槽，若凹槽尺寸较大，一刀不能刨完，可分几次刨完，但凹槽的垂直面最后需要精刨，以保证槽壁平整，如图 9-12(c)所示；

(3) 用方向相反的弯头切刀，以同样的方法刨出另外一侧的凹槽，如图 9-12(d)所示；

(4) 用 45°的刨刀倒角，使槽口两侧倒角大小一致，如图 9-12(e)所示。

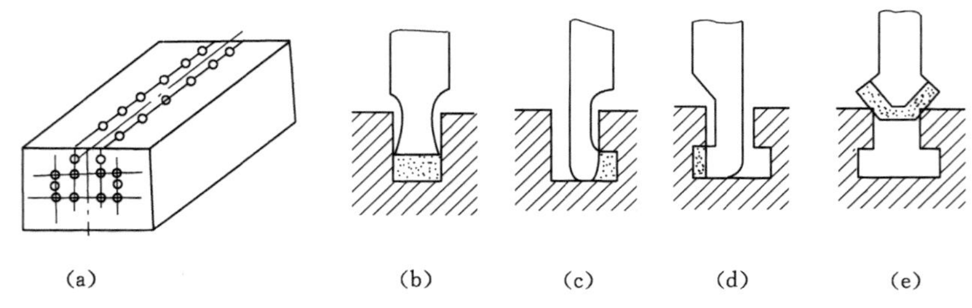

图 9-12　T 形槽零件画线图及加工步骤

5. 刨燕尾槽

其方法与刨 T 形槽相似，应先在零件端面和上平面画出加工线，如图 9-13 所示。但刨侧面时须用角度偏刀，如图 9-14 所示，刀架转盘要扳转一定角度。

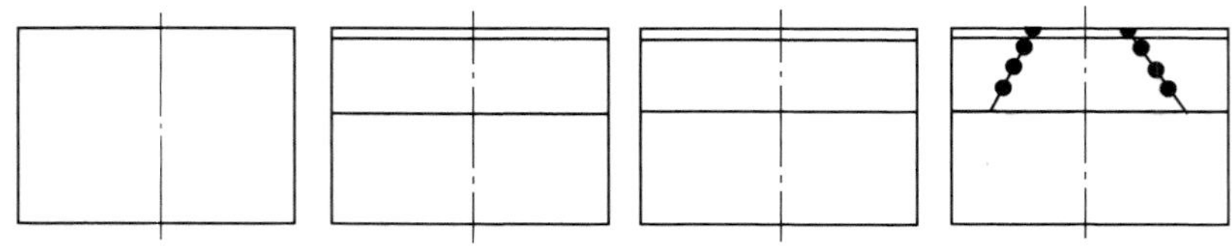

图 9-13　燕尾槽的画线

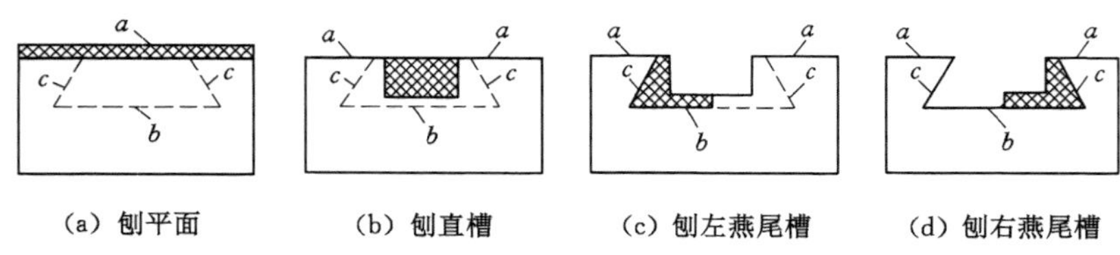

图 9-14　燕尾槽的刨削步骤

6. 刨成形面

在刨床上刨削成形面，通常是先在零件的侧面画线，然后根据画线分别移动刨刀做垂直进给和移动工作台做水平进给，从而加工出成形面，如图 9-2(h)所示。也可用成形刨刀加工，使刨刀刃口形状与零件表面一致，一次成形。

9.3　铣削

9.3.1　铣削概述

在铣床上用铣刀加工工件叫作铣削加工。铣削是金属切削加工中常用的方法之一。铣削时，铣刀做旋转的主运动，工件做缓慢直线的进给运动。

1. 铣削特点

(1) 铣刀是一种多齿刀具，在铣削时，铣刀的每个刀齿不像车刀和钻头那样连续地进行切削，而是间歇地进行切削，刀具的散热和冷却条件好，铣刀的耐用度高，切削速度可以提高。

(2) 铣削时经常是多齿进行切削，可采用较大的切削用量。与刨削相比，铣削有较高的生产率，在成批及大量生产中，铣削几乎已代替了刨削。

(3) 由于铣刀刀齿的不断切入、切出，铣削力不断地变化，故而铣削容易产生振动。

2. 铣削用量

铣削时的铣削用量由切削速度、进给量、背吃刀量(铣削深度)和侧吃刀量(铣削宽度)四要素组成。其铣削用量如图 9-15 所示。

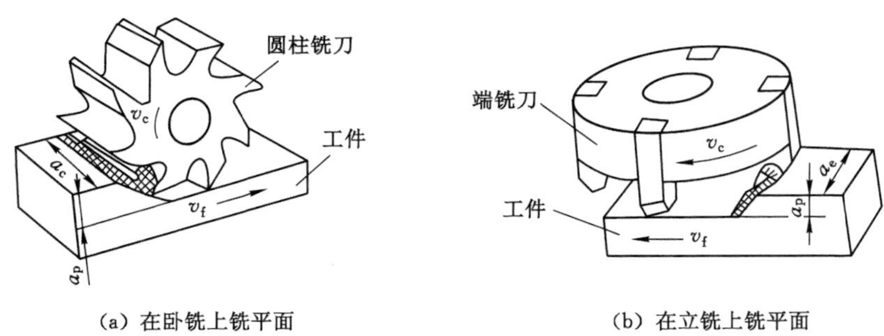

图 9-15　铣削运动及铣削用量

(1) 切削速度 v_c

切削速度即铣刀最大直径处的线速度，可由下式计算：

$$v_c = \frac{\pi d n}{1\ 000}$$

式中　v_c——切削速度，m/min；

d——铣刀直径，mm；

n——铣刀转速，r/min。

(2) 进给量 f

进给量有以下三种度量方法。

① 每齿进给量 f_z(mm/z)，指铣刀每转过一个刀齿，工件对铣刀的进给量(即铣刀每转过一个刀齿，工件沿进给方向移动的距离)。

② 每转进给量 f(mm/r)，指铣刀每一转，工件对铣刀的进给量(即铣刀每转一圈，工件沿进给方向移动的距离)。

③ 每分钟进给量 v_f(mm/min)，又称进给速度，指工件对铣刀每分钟进给量(即每分钟工件沿进给方向移动的距离)。

上述三者的关系为：

$$v_f = fn = f_z Z n$$

式中　Z——铣刀齿数。

(3) 背吃刀量(又称铣削深度)

铣削深度为平行于铣刀轴线方向测量的切削层尺寸(切削层是指工件上正被刀刃切削

着的那层金属)，单位为 mm。因周铣与端铣时相对工件的方位不同，故铣削深度的标示也有所不同。

(4) 侧吃刀量(又称铣削宽度)

铣削宽度是垂直于铣刀轴线方向测量的切削层尺寸，单位为 mm。

3. 铣削的应用

铣床的加工范围很广，可以加工平面、斜面、垂直面、沟槽和成形面(如齿形)，如图 9-16 所示。还可以进行分度工作。有时孔的钻、镗加工，也可在铣床上进行，如图 9-17 所示。铣床的加工精度一般为 IT9～IT8，表面粗糙度 Ra 一般为 6.3～1.6 μm。

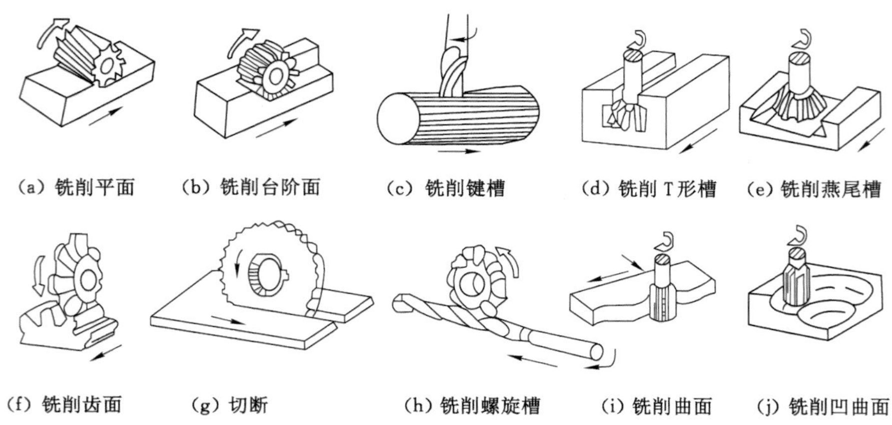

图 9-16 铣削加工的应用范围

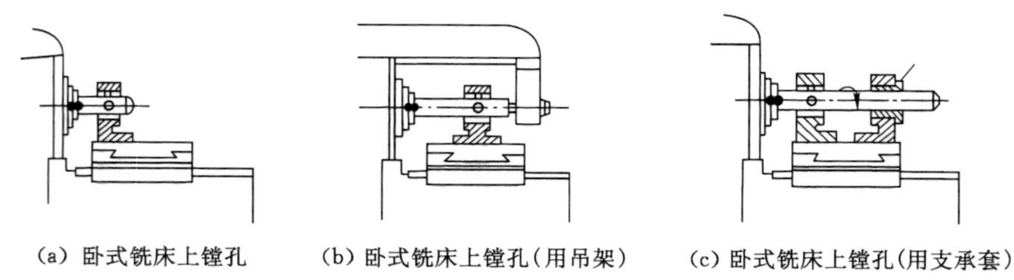

图 9-17 在卧式铣床上镗孔

9.3.2 铣床

铣床种类很多，常用的有卧式铣床、立式铣床、龙门铣床和数控铣床及铣镗加工中心等。在一般工厂，卧式铣床和立式铣床应用较广，其中万能卧式升降台铣床，简称万能卧式铣床，应用最多。

1. 万能卧式铣床

万能卧式升降台铣床，如图 9-18 所示，是铣床中应用最广的一种。其主轴是水平的，与工作台面平行。下面以实训中常用的 X6132 型铣床为例，介绍万能卧式铣床型号以及组成部分和作用。

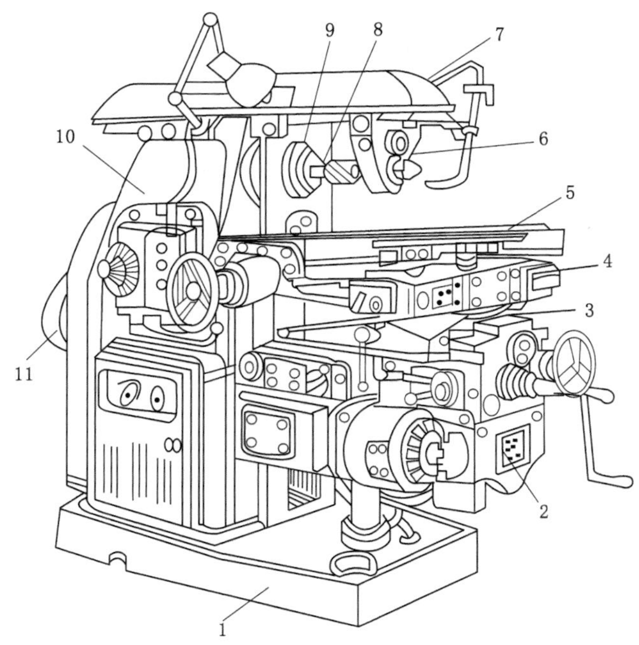

1—底座；2—升降台；3—横向工作台；4—转台；5—纵向工作台；
6—吊架；7—横梁；8—刀杆；9—主轴；10—床身；11—电动机。

图 9-18　X6132 型万能卧式升降台铣床

(1) 万能卧式铣床的型号意义如下：

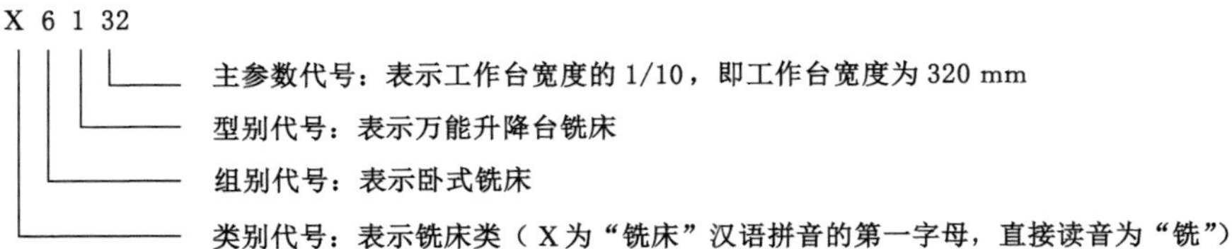

(2) X6132 型万能卧式升降台铣床的主要组成部分及作用如下。

① 床身：用来固定和支承铣床上所有的部件。电动机、主轴及主轴变速机构等安装在它的内部。

② 横梁：它的上面安装吊架，用来支承刀杆外伸的一端，以加强刀杆的刚性。横梁可沿床身的水平导轨移动，以调整其伸出的长度。

③ 主轴：主轴是空心轴，前端有 7∶24 的精密锥孔，其用途是安装铣刀刀杆并带动铣刀旋转。

④ 纵向工作台：在转台的导轨上做纵向移动，带动台面上的工件做纵向进给。

⑤ 横向工作台：位于升降台上面的水平导轨上，带动工件做横向进给。

⑥ 转台：作用是能将纵向工作台在水平面内扳转一定的角度，以便铣削螺旋槽。

⑦ 升降台：它可以使整个工作台沿床身的垂直导轨上下移动，以调整工作台面到铣刀

的距离，并做垂直进给。带有转台的卧铣，由于其工作台除了能做纵向、横向和垂直方向移动外，尚能在水平面内左右扳转45°，因此称为万能卧式铣床。

2. 立式升降台铣床

立式铣床与卧式铣床的结构基本相同，主轴安装在立铣头上，但没有横梁、吊架和转台，如图9-19所示。其主要区别就是主轴与工作台面的位置关系：卧式铣床的主轴与工作台面是平行的，而立式铣床的主轴与工作台面却是垂直的。根据加工的需要，可以将立铣头（包括主轴）左右扳转一定角度，以便加工斜面等。

立式铣床是一种生产效率比较高的机床，可以利用立铣刀或端铣刀加工平面、台阶、斜面、键槽和T形槽等。另外，立式铣床操作时，观察和调整铣刀位置都比较方便，又便于安装硬度合金端铣刀进行高速铣削，故应用很广。

3. 龙门铣床

龙门铣床属大型机床之一，图9-20所示为四轴龙门铣床外形简图。它一般用来加工卧式、立式铣床不能加工的大型工件。

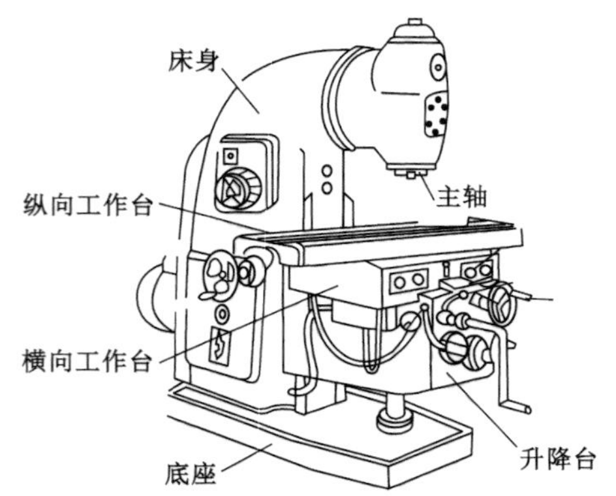

图9-19　立式铣床

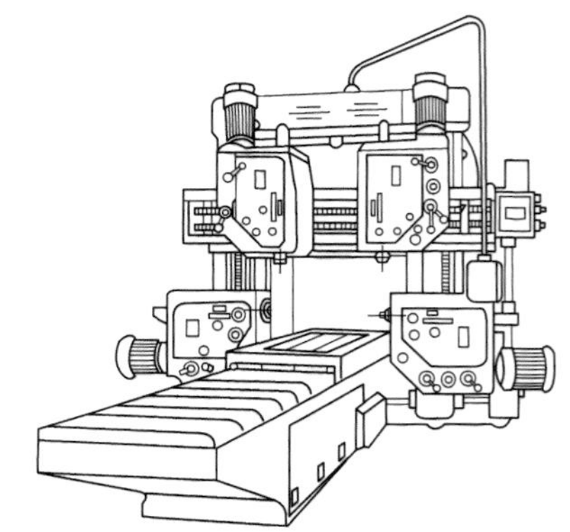

图9-20　四轴龙门铣床外形简图

9.3.3　铣刀

1. 铣刀种类

铣刀种类很多，常根据铣刀安装方法的不同可分为两大类：带柄铣刀和带孔铣刀。

（1）带柄铣刀

带柄铣刀有直柄和锥柄之分，多用于立式铣床上。常用的带柄铣刀如图9-21所示。

（2）带孔铣刀

带孔铣刀多用在卧式铣床上。常用的带孔铣刀如图9-22所示。

2. 铣刀的安装

（1）带孔铣刀的安装

带孔铣刀常用刀杆来安装，如图9-23所示，将刀具装在刀杆上，刀杆的一端为锥体，装入铣床前端的主轴锥孔中，并用螺纹拉杆穿过主轴内孔拉紧刀杆，使之与主轴锥孔紧密配

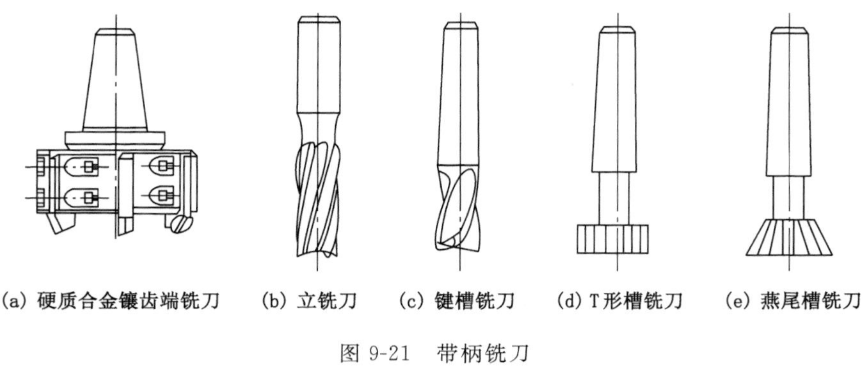

(a) 硬质合金镶齿端铣刀　(b) 立铣刀　(c) 键槽铣刀　(d) T形槽铣刀　(e) 燕尾槽铣刀

图 9-21　带柄铣刀

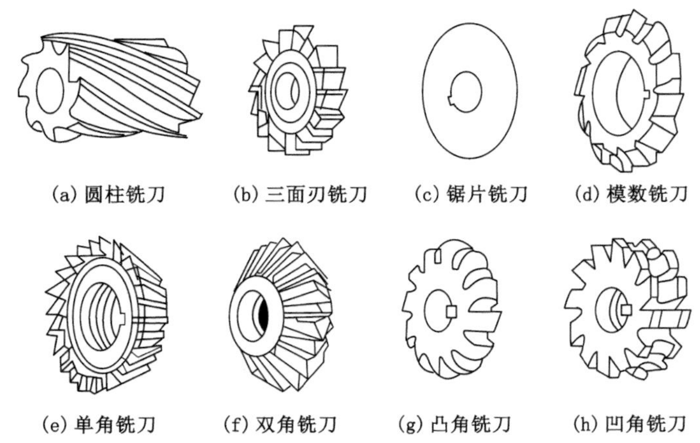

(a) 圆柱铣刀　(b) 三面刃铣刀　(c) 锯片铣刀　(d) 模数铣刀

(e) 单角铣刀　(f) 双角铣刀　(g) 凸角铣刀　(h) 凹角铣刀

图 9-22　带孔铣刀

合。刀杆的另一端装入铣床的吊架孔中。主轴的动力通过锥面和前端的键传递，带动刀杆旋转。

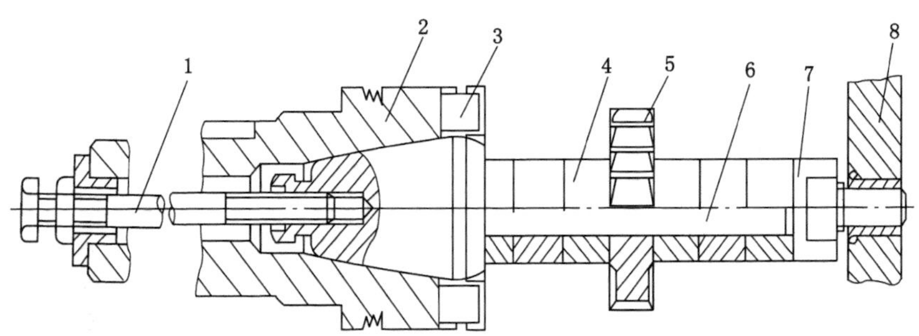

1—拉杆；2—铣床主轴；3—端面键；4—套筒；5—铣刀；6—刀杆；7—螺母；8—刀杆支架。

图 9-23　带孔铣刀的安装

用长刀杆安装带孔铣刀时要注意以下两点：

① 铣刀应尽可能地靠近主轴或吊架，以保证铣刀有足够的刚性；套筒的端面与铣刀的

端面必须擦干净，以减小铣刀的端面跳动；拧紧刀杆的压紧螺母时，必须先装上吊架，以防刀杆受力弯曲。

② 斜齿圆柱铣刀所产生的轴向力应指向主轴轴承，主轴转向与铣刀旋向的选择见表 9-1。

表 9-1　主轴转向与斜齿圆柱铣刀旋向的选择

情况	铣刀安装简图	螺旋线方向	主旋转方向	轴向力的方向	说 明
1		左旋	逆时针方向旋转	向着主轴轴承	正确
2		左旋	顺时针方向旋转	离开主轴轴承	不正确

（2）带柄铣刀的安装

① 锥柄铣刀的安装，如图 9-24(a)所示。根据铣刀锥柄的大小，选择合适的变锥套，将各配合表面擦净，然后用拉杆把铣刀及变锥套一起拉紧在主轴上。

② 直柄立铣刀，多为小直径铣刀，一般不超过 $\phi 20$ mm，多用弹簧夹头进行安装，如图 9-24(b)所示。

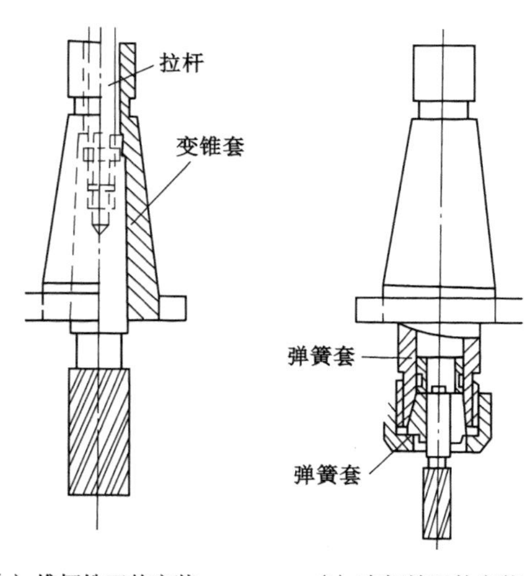

(a) 锥柄铣刀的安装　　(b) 直柄铣刀的安装

图 9-24　带柄铣刀的安装

9.3.4　铣床附件

铣床的主要附件有分度头、平口钳、万能铣头和回转工作台，如图 9-25 所示。

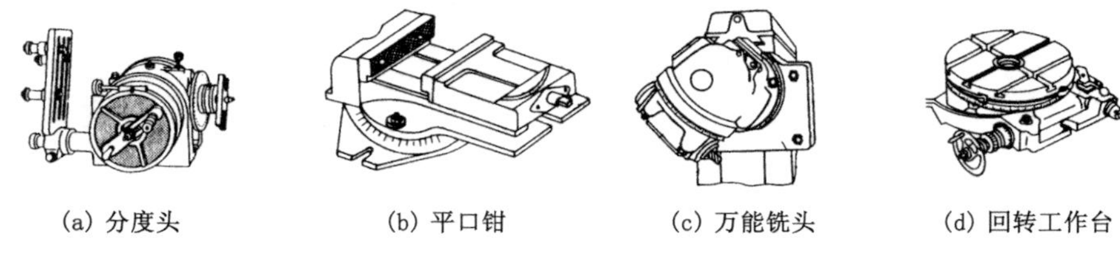

图 9-25　常用铣床附件

在铣削加工中，常会遇到铣六方、齿轮、花键和刻线等工作，这时，就需要利用分度头分度。因此，分度头是万能铣床上的重要附件，如图 9-25(a)所示。

分度头的作用如下：

(1) 能使工件实现绕自身轴线周期地转动一定的角度(即进行分度)。

(2) 利用分度头主轴上的卡盘夹持工件，使被加工工件的轴线相对铣床工作台在向上 90°和向下 10°范围内倾斜成需要的角度，以加工各种位置的沟槽、平面等(如铣圆锥齿轮)。

(3) 与工作台纵向进给运动配合，通过配换挂轮，能使工件连续转动，以加工螺旋沟槽、斜齿轮等。

9.3.5　工件的安装

铣床上常用的工件安装方法有以下几种。

1. 平口钳安装工件

在铣削加工时，常使用平口钳夹紧工件，如图 9-26 所示。平口钳的尺寸规格，是以其钳口宽度来划分的。X62W 型铣床配用的平口钳为 160 mm。平口钳分为固定式和回转式两种，回转式平口钳可以绕底座旋转 360°，固定在水平面的任意位置上，因而扩大了其工作范围，是目前平口钳应用的主要类型。

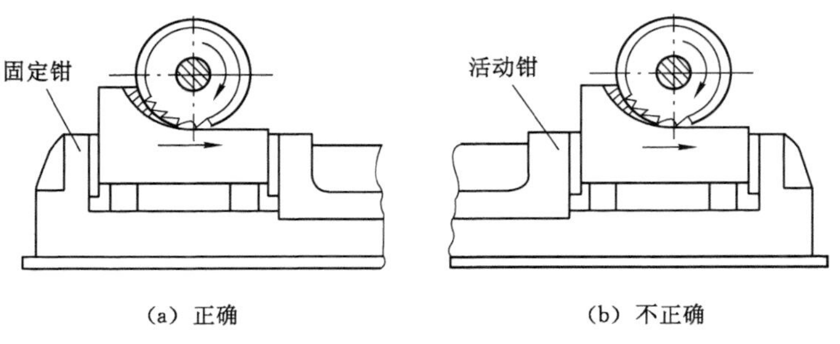

图 9-26　平口钳安装工件

2. 用压板、螺栓安装工件

对于大型工件或平口钳难以安装的工件，可用压板、螺栓和垫铁将工件直接固定在工作台上，如图 9-27(a)所示。

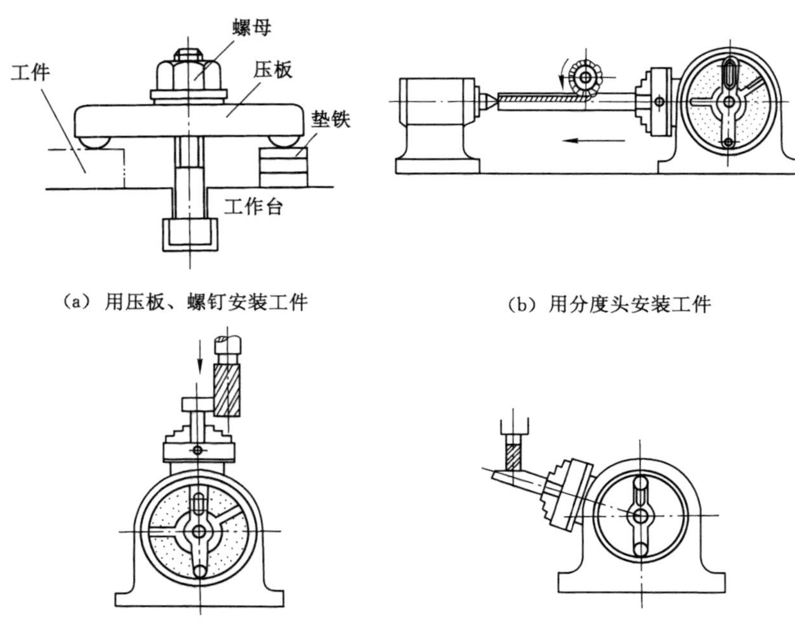

(a) 用压板、螺钉安装工件　(b) 用分度头安装工件

(c) 分度头卡盘在垂直位置安装工件　(d) 分度头卡盘在倾斜位置安装工件

图 9-27　工件在铣床上常用的安装方法

注意事项如下：

(1) 压板的位置要安排适当，压点要靠近切削面，压力大小要适合。粗加工时，压紧力要大，以防止切削中工件移动；精加工时，压紧力要合适，注意防止工件发生变形。

(2) 工件如果放在垫铁上，要检查工件与垫铁是否贴紧了，若没有贴紧，必须垫上铜皮或纸，直到贴紧为止。

(3) 压板必须压在垫铁处，以免工件因受压紧力而变形。

(4) 安装薄壁工件时，在其空心位置处，可用活动支撑(千斤顶等)增加刚度。

(5) 工件压紧后，要用画针盘复查加工线是否仍然与工作台平行，避免工件在压紧过程中变形或移动。

3. 用分度头安装工件

用分度头安装工件一般用在等分工作中。既可以用分度头卡盘(或顶尖)与尾架顶尖一起安装轴类零件，如图 9-27(b)所示，也可以只使用分度头卡盘安装工件，又由于分度头的主轴可以在垂直平面内转动，因此可以利用分度头在水平、垂直及倾斜位置安装工件，如图 9-27(c)、(d)所示。

当零件的生产批量较大时，可采用专用夹具或组合夹具装夹工件，这样既能提高生产效率，又能保证产品质量。

9.3.6　铣削工艺

1. 铣平面

铣平面可以用圆柱铣刀、端铣刀或三面刃盘铣刀在卧式铣床或立式铣床上进行铣削。

（1）用圆柱铣刀铣平面

圆柱铣刀一般用于卧式铣床铣平面。铣平面用的圆柱铣刀，一般为螺旋齿圆柱铣刀。铣刀的宽度必须大于所铣平面的宽度。螺旋线的方向应使铣削时所产生的轴向力将铣刀推向主轴轴承方向。

圆柱铣刀通过长刀杆安装在卧式铣床的主轴上，刀杆上的锥柄与主轴上的锥孔相配，并用一拉杆拉紧。刀杆上的键槽与主轴上的方键相配，用来传递动力。安装铣刀时，先在刀杆上装几个垫圈，然后装上铣刀，如图 9-28(a)所示。应使铣刀切削刃的切削方向与主轴旋转方向一致，同时铣刀还应尽量装在靠近床身的地方，再在铣刀的另一侧套上垫圈，然后用手轻轻旋上压紧螺母，如图 9-28(b)所示。再安装吊架，使刀杆前端进入吊架轴承内，拧紧吊架的紧固螺钉，如图 9-28(c)所示。初步拧紧刀杆螺母，开车观察铣刀是否装正，然后用力拧紧螺母，如图 9-28(d)所示。

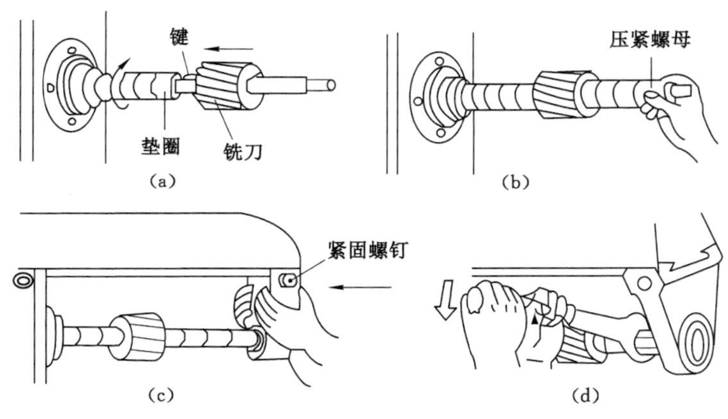

图 9-28　安装圆柱铣刀的步骤

操作方法：根据工艺卡的规定调整机床的转速和进给量，再根据加工余量来调整铣削深度，然后开始铣削。铣削时，先用手动使工作台纵向靠近铣刀，而后改为自动进给；当进给行程未完毕时不要停止进给运动，否则铣刀在停止的地方切入金属就比较深，形成表面深啃现象；铣削铸铁时不加切削液(因铸铁中的石墨可起润滑作用)，铣削钢料时要用切削液，通常用含硫矿物油作切削液。

（2）用端铣刀铣平面

端铣刀一般用于立式铣床上铣平面，有时也用于卧式铣床上铣侧面。端铣刀一般中间带有圆孔，通常先将铣刀装在短刀轴上，再将刀轴装到机床的主轴上，并用拉杆螺丝拉紧，如图 9-29 所示。

2. 铣斜面

工件上具有斜面的结构很常见，铣削斜面的方法也很多，下面介绍常用的几种方法。

（1）使用倾斜垫铁铣斜面，如图 9-30(a)所示。在零件设计基准的下面垫一块倾斜的垫铁，则铣出的平面就与设计基准面成倾斜关系。改变倾斜垫铁的角度，即可加工不同角度的斜面。

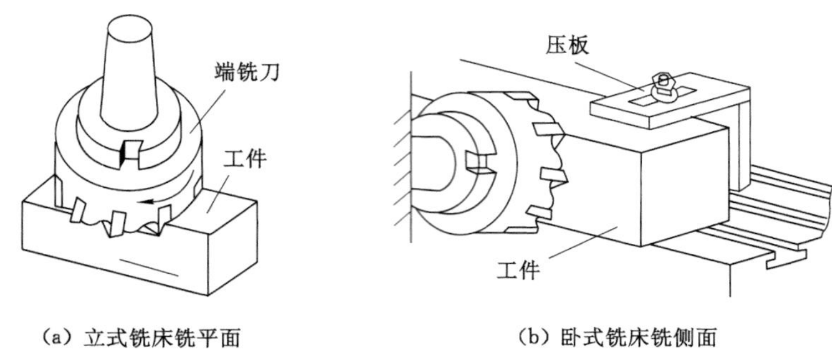

(a) 立式铣床铣平面　　(b) 卧式铣床铣侧面

图 9-29　用端铣刀铣平面

(2) 用万能铣头铣斜面，如图 9-30(b)所示。由于万能铣头能方便地改变刀轴的空间位置，因此我们可以转动铣头使刀具相对工件倾斜一个角度来铣斜面。

(3) 用角度铣刀铣斜面，如图 9-30(c)所示。较小的斜面可用合适的角度铣刀加工。当加工零件批量较大时，则常采用专用夹具铣斜面。

(4) 用分度头铣斜面，如图 9-30(d)所示。在一些圆柱形和特殊形状的零件上加工斜面时，可利用分度头将工件转成所需位置而铣出斜面。

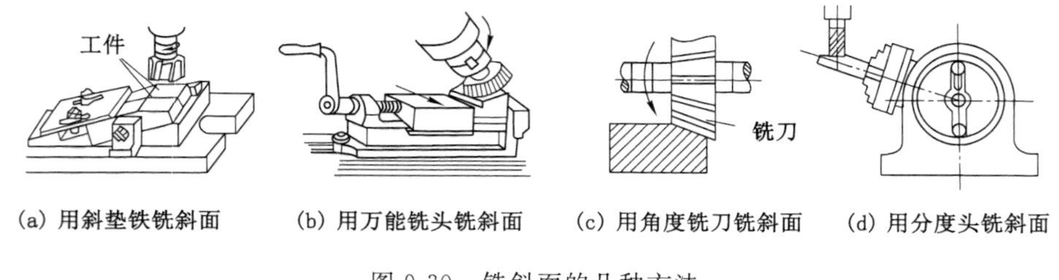

(a) 用斜垫铁铣斜面　(b) 用万能铣头铣斜面　(c) 用角度铣刀铣斜面　(d) 用分度头铣斜面

图 9-30　铣斜面的几种方法

3. 铣沟槽

在铣床上能加工的沟槽种类很多，如直槽、角度槽、V 形槽、T 形槽、燕尾槽和键槽等。现仅介绍键槽、T 形槽和燕尾槽的加工。

(1) 铣键槽

常见的键槽有封闭式和敞开式两种。在轴上铣封闭式键槽，一般用键槽铣刀加工，如图 9-31(a)所示。敞开式键槽多在卧式铣床上用三面刃铣刀进行加工，如图 9-31(b)所示。注意，在铣削键槽前，应做好对刀工作，以保证键槽的对称度。

若用立铣刀加工，则由于立铣刀中央无切削刃，不能向下进刀，因此必须预先在槽的一端钻一个落刀孔，这样才能用立铣刀铣键槽。

(2) 铣 T 形槽、燕尾槽

首先用立铣刀或三面刃铣刀铣出直角槽，然后在立铣上用 T 形槽铣刀铣削 T 形槽或用燕尾槽铣刀铣削燕尾槽。但由于 T 形槽铣刀工作时排屑困难，因此切削用量应选得小些，同时应多加冷却液，最后再用角度铣刀铣出倒角。如图 9-32所示。

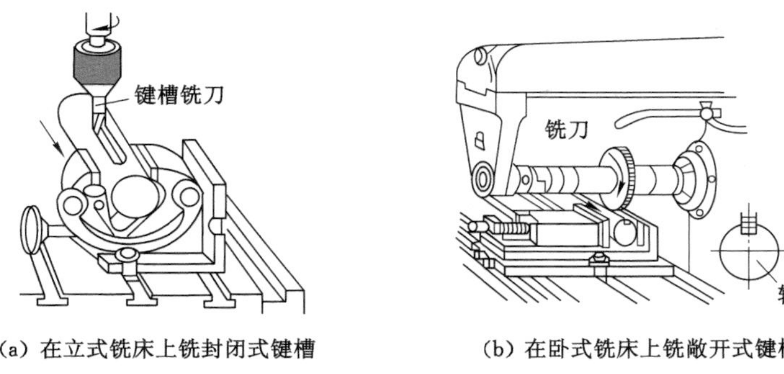

(a) 在立式铣床上铣封闭式键槽　　(b) 在卧式铣床上铣敞开式键槽

图 9-31　铣键槽

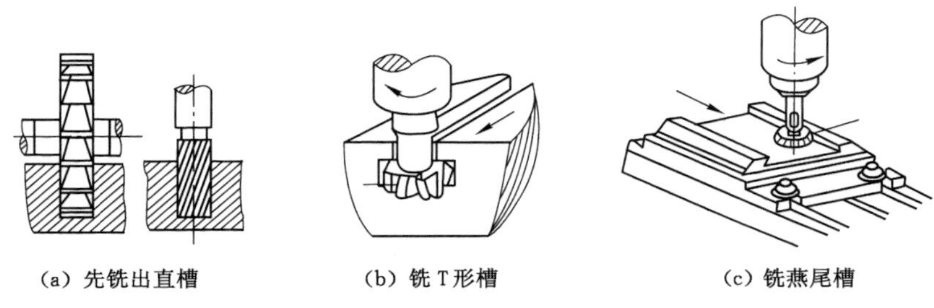

(a) 先铣出直槽　　(b) 铣 T 形槽　　(c) 铣燕尾槽

图 9-32　铣 T 形槽及燕尾槽

4. 铣成形面

成形面一般在卧式铣床上用成形铣刀来加工，如图 9-33(a)所示。成形铣刀的形状要与成形面的形状相吻合。如零件的外形轮廓由不规则的直线和曲线组成，这种零件就称为具有曲线外形表面的零件。这种零件一般在立式铣床上铣削，加工方法有：按画线用手动进给铣削；用圆形工作台铣削；用靠模铣削，如图 9-33(b)所示。对于要求不高的曲线外形表面，可按工件上画出的线迹移动工作台进行加工，顺着线迹将打出的样冲眼铣掉一半。在成批及大量生产中，可以采用靠模夹具或专用的靠模铣床来对曲线外形面进行加工。

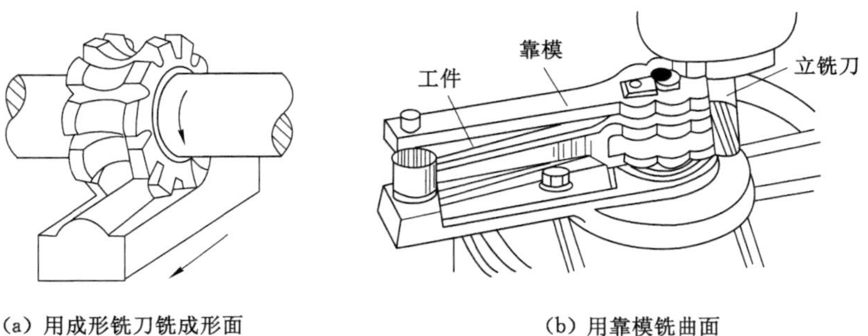

(a) 用成形铣刀铣成形面　　(b) 用靠模铣曲面

图 9-33　铣成形面

5. 铣齿形

齿轮齿形的加工原理可分为两大类:展成法(又称范成法)和成形法(又称形铣法)。展成法是利用齿轮刀具与被切齿轮的互相啮合运转而切出齿形的方法,如插齿和滚齿加工等;成形法是利用与被切齿轮齿槽形状相符的刀具切出齿形的方法,如图 9-34 所示在铣床上用盘状铣刀或指状铣刀加工齿形的方法即属于成形法。

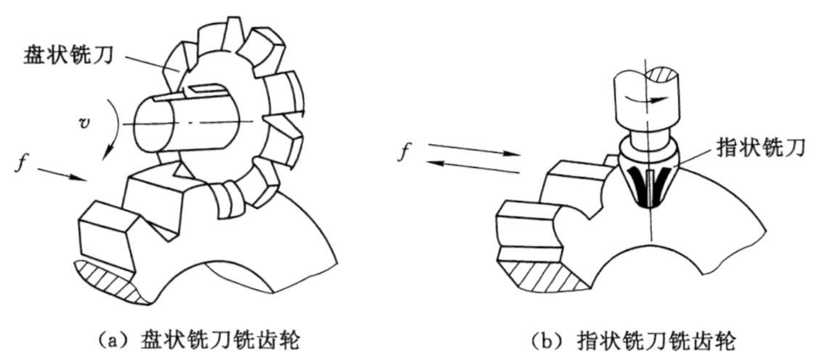

(a) 盘状铣刀铣齿轮　(b) 指状铣刀铣齿轮

图 9-34　用盘状铣刀和指状铣刀加工齿轮

铣削时,常用分度头和尾架装夹工件,如图 9-35 所示。可用盘状模数铣刀在卧式铣床上铣齿,如图 9-34(a)所示;也可用指状模数铣刀在立式铣床上铣齿,如图 9-34(b)所示。

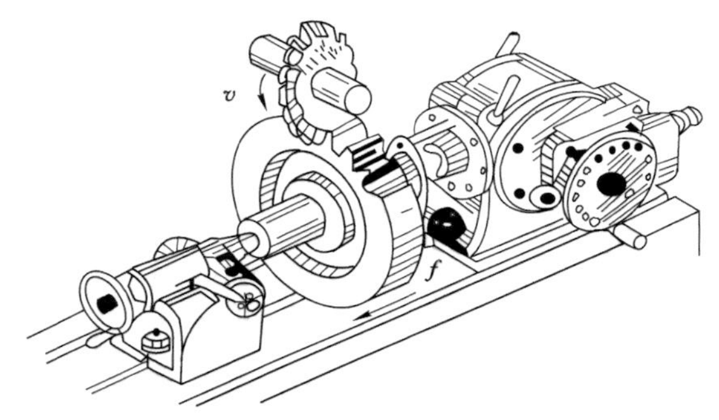

图 9-35　分度头和尾架装夹工件

圆柱形齿轮和圆锥齿轮,可在卧式铣床或立式铣床上加工;人字形齿轮在立式铣床上加工;蜗轮则可以在卧式铣床上加工。卧式铣床加工齿轮一般用盘状铣刀,而在立式铣床上则使用指状铣刀。

9.4 磨削

9.4.1 磨削概述

在磨床上用砂轮加工工件的工艺过程叫作磨削加工。磨削是金属切削加工中常用的精加工方法之一。磨削时,主运动是砂轮的高速旋转运动,进给运动与被磨削表面有关,可能有不同的形式。

1. 磨削加工的特点

(1) 磨削属多刃、微刃切削。磨削用的砂轮是由许多细小坚硬的磨粒用结合剂黏结在一起经焙烧而成的疏松多孔体，这些锋利的磨粒就像铣刀的切削刃，在砂轮高速旋转的条件下切入零件表面，故磨削是一种多刃、微刃切削过程。

(2) 加工尺寸精度高，表面粗糙度值低。磨削的尺寸精度可达 IT6～IT5，表面粗糙度 Ra 达 0.8～0.1 μm。高精度磨削时，尺寸精度可超过 IT5，表面粗糙度 Ra 值不大于 0.012 μm。

(3) 可加工材料广泛。由于磨料硬度极高，故磨削不仅可加工一般金属材料如碳钢、铸铁等，还可加工一般刀具难以加工的高硬度材料，如淬火钢、各种切削刀具材料及硬质合金等。

(4) 砂轮有自锐性。当作用在磨粒上的切削力超过磨粒的极限强度时，磨粒就会破碎，形成新的锋利棱角进行磨削；当此切削力超过结合剂的黏结强度时，钝化的磨粒就会自行脱落，使砂轮表面露出一层新鲜锋利的磨粒，从而使磨削加工能够继续进行。砂轮的这种自行推陈出新、保持自身锋利的性能称为自锐性。砂轮有自锐性可使砂轮连续进行加工，这是其他刀具没有的特性。

(5) 磨削温度高。磨削过程中的切削速度很高，会产生大量切削热，温度可超过 1 000 ℃。同时高温的磨屑在空气中发生氧化作用，产生火花。在如此高温下，将会使零件材料性能改变而影响质量。因此为了减少摩擦和迅速散热，降低磨削温度并及时冲走屑末，磨削时需使用大量切削液。

2. 磨削的应用

磨削加工作为零件的精加工方法，可以加工外圆、内孔、平面、沟槽、成形面，还可刃磨各种刀具等，如图 9-36 所示。此外，还可以进行铸件清理和毛坯的预加工等粗加工工作。

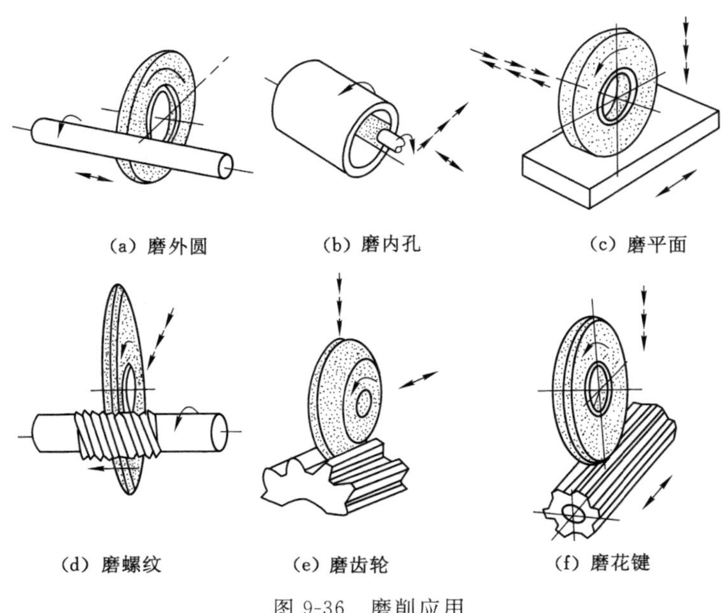

图 9-36　磨削应用

9.4.2 磨床

1. 外圆磨床

外圆磨床主要用于磨削圆柱形和圆锥形外表面，其中，万能外圆磨床还可以磨削内孔和内锥面。下面以 M1432A 型万能磨床为例进行介绍。

M1432A 型万能外圆磨床的外形简图如图 9-37 所示，其主要组成如下。

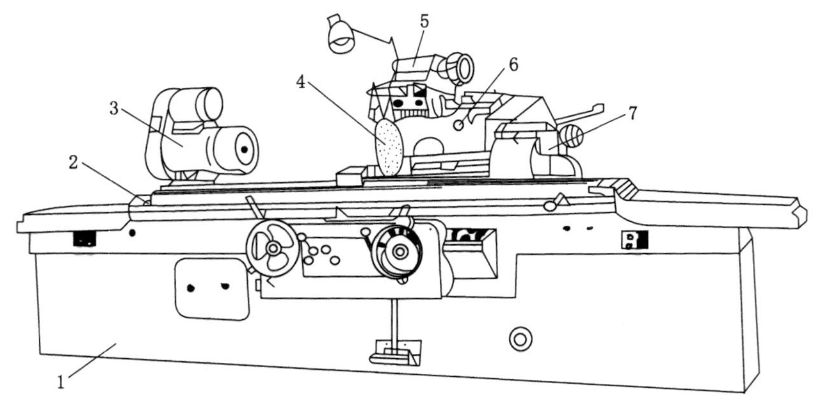

1—床身；2—工作台；3—头架；4—砂轮；5—内圆磨头；6—砂轮架；7—尾架。

图 9-37 M1432A 型万能外圆磨床

(1) 床身

床身用来支撑磨床的各个部件，上部装有工作台和砂轮架。床身上有两组导轨，可供工作台和砂轮架做纵向和横向移动。床身内部装有液压传动系统。

(2) 工作台

工作台由上、下两层组成，安装在床身和纵向导轨上，可沿导轨做往复直线运动，以带动工件做纵向进给。工作台面上装有头架和尾座。

(3) 砂轮架

砂轮架安装在床身的横向导轨上，用来安装砂轮。砂轮架可由液压传动系统实现沿床身横向导轨的移动，移动方式有自动间歇进给、快速进退，还可实现手动径向进给。砂轮座还可绕垂直轴线偏转一定角度，以便磨削圆锥面。砂轮由单独的电动机提供动力，经变速机构变速后实现高速旋转。

(4) 头架和尾架

头架的主轴端部可以安装顶尖、拨盘或卡盘，以便装夹工件。头架主轴由单独的电动机驱动，通过带传动及变速机构，使工件获得不同转速。头架可以在水平面内偏转一定角度，以便磨削圆锥面。尾座的套筒内装有顶尖，用来支撑较长工件。扳动尾座上的杠杆，顶尖套筒可缩进或伸出，并利用弹簧的压力顶住工件。

(5) 内圆磨头

内圆磨头的主轴上可安装磨削内圆的砂轮，用来磨削内圆柱面和内圆锥面。它可绕砂轮架上的销轴翻转，在使用时翻转到工作位置，不使用时翻向砂轮架上方。

2. 内圆磨床

内圆磨床主要用于磨削内圆柱面、内圆锥面及端面等。内圆磨床主要由床身、工作台、头架、砂轮架、砂轮修整器等部分组成，如图 9-38 所示。工作台由液压传动系统驱动，可实现不同速度的移动。头架可绕垂直轴偏转一定的角度，以磨削内圆锥面。内圆磨床的磨削运动与外圆磨床相近。

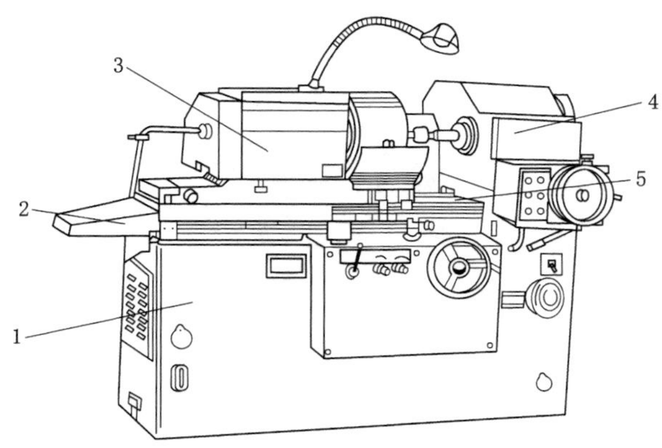

1—床身；2—工作台；3—头架；4—砂轮架；5—滑鞍。

图 9-38　M2120 型内圆磨床

3. 平面磨床

平面磨床主要用于磨削平面。平面磨床主要由床身、工作台、立柱、砂轮修整器、滑板和磨头等部分组成，如图 9-39。工作台安装在床身的纵向导轨上，其上装有电磁吸盘，用来装夹工件。工作台的纵向往复运动由液压传动系统驱动。磨头可沿滑板的水平导轨做横向进给运动。滑板可沿立柱的垂直导轨上下移动，以调整磨头的高低，提供垂直进给运动。

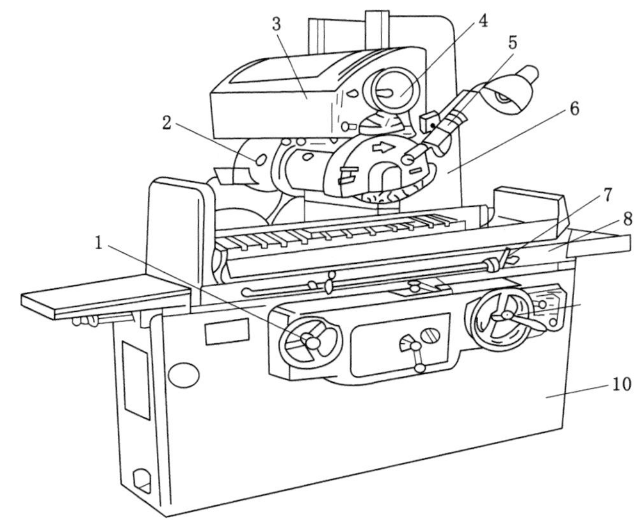

1—驱动工作台手轮；2—磨头；3—滑板；4—横向进给手轮；5—砂轮修整器；
6—立柱；7—行程挡块；8—工作台；9—垂直进给手轮；10—床身。

图 9-39　M7120A 型平面磨床

9.4.3 砂轮

砂轮是磨削的切削工具，它是由磨粒和结合剂构成的多空隙构件。磨粒、结合剂和空隙是构成砂轮的三要素。将砂轮表面放大，如图 9-40 所示，可以看到砂轮表面上杂乱地布满很多尖棱形多角的颗粒——磨粒，也称磨料，这些锋利的小磨粒就像铣刀的刀刃一样，磨削就是依靠这些小颗粒，在砂轮的高速旋转下切入工件表面。空隙起散热作用。

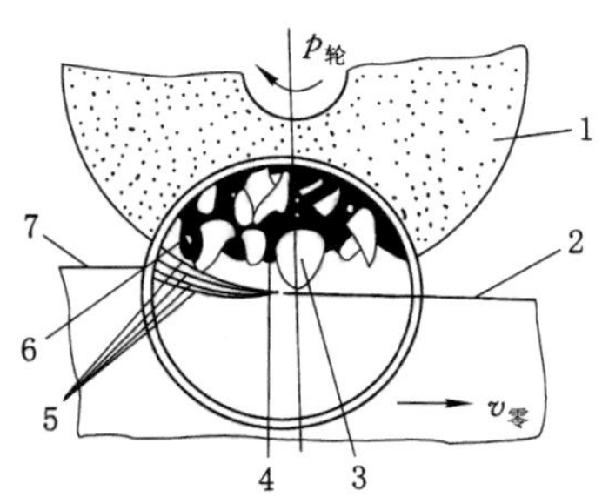

1—砂轮；2—已加工表面；3—磨粒；4—结合剂；5—切削表面；6—空隙；7—待加工表面。

图 9-40 砂轮的组成

1. 砂轮的特性及其选择

砂轮的特性对磨削的加工精度、表面粗糙度和生产率有很大影响。砂轮的特性包括磨料、粒度、结合剂、形状和尺寸等。

磨料直接担负着切削工作，必须硬度高、耐热性好，还必须有锋利的棱边和一定的强度。常用磨料有刚玉类、碳化硅类和超硬磨料。常用的刚玉类、碳化硅类磨料的代号、特点及适用范围见表 9-2。

表 9-2 常用磨料特点及其用途

磨料名称	代号	特点	用途
棕刚玉	A	硬度高，韧性好，价格较低	适合磨削各种碳钢、合金钢和可锻铸铁等
白刚玉	WA	比棕刚玉硬度高，韧性低，价格较高	适合于加工淬火钢、高速钢和高碳钢
黑色碳化硅	C	硬度高，性脆而锋利，导热性好	用于磨削铸铁、青铜等脆性材料及硬质合金刀具
绿色碳化硅	GC	硬度比黑色碳化硅更高，导热性好	主要用于加工硬质合金、宝石、陶瓷和玻璃等

粒度是指磨粒颗粒的大小。粒度号数字越大，颗粒越小。粗颗粒用于粗加工及磨削软材料，细颗粒用于精加工。

硬度是指砂轮上磨料在外力作用下脱落的难易程度。它取决于结合剂的结合能力及所占比例，与磨料硬度无关。磨粒易脱落，表明砂轮硬度低，反之则表明砂轮硬度高。硬度分 7 大级（超软、软、中软、中、中硬、硬、超硬），16 小级。砂轮硬度选择原则如下：① 磨削硬材，选软砂轮；磨削软材，选硬砂轮。② 磨导热性差的材料，不易散热，选软砂轮以免烧伤工件。③ 砂轮与工件接触面积大时，选较软的砂轮。④ 成形磨、精磨时，选硬砂轮；粗磨时选较软的砂轮。大体上说，磨硬金属时，用软砂轮；磨软金属时，用硬砂轮。

结合剂的作用是将磨粒黏结在一起，使之成为具有一定强度和形状尺寸的砂轮。常用结合剂有陶瓷结合剂（代号为 V）、树脂结合剂（代号为 B）、橡胶结合剂（代号为 R）、金属结合剂（代号为 M）等。

砂轮的组织是指砂轮中磨料、结合剂和空隙三者间的体积比例关系。磨料所占的体积越大砂轮的组织越致密，砂轮的组织由 0～14 共 15 个号组成，号数越小，表示组织越致密。致密组织成形性好，加工质量高，适于成形磨、精密磨和强力磨削；中等组织适于一般磨削工作，如磨淬火钢、刀具刃磨等；疏松组织不易堵塞砂轮，适于粗磨、磨软材、磨平面、磨内圆等。

根据机床结构与磨削加工的需要，砂轮制成各种形状和尺寸。为了便于选用，通常将砂轮的特性代号印在砂轮的非工作表面上，如 P400×50×203WA46K5V35，其含义如下：P 表示砂轮的形状为平形，400×50×203 中数字分别表示砂轮的外径、厚度和内径尺寸，WA 表示砂轮的磨料为白刚玉，46 表示砂轮的粒度为 46 号，K 表示砂轮的硬度为 K 级，5 表示砂轮的组织为 5 号，V 表示砂轮的结合剂为陶瓷，35 表示砂轮允许的最高磨削速度为 35 m/s。

2. 砂轮的安装与平衡

砂轮因在高速下工作，安装时应首先检查外观确保没有裂纹，再用木槌轻敲，如果声音嘶哑，则禁止使用（破裂后碎片会飞出伤人）。砂轮的安装方法如图 9-41 所示。为使砂轮工作平稳，一般直径大于 125 mm 的砂轮都要进行平衡试验，如图 9-42 所示。将砂轮装在心轴 2 上，再将心轴放在平衡架 6 的平衡轨道 5 的刃口上。若不平衡，较重部分总是转到下面。这时可移动法兰盘端面环槽内的平衡铁 4 进行调整。经反复平衡试验，直到砂轮可在刃口上任意位置都能静止，即说明砂轮各部分的质量分布均匀。这种方法称为静平衡。

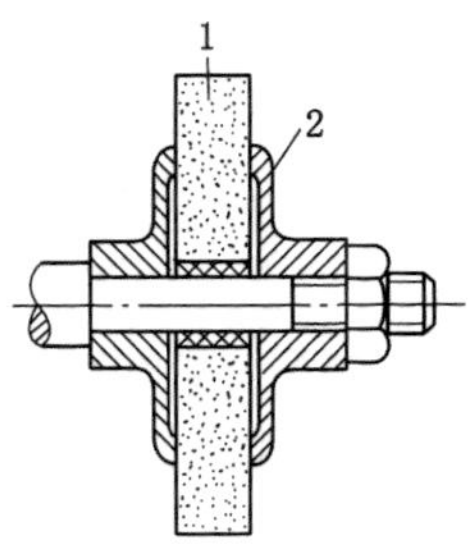

1—砂轮；2—弹性垫板。

图 9-41　砂轮的安装

3. 砂轮的修整

砂轮工作一定时间后，磨粒逐渐变钝，这时必须修整。修整时，将砂轮表面一层变钝的磨粒切去，使砂轮重新露出完整锋利的磨粒。砂轮常用金刚石笔进行修整，如图 9-43 所示。修整时要使用大量的冷却液，以免金刚石因温度急剧升高而破裂。砂轮修整除用于磨损砂轮外，还用于以下场合：① 砂轮被切屑堵塞；② 部分工件材料粘结在磨粒上；③ 砂轮廓形失真；④ 精密磨中的精细修整。

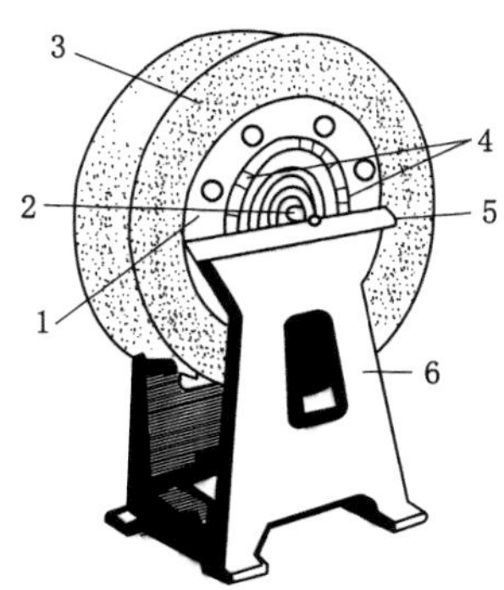

1—砂轮套筒;2—心轴;3—砂轮;4—平衡铁;5—平衡轨道;6—平衡架。

图 9-42 砂轮的平衡试验

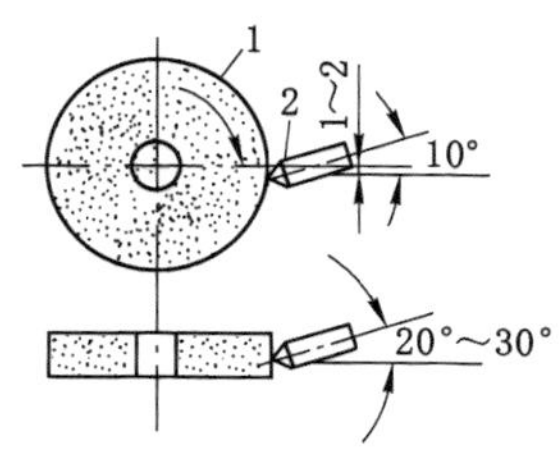

1—砂轮;2—金刚石笔。

图 9-43 砂轮的修整示意图

9.4.4 磨削工艺

由于磨削的加工精度高,表面粗糙度值小,能磨高硬脆的材料,因此应用十分广泛。现仅就内外圆柱面、圆锥面及平面的磨削工艺进行讨论。

1. 外圆磨削

外圆磨削是一种基本的磨削方法,它适于轴类及外圆锥零件的外表面磨削。在外圆磨床上磨削外圆常用的方法有纵磨法、横磨法和综合磨法等 3 种。

(1) 纵磨法

如图 9-44(a)所示,磨削时,砂轮高速旋转起切削作用(主运动),零件转动(圆周进给)并与工作台一起做往复直线运动(纵向进给),当每一纵向行程或往复行程终了时,砂轮做周期性横向进给(背吃刀量)。每次背吃刀量很小,磨削余量是在多次往复行程中磨去的。当零件加工到接近最终尺寸时,采用无横向进给的几次光磨行程,直至火花消失为止,以提高零件的加工精度。纵向磨削的特点是具有较大适应性,一个砂轮可磨削长度不同、直径不等的各种零件,且加工质量好,但磨削效率较低。目前生产中,特别是单件、小批生产以及精磨时广泛采用这种方法,尤其适用于细长轴的磨削。

(2) 横磨法

如图 9-44(b)所示,横磨削时,采用砂轮的宽度大于零件表面的长度,零件无纵向进给运动,而砂轮以很慢的速度连续地或断续地向零件做横向进给,直至余量被全部磨掉为止。

横磨的特点是生产率高，但精度及表面质量较低。该法适于磨削长度较短、刚性较好的零件。当零件磨到所需的尺寸后，如果需要靠磨台肩端面，则将砂轮退出 0.005～0.01 mm，手摇工作台纵向移动手轮，使零件的台肩端面贴靠砂轮，磨平即可。

(3) 综合磨法

如图 9-44(c)所示，先用横磨分段粗磨，相邻两段间有 5～15 mm 重叠量，然后将留下的 0.01～0.03 mm 余量用纵磨法磨去。当加工表面的长度为砂轮宽度的 2～3 倍及以上时，可采用综合磨法。综合磨法能集纵磨、横磨法的优点为一身，既能提高生产效率，又能提高磨削质量。

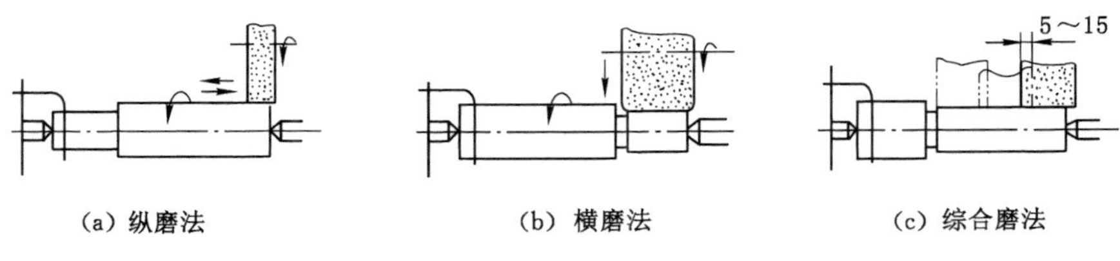

图 9-44　磨削方法

2. 内圆磨削

内圆磨削方法与外圆磨削相似，只是砂轮的旋转方向与磨削外圆时相反，操作方法以纵磨法应用最广。其生产率较低，磨削质量较低。原因是受零件孔径限制，砂轮直径较小，砂轮圆周速度较低，所以生产率较低。又由于冷却排屑条件不好，砂轮轴伸出长度较长，使得表面质量不易提高。但由于磨孔具有万能性，不需成套刀具，故在单件、小批生产中应用较多，特别是对于淬火零件，磨孔仍是精加工孔的主要方法。砂轮在零件孔中的接触位置有两种：一种是与零件孔的后面接触，如图 9-45(a)所示，这时冷却液和磨屑向下飞溅，不影响操作人员的视线和安全；另一种是与零件孔的前面接触，如图 9-45(b)所示，情况正好与上述相反。通常，在内圆磨床上采用后面接触。而在万能外圆磨床上磨孔，应采用前面接触方式，这样可采用自动横向进给。若采用后接触方式，则只能手动横向进给。

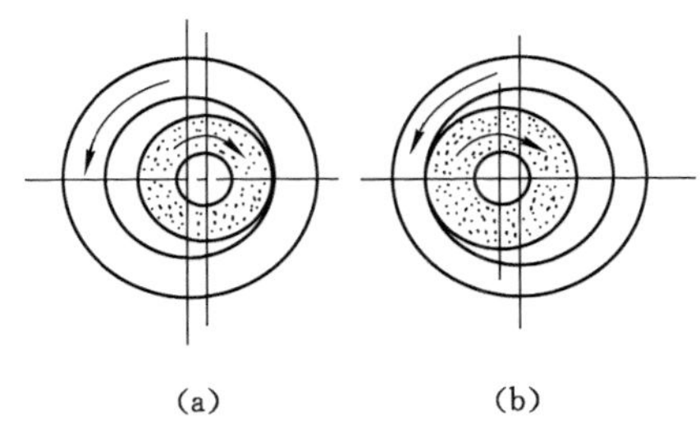

图 9-45　砂轮与零件的接触形式

3. 平面磨削

平面磨削常用的方法有周磨和端磨两种。周磨是在卧轴矩形工作台平面磨床上以砂轮圆周表面磨削零件；端磨是在立轴圆形工作台平面磨床上以砂轮端面磨削零件，如图 9-46

所示。两种磨削方法的特点比较见表 9-3。

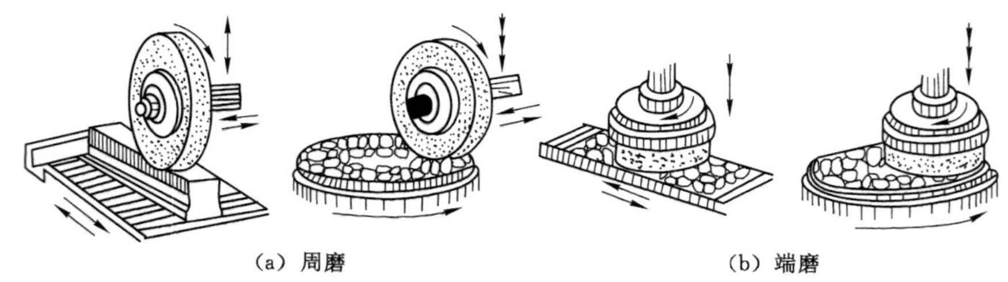

(a) 周磨 (b) 端磨

图 9-46 平面磨削

表 9-3 周磨和端磨的比较

分类	砂轮与零件的接触面积	排屑及冷却条件	零件发热变形	加工质量	效率	适用场合
周磨	小	好	小	较高	低	精磨
端磨	大	差	大	低	高	粗磨

4. 圆锥面磨削

磨削外圆锥面与磨削外圆的主要区别是工件和砂轮的相对位置不同。在磨削外圆锥面时工件轴线相对砂轮轴线偏斜一圆锥斜角。常用转动工作台或转动头架的方法来磨外圆锥面,如图 9-47 所示。转动工作台法大多用于锥度较小、锥面较长的零件。转动零件头架法常用于锥度较大、锥面较短的内外圆锥面。

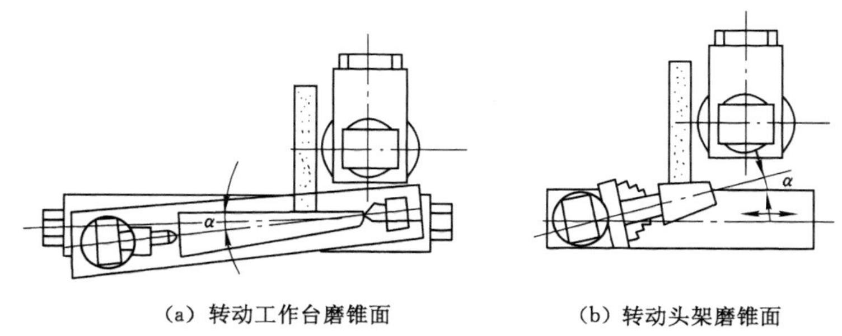

(a) 转动工作台磨锥面 (b) 转动头架磨锥面

图 9-47 磨外圆锥面

复习思考题

1. 铣削的主运动和进给运动各是什么?
2. 铣床能加工哪些表面?各用什么刀具?
3. 铣床主要有哪几类?卧铣和立铣的主要区别是什么?
4. 逆铣和顺铣相比,其突出优点是什么?
5. 刨削加工有何特点?

6. 刨削的主运动和进给运动各是什么?

7. 牛头刨床主要由哪几部分组成?各有何功能?

8. 磨削时用大量切削液的目的是什么?

9. 常见的磨削方式有哪几种?

10. 平面磨削常用的方法有哪几种?各有何特点?如何选用?

第10章 数控加工技术

【学习要点及工程思政】

1. 实训要求

(1) 了解数控机床的型号、功用、组成。

(2) 掌握数控机床的坐标系及常用编程指令。

(3) 掌握数控编程方法,能对一般轴类、盘类、套类零件及平面类零件进行编程。

(4) 掌握一般零件的加工工艺,会选择相应的工具、夹具、量具。

(5) 能够自行设计零件并借助数控机床进行成品的加工。

2. 实训操作规程

(1) 进入实训场地要听从指导教师安排,安全着装,认真听讲,仔细观摩,严禁嬉戏打闹,保持场地干净整洁。

(2) 必须先学习安全操作规程,在掌握相关设备和工具的正确使用方法后,才能进行操作。未经许可或指导教师不在场的情况下,严禁私自开机。

(3) 数控车床、数控铣床、加工中心、数控雕铣机为贵重精密设备,必须严格按机床操作规程进行操作。

(4) 对机床数控系统内部存储的所有参数,严禁私自打开、改动和删除。

(5) 严禁将未经指导老师验证的程序输入数控装置进行零件加工。

(6) 加工前,必须认真检查工件、刀具安装是否牢固、可靠。设备上严禁堆放工件、夹具、刀具、量具等物品。

(7) 工件加工时,严禁用手触摸工件和刀具,更换工件时必须停车进行。操作者必须密切关注机床的加工过程,不得擅自离开工作岗位。

(8) 操作时,必须明确系统当前状态,并按各状态的操作流程操作。

(9) 加工过程出现异常或系统报警后,应及时停机并报告指导老师,待一切处理正常后方可继续操作。

(10) 实训结束后,关闭电源,整理好工具,擦净机床并做好机床的维护保养工作。

3. 工程思政

◆ 多能一专的技术技能复合型人才

陈行行,中国工程物理研究院机械制造工艺研究所高级技师,获得过全国五一劳动奖章、全国技术能手、四川工匠等荣誉。2019年,陈行行当选2018年"大国工匠年度人物"。

成长于山东乡村的陈行行,毕业于技工院校。在校期间,热爱技术的他先后学习了电工、焊工、钳工、制图、数控车等八个工种，并相应考取了这八个工种的12本职业资格证书。从2009年参加工作至今，陈行行掌握了多种铣削加工参数化编程方法、精密类零件铣削及尺寸控制方法等多项技术和工艺。

2015年，陈行行接到一个任务，制作国家某重大专项分子泵项目核心零部件动叶轮。动叶轮的材料刚性差，表面要求高，薄壁叶片数量众多，对加工的一致性要求极高，其制作难度可想而知。有没有既能提高效率又能质量达标的办法呢？深思熟虑之后陈行行对动叶轮进行了新的设计，通过合理选用刀具，挖掘并应用多个设备的高级功能，最终做出了整体加工的动叶轮："加工效果非常好，由原来加工时间需要9个小时到现在需要2个小时，效率提高了4倍多，主要是加工质量得到大幅度提高。"

小时候，陈行行就喜欢把自行车、电视的零部件拆散重装，看个究竟。长大后，陈行行的理想是成为一名优秀的产业工人、技术工人。他主动选择到技校读书，上课时坐在第一排中间的位置听课。从2008年到如今，他先后参加了十余次各级别、各层次的职业技能大赛，多次获奖。乐在其中的陈行行说，正是有一次次的比赛和高强度训练的压力，才使他迅速提升了技术水平。

作为中国制造业的一名高级技术工人，陈行行一次次向技艺极限冲击。比如，用在某尖端装备上的薄薄壳体，通过陈行行的手，产品合格率从以前难以逾越的50%提升到100%；用比头发丝还细的0.02 mm刀头，在直径不到2厘米的圆盘上打出36个小孔，难度超过"用绣花针给老鼠种睫毛"。对工艺的执着追求，让年轻的陈行行做到很多别人做不到的事。

陈行行坦言，想成为一名优秀的技术工人，仅仅依靠在学校里学的知识是远远不够的，还需要在毕业之后、工作以后静下心来、耐得住寂寞去钻研。"要不断学习新的知识和技术，不断积累经验，总结提高自己。有时候我在钻研问题的时候会不眠不休，这时候会收获很多快乐。现在我身边有很多非常优秀的技工人员，他们不仅可以干得一手好活，而且他们的技术技能都是非常精湛的，这种硬核实力带给我们的自豪感、荣誉感是其他东西无法比拟的。"

如今，成为高级技师的陈行行还带领着两个高技能人才团队进行技术创新，团队中的大部分人员都毕业于职业技术类学校，他们共同的理想就是做新时代复合型高技能人才，为国家的发展贡献自己的力量。陈行行说，敢想敢干、苦干实干、能干巧干的优秀品质，以及干一行、爱一行、精一行的敬业精神永远都不会过时。他想告诉现在的年轻人，你要想好以什么样的态度来度过你的一生，态度将会决定你人生的质量："现在我们国家的高技能人才，尤其是顶尖的高技能人才是非常短缺和珍贵的，成为优秀技能人才，一样可以拿到很好的收入，一样可以有很好的职业发展前景，一样可以实现自己的人生理想与价值。能够通过技能报效祖国，是我们这一代年轻人无比光荣的事情。"

陈行行表示，他的职业生涯刚经历了第一个十年，后面的路还很长。今后的工作生涯中，他会不断学习新知识、新技术，提升自己的技能水平，为实现个人梦想，也为工作单位及国家发展贡献自己的力量，不辜负这个美好的时代。

10.1 数控加工基础

数控机床(numerical control machine tool,NCMT)是一种采用数字化信号以一定的编码形式通过数控系统来实现自动加工的机床,即装备了数控系统的机床。

数控加工是把工件的工艺过程(如加工顺序、加工类别)、工艺参数(如主轴转速、进给速度、刀具尺寸等)以及刀具与工件的相对位移量,用数控语言编写成加工程序单,然后将程序输入数控装置,通过数控机床完成各种操作,加工出所需零件。数控加工可实现多品种、小批量、高质量、高生产率和低成本等的加工要求。

10.1.1 数控机床的工作原理

1. 数控机床的组成

现代的数控机床如图 10-1 所示。

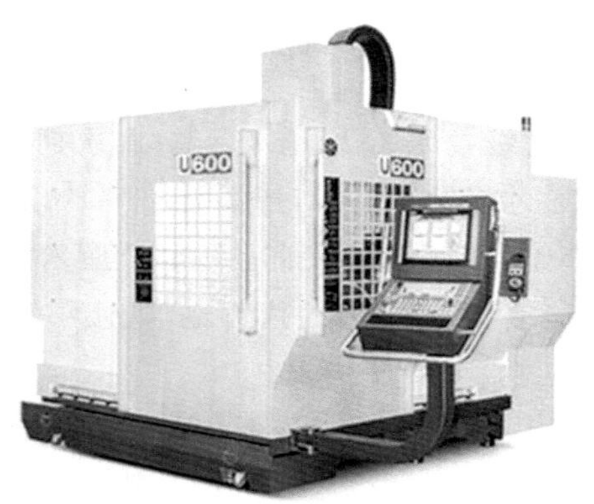

图 10-1 现代数控机床

数控机床除机床基础件外,主要由以下 7 个部分组成:

(1) 主传动系统;

(2) 伺服系统;

(3) 进给系统;

(4) 工件实现回转、定位的装置及附件;

(5) 自动换刀装置;

(6) 实现某些动作和辅助功能的装置,如液压、气动、润滑、冷却、排屑、防护装置;

(7) 实现其他特殊功能的装置,如监控装置、加工过程图形显示、精度检测等。

2. 数控机床的工作原理

用数控机床加工零件时,根据零件图样要求和加工工艺,将所有刀具参数、刀具运动轨迹与速度、主轴转速和旋转方向、冷却等辅助操作以及相互间的先后顺序,以规定的数控代码形式编制成程序,并输入到数控系统中。数控系统将输入程序进行处理后,向机床各坐标轴的伺服系统及辅助装置发出指令,驱动机床各运动部件及辅助装置进行有序的动作,实现刀具与工件的相对运动，加工出符合要求的零件。其工作原理如图 10-2 所示。

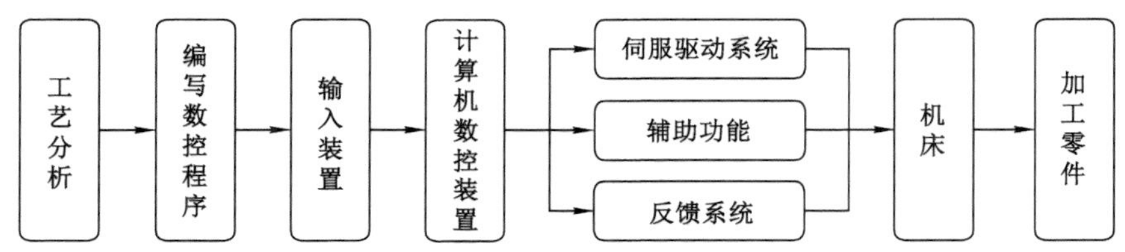

图 10-2　数控机床的工作原理

10.1.2　数控编程基础

1. 数控机床的坐标系

(1) 规定原则

数控机床坐标系是为了确定工件在机床中的位置、机床运动部件的特殊位置（如换刀点、参考点）以及运动范围等而建立的几何坐标系。我国现行国标《工业自动化系统与集成 机床数值控制坐标系和运动命名》(GB/T 19660—2005)与 ISO 841 等效。

① 标准的坐标系采用右手直角笛卡儿坐标系，图 10-3 所示中规定了三个移动坐标和三个回转坐标的顺序和方向，指尖指向各坐标轴的正方向，即增大刀具和工件距离的方向，同时规定分别平行于 X、Y、Z 轴的第一组附加轴为 U、V、W，第二组附加轴为 P、Q、R。

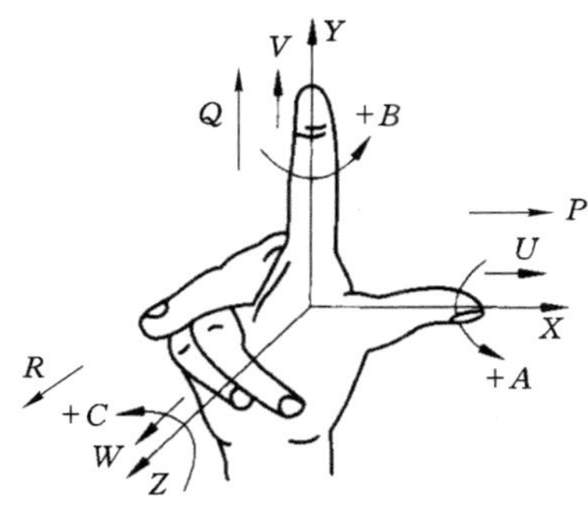

图 10-3　右手直角笛卡儿坐标系

② Z 坐标的确定：Z 坐标是传递切削力的主轴，坐标正方向是使刀具远离工件的方向。

③ X 坐标的确定：X 坐标是水平的，平行于工件的装夹面，增大刀具与工件距离的方向为正向。

Y 轴在 Z 轴和 X 轴确定后按右手定则确定其位置和方向。

图 10-4 所示为卧式车床与立式升降台铣床的坐标系。

(2) 机床原点

机床原点又称为机械原点或机床零点，是机床坐标系的原点，该点是机床上的一个固定的点，其位置由机床生产厂商确定，不允许用户改变。它是工件坐标系、机床参考点的基准点。数控车床的机床原点一般设在卡盘前端面或后端面的中心，如图 10-4(a)所示。数控铣床的机床原点，有的设在机床工作台的中心，有的设在进给行程的终点，如图 10-4(b)所示。

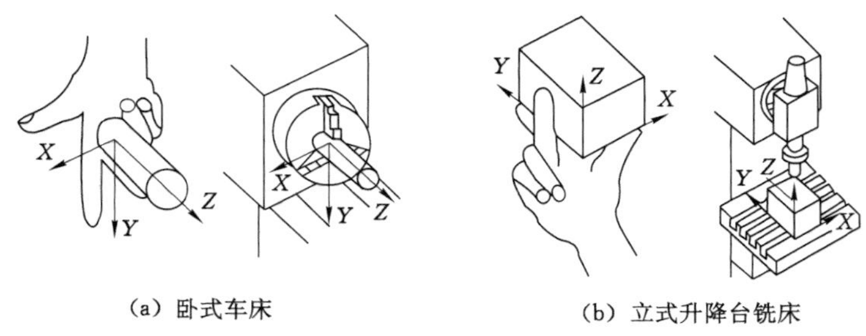

图 10-4　卧式车床与立式升降台铣床的坐标系

(3) 机床参考点

机床参考点是机床坐标系中的一个固定不变的位置点，是用于对机床工作台、滑板与刀具相对运动的测量系统进行标定和控制的点，如图 10-5 所示。数控机床开机时，必须先确定机床参考点，即进行刀架返回参考点的操作，只有机床参考点确定之后，刀具(或工作台)移动才有依据，编程操作才有基准。

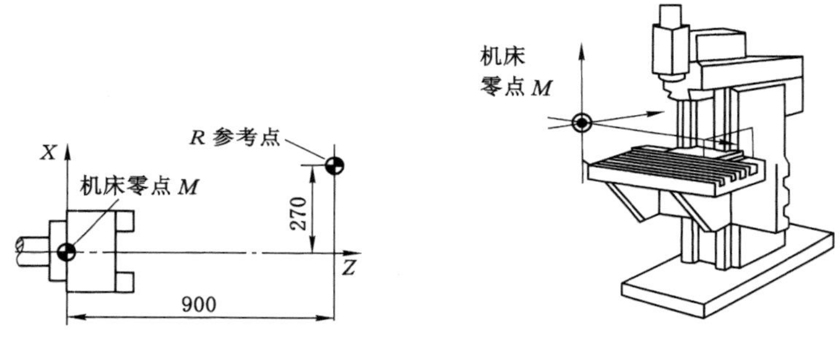

图 10-5　数控机床的机床原点与机床参考点

2. 工件坐标系

工件坐标系是用于确定工件几何图形上各几何要素(点、线等)的位置而建立的坐标系，又称编程坐标系，是编程人员在编程时设定的。工件坐标系的建立，包括坐标系原点的选择和坐标轴的确定。

工件坐标系原点也称为工件原点(工件零点)或编程原点(编程零点)，是由编程人员根据编程计算方便性、机床调整方便性、对刀方便性、在毛坯上位置确定的方便性等具体情况定义的工件几何基准点，一般为零件图上最重要的设计基准点。编程人员以零件图上的某一固定点为原点建立工件坐标系，编程尺寸均按工件坐标系中的尺寸给定，编程是按工件坐标系进行的。

数控车床工件坐标系原点一般设在主轴中心线与工件的右端面或左端面的交点上(见图 10-6)。图 10-6 中，XOZ 为工件坐标系。

数控铣床工件零点一般选在工件外轮廓的某一个角上或中心处，铣削深度方向的零点

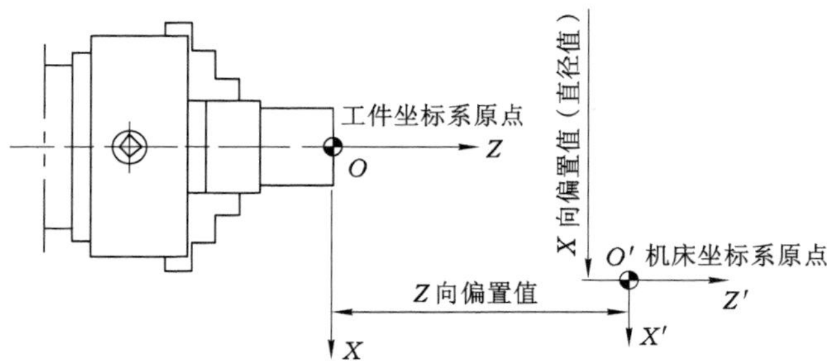

图 10-6　数控车床的工件坐标系

一般取在工件表面(见图 10-7)。

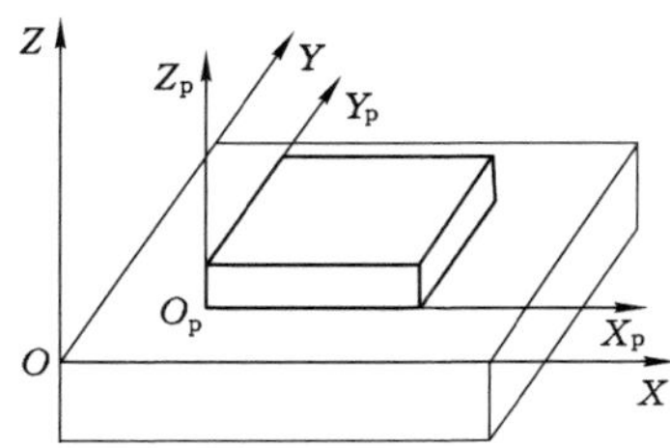

图 10-7　数控铣床的工件坐标系

3. 数控系统的功能指令

在编程时，对机床操作的各个动作，如机床主轴的开、停、换向，刀具的进给方向，切削液的开、关等，都要用指令的形式给予规定，这类指令称为功能指令。数控程序所用的功能指令，主要有准备功能 G 指令、辅助功能 M 指令、进给功能 F 指令、主轴转速功能 S 指令和刀具功能 T 指令等几种。

(1) 准备功能指令——G 指令

G 指令是使数控机床准备为某种运动方式的代码。G 指令通常由地址 G 及其后的两位数字表示，通常从 G00～G99，为 100 种。

表 10-1 所示为 GB/T 38267—2019、FANUC 与 SIEMENS 数控系统的 G 指令功能的对照表。

表 10-1　G 指令功能对照表

代码	分组	GB/T 38267—2019	FANUC OTJ 系统	SIEMENS 810T 系统
G00	00	点定位	点定位	点定位
G01		直线插补	直线插补	直线插补
G02		顺时针圆弧插补	顺时针圆弧插补	顺时针圆弧插补
G03		逆时针圆弧插补	逆时针圆弧插补	逆时针圆弧插补
G04	00	暂定	暂定	暂定
G05	—	不指定	—	—
G06	01	抛物线插补	—	仿样插补

表 10-1(续)

代码	分组	GB/T 38267—2019	FANUC OTJ 系统	SIEMENS 810T 系统
G07	00	不指定	—	—
G08		加速	—	最短路径绝对尺寸
G09		减速	—	减速,精确定位(停)
G10	07	不指定	数据设定	极坐标编程,快进
G11		不指定	数据设定	极坐标编程,线性插补
G12	18	不指定	数据设定	极坐标编程,顺时针圆弧插补
G13		不指定	数据设定	极坐标编程,逆时针圆弧插补
G15	16	选择极坐标输入	—	—
G16		选择笛卡尔坐标输入		
G17	02	X-Y 平面选择	X-Y 平面选择	X-Y 平面选择
G18		Z-X 平面选择	Z-X 平面选择	Z-X 平面选择
G19		Y-Z 平面选择	Y-Z 平面选择	Y-Z 平面选择
G20	08	不指定	米制数据输入	米制数据输入
G21		不指定	英制数据输入	英制数据输入
G22	17	不指定	扩大存储行程限位功能接通	—
G23		不指定	扩大存储行程限位功能接通	—
G24	03	不指定	—	—
G25		不指定	变轴变动检测接通	最小工作区域限制
G26		不指定	变轴变动检测轴断	最大工作区域限制
G27	00	不指定	返回参考点检测	—
G28		不指定	返回参考点	—
G29		不指定	—	—
G30		不指定	返回第二、三、四参考点	—
G31	00	不指定	跳过功能	—
G32	—	不指定	螺纹切削	—
G33	01	螺纹切削等螺距	选择功能	螺纹切削,等螺距
G34		螺纹切削增螺距	可变导程螺纹切削	螺纹切削,线性增螺距
G35		螺纹切削减螺距	—	螺纹切削,线性减螺距
G36	17	—	自动刀具补偿 X	—
G37		—	自动刀具补偿 Z	—
G38～39		永不指定	—	—
G40	09	刀具补偿/偏置注销	取消刀具 R 补偿	取消刀具 R 补偿
G41		刀具补偿—左	刀具 R 补偿—左	刀具 R 补偿—顺时针方向
G42		刀具补偿—右	刀具 R 补偿—右	刀具 R 补偿—逆时针方向

表 10-1(续)

代码	分组	GB/T 38267—2019	FANUC OTJ 系统	SIEMENS 810T 系统
G43	10	刀具偏置—正	—	—
G44		刀具偏置—负	—	—
G45	—	—	—	—
G46		—	—	—
G47		—	—	—
G48		—	—	—
G49	10	取消刀具长度补偿	—	—
G50	04	取消比例缩放	设定坐标系及主轴最高转速	取消比例缩放调试
G51		比例缩放	—	比例缩放修调
G52	00	局部坐标设定	—	—
G53		机械坐标生效	—	零点偏置取消
G54	11	零偏移	—	零点偏置 1
G55		零偏移	—	零点偏置 2
G56		零偏移	—	零点偏置 3
G57		零偏移	—	零点偏置 4
G58		零偏移	—	可编程的零点偏置 1
G59		零偏移	—	可编程的零点偏置 2
G60	00	单方向定位	—	减速，精确定位(停)
G61	12	准停	—	—
G62	—	不指定	—	连续路径加工，程序转换时有减速
G63	—	不指定	—	无编码器的攻螺纹
G64	12	连续路径模式	—	连续路径加工，程序转换时有减速
G65	00	宏程序调用，一次调用	调出宏程序	—
G66	—	不指定	模态调出宏程序	—
G67	—	不指定	取消模态调出宏程序	—
G68	05	旋转变换	双刀架镜像接通	—
G69		取消旋转变换	双刀架镜像断开	—
G70	06	车床固定循环	精加工循环	英制输入
G71			外圆粗车循环	米制输入
G72			断面粗车循环	—
G73			封闭切削循环	—
G74			调面切削循环	—
G75			外圆/内孔沟槽切削循环	—
G76			复合型螺纹切削循环	—

表 10-1(续)

代码	分组	GB/T 38267—2019	FANUC OTJ 系统	SIEMENS 810T 系统
G77～79	—	不指定	—	—
G80	06	铣床固定循环	取消用于钻孔的固定循环	取消 G81～G89
G81			—	调用循环子程序 L81 钻中心孔
G82			—	调用循环子程序 L82 钻孔
G83			正面钻孔循环	调用循环子程序 L83 钻深孔
G84			正面攻螺纹循环	调用循环子程序 L84 有编码攻螺纹
G85			正面镗孔循环	调用循环子程序 L85 镗孔 1
G86			—	调用循环子程序 L86 镗孔 2
G87			侧面钻孔循环	调用循环子程序 L87 镗孔 3
G88			侧面攻螺纹循环	调用循环子程序 L88 镗孔 4
G89			侧面镗孔循环	调用循环子程序 L89 镗孔 5
G90	13	绝对尺寸	外圆内孔车削循环	绝对尺寸
G91		增量尺寸	增量尺寸	增量尺寸
G92	00	工件坐标系设定	螺纹切削循环	在地址 S 下设置主轴转速限制
G93	14	时间倒数,进给率	—	—
G94		每分钟进给	断面车削循环	每分钟进给
G95		主轴每转进给	—	每转进给
G96	19	恒线速度	线速恒定控制	恒线速度控制
G97		取消恒线速度控制	取消线速恒定控制	取消 G96,存储 G96 最后设定的转速
G98	15	返回起始点	每分钟进给(返回初始平面)	—
G99		返回 R 点	每转进给(返回 R 点平面)	—
G100～G999	—	不指定	—	—
G110		—	—	极坐标编程取到达的位置为新的极点
G111		—	—	极坐标编程用角度和半径编新极点坐标
G112		—	极坐标插补方式	—
G113		—	取消极坐标插补方式	—

(2) 辅助功能指令——M 指令

辅助功能 M 代码用于主轴的旋转方向、启动、停止，切削液的开关，工件或刀具的夹紧或松开等功能。辅助功能指令由地址符 M 和其后的两位数字组成。M 代码常因生产厂家及机床的结构和规格不同而各异，表 10-2 所示为 GB/T 38267—2019、FANUC 与 SIEMENS 数控系统的 M 指令功能含义的对照表。

表 10-2　M 指令功能对照表

代码	GB/T 38267—2019	FANUC OTJ 系统	SIEMENS 810T 系统
M00	程序停止	程序停止	程序停止(无条件)
M01	计划停止	程序停止(选择停止)	程序停止(无条件)
M02	程序停止	程序结束	程序结束(在最后一个程序段)
M03	主轴顺时针转动	主轴正转	主轴顺时针方向转动
M04	主轴逆时针转动	主轴反转	主轴逆时针方向转动
M05	主轴停止	主轴停止	主轴停止，无定位
M06	换刀	—	—
M07	冷却液开	2 号切削液开	2 号切削液开
M08	冷却液开	1 号切削液开	1 号切削液开
M09	冷却液关	切削液关	切削液关
M10	卡紧	—	—
M11	松开	—	—
M17	不指定	—	子程序结束，在子程序的最后一个程序段
M19	主轴定向	—	主轴定位停止、在地址 S 下以角度定位
M20	主轴定向取消	—	—
M30	程序结束	程序结束	程序结束(在最后一个程序段)
M36	进给范围 1	—	以 F 编程的进给速率进给
M37	进给范围 2	—	以 mm/min 或 mm/r 的 1∶100 减小比率进给
M60	交换工件	—	—
M70	—	—	测量循环子程序的定位执行
M91、M92	—	—	换刀，返回子程序
M93	—	—	凹槽加工循环子程序
M95	—	—	模块切削循环子程序
M97	—	—	螺纹切削循环子程序
M98	子程序调用	子程序调出	深孔加工循环子程序
M99	子程序结尾	子程序结束	螺纹链加工循环子程序

4. 编程的一般步骤

编程，即把零件的工艺过程、工艺参数及其他辅助动作，根据动作顺序，按数控机床规定的指令、格式编写成加工程序，再记录于控制介质(程序载体)输入数控装置，从而指挥机床加工。手工编程的一般步骤为：

(1) 分析工件图样，确定工艺方案。包括确定加工方法、加工顺序、工步顺序、定位、夹紧方式等。

(2) 计算刀具轨迹的坐标值。根据图样，计算出刀具沿工件轮廓线上各几何要素的起点、终点、圆弧、圆心等的坐标。

(3) 编写加工程序。

(4) 程序输入数控系统。可通过键盘直接输入数控系统，也可先制作控制介质，再将其输入数控系统。

(5) 程序的校验与试切。对有图形显示功能的数控机床，可进行图形模拟加工，检查刀具轨迹是否正确，也可用空运行检查。一般可用铝等软材料进行首件试切。

10.2 数控车削加工

数控车床主要用于轴类和盘类回转体零件的加工，能够通过程序控制自动完成内外圆柱面、圆锥面、圆弧面、螺纹等的切削加工，并可进行切槽，钻、扩、铰孔和各种回转曲面的加工。数控车床是按所编程序自动进行零件加工的，大大减小了操作者的人为误差，并且可以自动地进行检测及补偿，达到非常高的加工精度。特别适于复杂形状的零件或中、小批量零件的加工。

10.2.1 数控车床加工概述

现以全功能型数控车床(如图 10-8 所示)为例，介绍数控车床的组成、结构特点等。

图 10-8 一种全功能型数控车床

1. 数控车床加工的对象

数控车床加工精度高，能做直线和圆弧插补，还有部分车床数控装置具有某些非圆曲线插补功能以及在加工过程中能自动变速等特点。同常规的车削加工相比，数控车削加工对象还包括:轮廓形状特别复杂或难于控制尺寸的回转体零件,精度要求高的零件,特殊螺纹和蜗杆等螺旋类零件。

2. 数控车床的结构特点

与普通车床相比较,数控机床结构仍由主轴箱、进给传动机构、刀架、床身等部件组成,但结构功能与普通车床比较,具有本质上的区别。数控车床分别由两台电动机驱动滚珠丝杠旋转,带动刀架做纵向及横向进给,传动链短、结构简单、传动精度高,刀架也可做自动回转,有较完善的刀具自动交换和管理系统。零件在车床上一次安装后,能自动完成或接近完成零件各个表面的加工工序。

数控车床的主轴箱结构比普通车床要简单得多,机床总体结构刚性好,传动部件大量采用轻拖动构件,如滚珠丝杠副、直线滚动导轨副等,并采用间隙消除机构,进给传动精度高,灵敏度及稳定性好。采用高性能的主轴部件,具有传递功率大、刚度高、抗振性好及热变形小等优点。

另外,数控车床的机械结构还有辅助装置,主要包括刀具自动交换机构、润滑装置、切削液装置、排屑装置、过载与限位保护装置等。

数控装置是数控车床的控制核心,其主体是具有数控系统运行功能的一台计算机(包括CPU、存储器等)。

3. 数控车床的分类

按机床的功能分类,可分为经济型数控车床和全功能型数控车床;按主轴的配置形式分类,可分为卧式数控车床和立式数控车床,还有双主轴的数控车床;按数控系统控制的轴数分类,可分为当机床上只有一个回转刀架时实现两坐标轴控制的数控车床和具有两个回转刀架时实现四坐标轴控制的数控车床。

目前,我国使用较多的是中小规格的两坐标连续控制的数控车床。

10.2.2 数控车床的编程基础

1. 数控车床的准备功能

准备功能指令又称 G 代码指令,是使数控机床准备好某种运动方式的指令。下面以 FANUC OTJ 系统为例进行介绍。

(1) 直径与半径编程

由于数控车床加工的零件通常是横截面为圆形的轴类零件,因此数控车床的编程可用直径和半径两种编程方式,用哪种方式可事先通过参数设定或指令来确定。

① 直径指定编程:直径指定是指把图样上给出的直径值作为 X 轴的值来指定。

② 半径指定编程:半径指定是指把图样上给出的半径值作为 X 轴的值来指定。

(2) 绝对值与增量值编程

指示刀具运动的方法,有绝对指令和增量指令两种。

① 绝对值编程:是指用刀具移动的终点位置坐标值来编程的方法。

② 增量值编程:是指直接用刀具移动量编程的方法。

区分绝对指令和增量指令的方法有:

① 用地址字区分。绝对指令:X_Z_;增量指令:U_W_。

② 用 G 代码区分。绝对指令:G90X_Z_;增量指令:G91X_Z_。

(3) 米制与英制编程

数控车床的程序输入方式有米制输入和英制输入两种。我国一般使用米制尺寸，所以机床出厂时，车床的各项参数均以米制单位设定。

(4) 模态指令与非模态指令

编程中的指令有模态指令和非模态指令，模态指令也称续效指令，一经程序段中指定，便一直有效，与上段相同的模态指令可省略不写，直到以后程序中重新指定同组指令时才失效。而非模态指令(非续效指令)其功能仅在本程序段中有效，与上段相同的非模态指令不能省略不写。00 组的 G 代码为非模态，其他组为模态 G 代码。

(5) 其他

① 小数点输入：一般的数控系统允许使用小数点输入数值，也可以不用。小数点可用于距离、时间和速度等单位。

a. 对于距离，小数点的位置单位是 mm 或 in；对于时间，小数点的位置单位是 s。

b. 程序中有无小数点的含义不同，输入小数点表示指令值单位为 mm 或 in；无小数点时的指令值为最小设定单位。

c. 在程序中，小数点的有无可混合使用。

d. 可以使用小数点指令的地址有 X、Y、Z、U、V、W、A、B、C、I、J、K、R、F。另外，在暂停指令中，小数点输入只允许用于地址 X 和 U，不允许用于地址 P。

e. 比最小设定单位小的指令值被舍去，例如 X1.23456，最小设定单位为 0.001 mm 时为 X1.234；最小设定单位为 0.000 1 mm 时为 X1.2345。

② 数控车床的程序格式：通常在程序的开头是程序号，之后为加工指令程序段及程序段结束符(;)。在程序的最后是程序结束代码。

a. 程序编号的结构：O××××(用 4 位数 0 001～9 999 表示)。

b. 程序段的构成：N_G_X(U)_Z(W)_F_M_S_T_;。

说明：N_为程序段顺序号。

G_为准备功能。

X(U)_Z(W)_为 X、Z 轴移动指令。

F_为进给功能。

M_为辅助功能。

S_为主轴功能。

T_为刀具功能。

“;”为程序段结束符。

c. 程序段顺序号用于区别和识别程序段，可以在程序段的前面加上顺序号。

程序段顺序号的结构：N××××(用四位数 0 001～9 999 表示)。

2. 辅助功能

辅助功能又称 M 功能，由字母 M 和其后两位数字组成，该功能主要用于控制主轴启动、旋转、停止，程序结束等方面辅助动作。

3. 其他功能

(1) F 功能(切削进给功能)

刀具的进给速度可用实际的数值指定。决定进给速度的功能称为进给功能，用 F 指定。F 指令为模态指令。在数控车床加工中，F 指令有以下三种形式。

① 每分钟进给量(mm/min)指令格式:G98 F_;。

说明:G98 为每分进给指令 G 代码。

F_为每分刀具进给量,指令范围 1～15 000(单位为 mm/min)。

② 每转进给量(mm/r)指令格式:G99F_;。

说明:G99 为每转进给指令 G 代码。

F_为主轴每转刀具进给量,小数点输入指令范围为 0.000 1～500.000 0(单位为 mm/r)。

注意:接入电源时,系统默认 G99 模式(每转进给量)。

③ 螺纹切削进给速度(mm/r)指令格式:G32/G76/G92 F_;。

说明:G 代码含义见表 9-1。

F_为指定螺纹的螺距(单头螺纹),指令范围为 0.000 1～500.000 0(单位为 mm/r)。

注意:以每转进给量切螺纹时,快速进给速度没有指定界限。

(2) S 功能(主轴功能)

主轴功能指令(S 指令)是设定主轴转速的指令。利用地址 S 后续数值,可以控制主轴的回转速度。有 3 种主轴转速控制指令。

① 主轴最高转速的设定(G50)指令格式:G50S_;。

说明:G50 为主轴最高转速设定 G 代码。

S_为主轴最高转速(r/min)。

注意:当零件直径越来越小时,主轴转速会越来越高,如果超过机床允许的最高转速时,零件有可能从卡盘中飞出。为防止发生事故,可使用 G50S_指令限制主轴的最高转速。

② 设定主轴线速度恒定指令(G96)指令格式:G96S_;。

说明:G96 为主轴线速度恒定 G 代码。

S_为设定主轴线速度,即切削速度(m/min)。

切削速度 v 和主轴转速 n(r/min)之间的关系式为:

$$n=\frac{1\ 000\times v}{\pi\times D}(\mathrm{r/min})$$

式中 D——切削点的直径,mm。

当工作直径(切削点的直径 D)变化时主轴每分转数也随之变化,这样就可保证切削速度恒定不变,从而提高了切削质量。

③ 直接设定主轴转速指令(G97)指令格式:G97S_;。

说明:G97 为取消主轴线速度恒定 G 代码。

S_为设定主轴转速(r/min),指令范围为 0～9 999。

注意:G96 是模态 G 代码。若指令了 G96,则以后均为恒速控制状态。当由 G96 转为 G97 时,应对 S 码赋值,未指令时,将保留 G96 指令的最终值。当由 G97 转为 G96 时,若没有 S 指令,则按前一 G96 所赋 S 值进行恒线速度控制。

(3) T 功能(刀具功能)

刀具功能又称 T 功能,主要用来选择刀具。它是由地址符 T 和后续数字组成的,它有 T××和 T××××之分,具体对应关系由生产厂家确定,使用时应注意查阅厂家说明书。

10.2.3 数控车床的编程方法

1. 坐标系的设定

在编写零件加工程序时，首先要设定坐标系。

数控车床坐标系统包括机床坐标系和零件坐标系（编程坐标系）。两种坐标系的坐标轴规定如下：与车床主轴轴线平行的方向为 Z 轴，且规定从卡盘中心至尾座顶尖中心的方向为正方向。与车床主轴轴线垂直的方向为 X 轴，且规定刀具远离主轴旋转中心的方向为正方向。

（1）机床坐标系：是以机床原点 O 为坐标系原点建立的由 Z 轴与 X 轴组成的直角坐标系 XOZ（如图 10-9 所示）。而有的机床将机床原点直接设在参考点处。

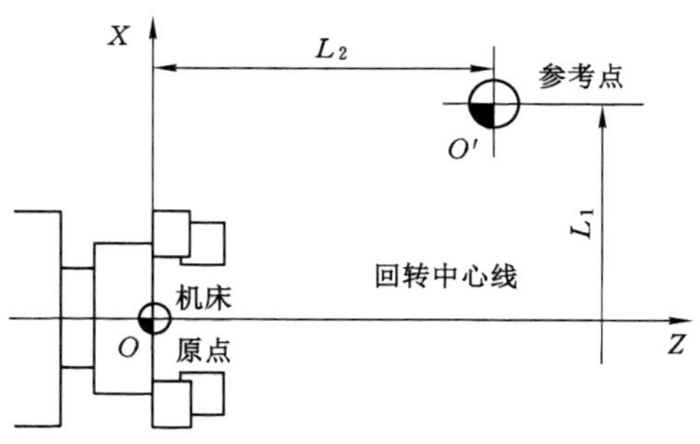

图 10-9　机床坐标系图

（2）零件坐标系：是加工零件所使用的坐标系，也是编程时使用的坐标系，所以又称编程坐标系。进行数控编程时，应该首先确定零件坐标系和零件原点。通常把零件的基准点作为零件原点。以零件原点 O_P 为坐标原点建立的 X_P、Z_P 轴直角坐标系，称为零件坐标系，如图 10-10 所示。

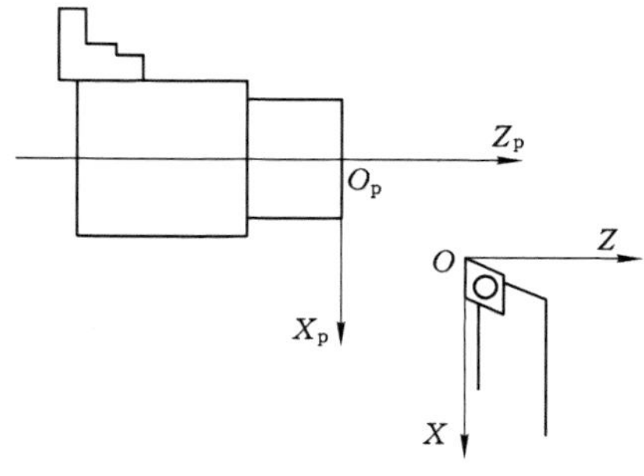

图 10-10　零件坐标系图

2. 基本移动指令

（1）快速定位（G00）

该功能使刀具以机床规定的快速进给速度移动到目标点，也称为点定位。

指令格式：G00 X(U)_ Z(W)_；。

说明：X_ Z_为采用绝对值编程时刀具移动的终点坐标值。

U_ W_为采用增量值编程时刀具移动的终点相对于始点的相对位移量。

执行该指令时，机床以由系统快进速度决定的最大进给量移向指定位置。它只是快速定位，而无运动轨迹要求。不需规定进给速度。

(2) 直线插补(G01)

该指令用于直线或斜线运动。可使数控车床沿 *X*、*Z* 方向执行单轴运动，也可以沿 *XZ* 平面内任意斜率的直线运动。

指令格式：G01 X(U)_ Z(W)_ F_；。

说明：X_ Z_为采用绝对值指令时刀具移动终点位置的坐标值。

U_ W_为采用增量值移动时刀具的位移量。

F_为刀具的进给速度。

刀具用 F 指令的进给速度沿直线移动到被指令的点，即进给速度由 F 指令决定。F 指令也是模态指令，它可以用 G00 指令取消。

(3) 圆弧插补(G02、G03)

G02 为顺时针圆弧插补，G03 为逆时针圆弧插补。该指令使刀具从圆弧起点沿圆弧移动到圆弧终点。圆弧顺、逆方向的判断符合直角坐标系的右手定则，如图 10-11所示。沿 *XZ* 平面的垂直坐标轴的负方向(−*Y*)看去，顺时针方向为 G02，逆时针方向为 G03。

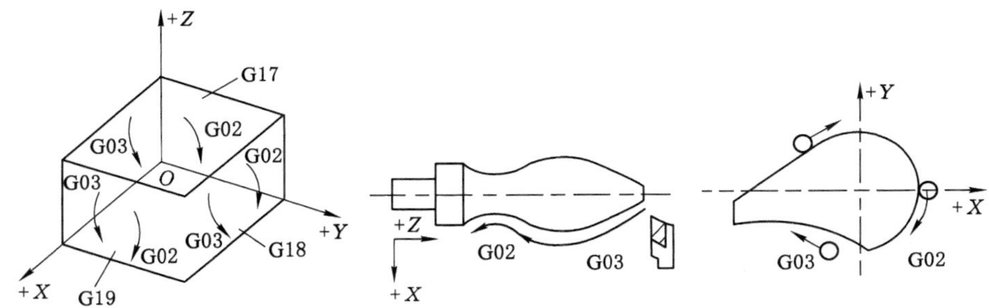

图 10-11　圆弧顺、逆的判断

① 指定圆心的圆弧插补

指令格式为 G02/G03 X(U)_ Z(W)_ I_ K_ F_；。

说明：X_ Z_为圆弧终点坐标。

U_W_为圆弧终点相对圆弧起点的距离。

I_ K_为圆心在 *X*、*Z* 轴方向上相对始点的坐标增量。

I、K 的数值是从圆弧始点向圆弧中心看的矢量，用增量值指定。请注意 I、K 会因始点相对圆心的方位不同而带有正、负号。

② 指定半径的圆弧插补

指令格式为 G02/G03 X(U)_ Z(W)_ R_ F_；。

说明：X_ Z_为圆弧终点坐标。

U_ W_为圆弧终点相对圆弧起点的距离。

R_为圆弧半径。

10.2.4 数控车床的编程实例

如图 10-12 所示的待车削零件，材料为 45 号钢，其中 ϕ85 圆柱面不加工。要求分析工艺过程与工艺路线，编写加工程序。

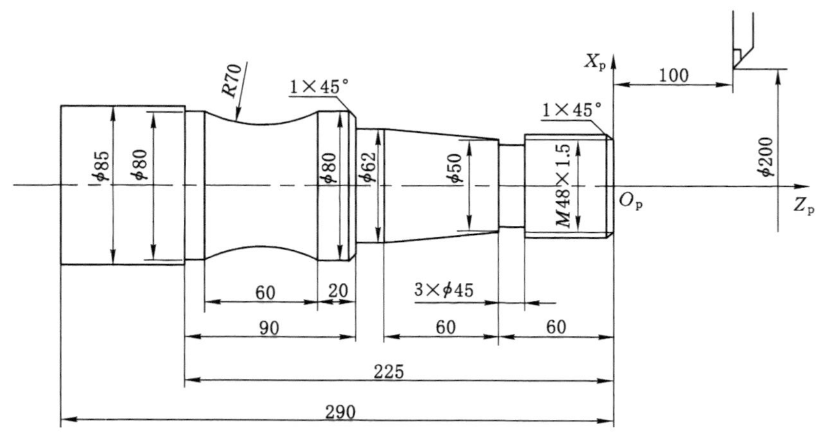

图 10-12 零件图

1. 设定工件坐标系

按基准重合原则，将工作坐标系的原点设定在零件右端面与回转轴线的交点上，如图中 O_p 点，并通过 G50 指令设定换刀点相对工件坐标系原点 O_p 的坐标位置(200，100)。

2. 选择刀具

根据零件图的加工要求，需要加工零件的端面、圆柱面、圆锥面、圆弧面、倒角以及切割螺纹退刀槽和螺纹，共需用三把刀具。

1 号刀，外圆左偏刀，刀具型号为 CL-MTGNR-2020/R/1608 ISO30。安装在 1 号刀位上。

3 号刀，螺纹车刀，刀具型号为 TL-LHTR-2020/R/60/1.5 ISO30。安装在 3 号刀位上。

5 号刀，割槽刀，刀具型号为 ER-SGTFR-2012/R/3.0-0 ISO30。安装在 5 号刀位上。

3. 加工方案

使用 1 号外圆左偏刀，先粗加工后精加工零件的端面和零件各段的外表面，粗加工时留 0.5 mm 的精车余量；使用 5 号割槽刀切割螺纹退刀槽；然后使用 3 号螺纹车刀加工螺纹。

4. 确定切削用量

切削深度：粗加工设定切削深度为 3 mm，精加工为 0.5 mm。

主轴转速：根据 45 号钢的切削性能，加工端面和各段外表面时设定切削速度为 90 m/min；车螺纹时设定主轴转速为 250 r/min。

进给速度：粗加工时设定进给速度为 200 mm/min，精加工时设定进给速度为 50 mm/min。车削螺纹时设定进给速度为 1.5 mm/r。

5. 数控编程(表10-3)

表10-3　加工程序及注释

程　序	注　释
O0001	程序代号
N005 G50 X200 Z100	建立工件坐标系
N010 G50 S3000	主轴最高转速限定为3 000 r/min
N015 G96 S90 M03	主轴正转,恒线速设定为90 m/min
N020 T0101 M06	选择1号外圆左偏刀和1号刀补
N025 M08	冷却液开
N030 G00 X86 Z0	刀具快速定位至切削位置
N035 G01 X0 F50	车端面
N040 G00 Z1	*Z*向退出1 mm
N045 G00 X86	*X*向退到86 mm处,准备外圆切削循环
N050 G71 U3 R1	外圆切削粗加工循环,切削深度为3 mm,退刀量为1 mm
N055 G71 P60 Q125 U0.5 W0.5 F200	外圆切削粗加工循环,开始顺序号为N60,结束顺序号为N125,*X*与*Z*方向各留0.5 mm精加工余量,切削速度为200 mm/min
N060 G42	刀尖半径右补偿,N60～N125为外圆切削循环精加工路线
N065 G00 X43.8	
N070 G01 X47.8 Z-1	
N075 Z-60	
N080 X50	
N085 X62 Z-120	
N090 Z-135	
N095 X78	
N100 X80 Z-136	
N105 Z-155	
N110 G02 Z-215 R70	
N115 G01 Z-225	
N120 X86	
N125 G40	取消刀尖半径补偿
N130 G70 P60 Q125 F50	外圆切削精加工循环,切削速度为50 mm/min
N135 G00 X200 Z100	刀具返回至换刀点
N140 T0505 M06 S50	选择5号割槽刀和5号刀补,恒线速设定为50 m/min
N145 G00 X52 Z-60	快进到*X*=52、*Z*=－60处,准备割槽。
N150 G01 X45	切割螺纹退刀槽
N155 G04 X2	在槽底暂停2 S
N160 G01 X52	*X*方向退回到52 mm处
N165 G00 X200 Z100	刀具返回到换刀点
N170 T0303 M06	选择3号螺纹车刀和3号刀补
N175 G95 G97 S250	设置切削速度,设定恒转速为250 r/min
N180 G00 X50 Z3	快进到*X*=50、*Z*=3处,准备车削螺纹
N185 G76 P011060 Q0.1 R1	螺纹切削循环
N190 G76 X46.38 Z-58.5 R0 P1.48 Q0.4 F1.5	
N200 G00 X200 Z100 T0300	快退到换刀点,取消3号刀刀补
N205 M05	主轴停止
N210 M09	冷却液关
N215 M30	程序结束

10.3 数控铣削加工

10.3.1 数控铣削加工概述

数控铣削可用来完成各个位置平面、台阶面、沟槽(键槽、T形槽、燕尾槽等)、切断、多齿零件上成形齿槽(齿轮、链轮、棘轮、花键轴等)、刻度、螺旋成形面(螺纹、螺旋槽)及各种曲面等的铣削加工,因此得到了广泛的应用。

1. 数控铣削加工的特点

(1) 对零件加工的适应性强、灵活性好,能加工轮廓形状特别复杂或难以控制尺寸的零件,如模具、壳体类零件等。

(2) 能加工普通机床无法(或很难)加工的零件,如用数学模型描述的复杂曲线类零件以及三维空间曲面类零件。

(3) 能加工一次装夹定位后,需要进行多道工序加工的零件,如可对零件进行钻孔、扩孔、铰孔、攻螺纹、铣端面、挖槽等多道工序的加工。

(4) 加工精度高,质量稳定可靠。

(5) 生产自动化程度高,生产效率高。

(6) 从切削原理上讲,端铣和周铣都属于断续切削方式,不像车削那样连续切削,因此对刀具的要求较高,要求具有良好的抗冲击性、韧性和耐磨性。在干式切削状况下,还要求具有良好的红硬性。

2. 采用数控铣削加工的主要选择对象

(1) 工件上的曲线轮廓内、外形,特别是由数学表达式给出的非圆曲线与列表曲线等曲线轮廓。

(2) 形状复杂、尺寸繁多、画线与检测困难的部位。

(3) 用通用铣床加工时难以观察、测量和控制进给的内外凹槽。

(4) 以尺寸协调的高精度孔或面。

(5) 能在一次安装中顺带铣出来的简单表面或形状。

(6) 采用数控铣削后能成倍提高生产效率、大大减轻体力劳动强度的工件。

3. 数控铣床分类

数控铣床又称CNC铣床,一般为轮廓控制(也称连续控制)机床,可以进行直线和圆弧的切削加工(直线、圆弧插补)和准确定位,有些系统还具有抛物线、螺旋线等特殊曲线的插补功能。

控制的联动轴数一般为3轴或以上。可以加工各类平面、台阶、沟槽、成形表面、曲面等,也可进行钻孔、铰孔和镗孔。加工的尺寸公差等级一般为IT9~IT7,表面粗糙度 Ra 为3.2~0.4 μm。

(1) 按伺服系统控制原理来分类,可分为开环控制、半闭环控制、闭环控制、混合环控制等。

(2) 按机床主轴的布置形式及机床的布局特点分类,可分为数控卧式铣床、数控立式铣床和数控龙门铣床等,如图10-13所示。中小型数控铣床一般采用卧式或立式布局,大型数控铣床一般采用龙门式。数控铣床的工作台一般能实现左右、前后运动,由主轴箱做上下运动。在经济型或简易型数控铣床上,也有采用升降台式结构的,但进给速度较低。另外,还有数控工具铣床、数控仿形铣床等。

图 10-13　数控铣床的种类

10.3.2　数控铣床的编程基础

1. 准备功能

准备功能又称 G 功能或 G 指令、G 代码。它是用来指示数控铣床进行加工运动和插补的功能。常用 G 代码及功能见表 10-4。

表 10-4　常用数控铣床 G 代码功能表

G 代码	分组	功能	G 代码	分组	功能
G00	01	快速点定位	G50.1	10	取消镜像功能
G01		直线插补	G51.1		镜像功能
G02		圆弧/螺旋线插补(顺圆)	G53	00	选择机床坐标系
G03		圆弧/螺旋线插补(逆圆)	G54	14	选择第一机床坐标系
G04	00	暂停	G55		选择第二机床坐标系
G17	02	选择 XY 平面	G56		选择第三机床坐标系
G18		选择 YZ 平面	G57		选择第四机床坐标系
G19		选择 XZ 平面	G58		选择第五机床坐标系
G20	06	英制输入	G59		选择第六机床坐标系
G21		米制输入	G80	09	取消固定循环
G28	00	自动返回参考点	G81		定点钻孔循环
G29		从参考点移出	G83		深孔加工循环
G40	07	取消刀具半径补偿	G90	03	绝对值编程
G41		刀具半径左补偿	G91		增量值编程
G42		刀具半径右补偿	G92	00	设定零件坐标系
G43	08	正向长度补偿	G98	04	返回到起始点
G44		负向长度补偿	G99		返回到参考点 R 所在平面
G49		取消长度补偿			

(1) 绝对值与增量值编程

编程时作为指令轴移动量的方法,有绝对值指令和增量值指令两种方法。绝对值指令为G90,增量值指令为G91。这是一对模态指令,在同一程序段内只能用一种,不能混用。用增量值指令编程,坐标值有正负值之分,终点坐标值大于始点坐标值为正值,反之为负值。

(2) 米制与英制编程

编程时选择米制单位(mm)用G21指令,选择英制单位(in)用G20指令。米制、英制G代码的切换,要在程序开始设定零件坐标系之前,用单独的程序段指令。电源接通时G21、G20与电源切断前相同。

(3) 模态与非模态

准备功能G代码按其功能不同分为若干组。G代码有两种:模态G代码和非模态G代码。00组的G代码属于非模态G码,只在被指令的程序段中有效,其余组的G代码属于模态G代码。

(4) 小数点编程

一般的数控系统允许使用小数点输入数值,也可以不用。对于表示距离、时间和速度单位的指令值可以使用小数点,其基本含义与数控车床类似。

2. 辅助功能

辅助功能代码用地址字M及二位数字表示。它用来指示数控机床辅助装置的接通和断开,如主轴的启停、切削液的开关等。

在一个程序段中只能有一个M代码指令,如果在一个程序段中有两个或两个以上的M代码,则只有最后一个M代码有效,其余的M代码均无效。移动指令和M指令在同一程序段中时,先执行M指令后执行移动指令。常用的M指令功能如见表10-5。

表10-5　常用辅助功能M指令

代码	功能	说明
M00	程序暂停	当执行有M00指令的程序后,不执行下段,相当于执行单程序段操作。当按下操作面板上的循环启动按钮后,程序继续执行。 该指令可应用于自动加工过程中停车进行某些手动操作,如手动变速、换刀、抽样检查等
M01	程序选择暂停	该指令的作用和M00相似,但它必须在预先按下操作面板上"选择停止"按钮的情况下,当执行有M01指令的程序段后,才会停止执行程序。如果不按下该按钮,该指令无效,程序继续执行
M02	程序结束	该指令用于控制加工程序全部结束
M03	主轴正转	由Z轴正方向向负方向看去,主轴顺时针方向旋转(立式铣床)
M04	主轴反转	由Z轴正方向向负方向看去,主轴逆时针方向旋转(立式铣床)
M05	主轴停止	
M08	切削液开	
M09	切削液关	
M10	夹紧	

表 10-5(续)

代 码	功 能	说　　明
M11	松开	
M30	纸带结束	完成程序段所有指令后，使主轴、进给和切削液都停止，机床及控制系统复位，纸带倒回到程序开始的字符位置
M32	润滑开	
M33	润滑关	
M98	调用子程序	将主程序转至子程序
M99	返回主程序	使子程序返回到主程序

3. 其他功能

(1) 进给功能代码 F

① 切削进给速度：在直线插补 G01，圆弧插补 G02、G03 中用 F 代码及其后面数值来指示刀具的进给速度，单位为 mm/min(米制)或 in/min(英制)。

② 快速进给：用点定位指令 G00 进行快速定位。快速进给的速度每个轴由参数来设定，所以在程序中不需要指定。

(2) 主轴功能代码 S

它用 S 代码及其后面数值来指示主轴转速，单位为 r/min。

(3) 刀具功能代码 T

它表示选刀功能，用在加工中心中，在进行多道工序加工时，必须选取合适的刀具。每把刀具应安排一个刀号，刀号在程序中指定。刀具功能用 T 代码及其后面的两位数字来表示。

(4) 刀具补偿功能代码 H、D

其表示刀具补偿号。在铣床、加工中心，为了防止出错，一般规定 H 为刀具长度补偿地址，补偿号从 1 号到 20 号；D 为刀具半径补偿地址，补偿号从 21 号(20 号刀库)开始。

10.3.3 数控铣床的编程方法

1. 坐标系的设定

(1) 平面选择(G17、G18、G19)

坐标平面选择指令用于选择圆弧插补平面和刀具补偿平面。该组指令为模态指令，在数控铣床上，数控系统初始状态一般默认为 G17 状态。若要在其他平面上加工则应使用坐标平面选择指令。

(2) 设定零件坐标系(G92)

该指令设定起刀点即开始运动的起点，从而建立零件坐标系。零件坐标系原点又称为程序零点，执行 G92 指令后，也就确定了起刀点与零件坐标系坐标原点的相对距离。

指令格式：G92 X_ Y_ Z_；。

说明：该指令只是设定坐标系，机床各部件并未产生任何运动。G92 指令执行前的刀具位置，须放在程序所要求的位置上。刀具在不同的位置，所设定出的零件坐标系的坐标原点位置也会不同。

(3) 选择零件加工坐标系(G54～G59)

若在工作台上同时加工多个相同零件或不同的零件,它们都有各自的尺寸基准,在编程过程中,有时为了避免尺寸换算,可以建立6个零件坐标系,其坐标原点设在便于编程的某一固定点上。当加工某个零件时,只需要选择相应的零件坐标系编制加工程序。在机床坐标系中确定6个零件坐标系坐标原点的坐标值后,通过CRT/MDI(显示器/键盘)方式输入设定。

G54～G59指令是通过CRT/MDI在设置参数的方式下设定零件坐标系的,一经设定,零件坐标原点在机床坐标系中的位置就是不变的。它与刀具的当前位置无关,除非更改,在系统断电后也不破坏,再次开机回参考点后仍有效。

2. 基本移动指令

(1) 定位(G00)

指令格式:G00 X_ Y_ Z_;。

G00指令使刀具相对零件分别以各轴快速移动速度由始点快速移动到终点定位。当采用绝对值G90指令编程时,刀具分别以各轴快速移动速度移至零件坐标系中坐标值为X、Y、Z的定位点上。当采用增量值G91指令编程时,刀具则移至当前点至始点增量距离为X、Y、Z值的点上。

G00的运动速度、运动轨迹由系统决定。运动轨迹在一个坐标平面内是先按比例沿45°斜线移动,再移动剩下的一个坐标方向上的直线距离。如果是要求移动一个空间距离,则先同时移动三个坐标,即空间位置的移动一般是先走一段空间的直线,再走一条平面斜线,最后沿剩下的一个坐标方向移动达到终点。可见,G00指令的运动轨迹一般不是一条直线,而是三条或两条直线段的组合。忽视这一点,就容易发生碰撞,相当危险。

(2) 直线插补(G01)

指令格式:G01 X_ Y_ Z_ F_;。

G01指令用于产生刀具相对零件以F指令规定进给速度,从当前点向终点进行直线移动。刀具沿X、Y、Z方向执行单轴移动,或在各坐标平面内执行任意斜率的直线移动,也可执行三轴联动,刀具沿指定空间直线移动。F代码是进给速度指令代码,在没有新的F指令以前一直有效,不必在每个程序段中都写入F指令。

(3) 圆弧插补(G02,G03)

圆弧插补G02指令:刀具相对零件在指定的坐标平面(G17,G18,G19)内,以F指令的进给速度从始点向终点进行顺时针圆弧插补。圆弧插补G03则是逆时针圆弧插补。圆弧顺、逆方向的判断:沿着不在圆弧平面内的坐标轴由正方向向负方向看去,顺时针方向为G02,逆时针方向为G03(见图10-11)。

指令格式:G17 G02/G03 X_ Y_ I_ J_/R_ F_;。(XY平面)

圆弧中心用地址I、J、K指定,如图10-14所示。它们是圆心相对圆弧起点分别在X、Y、Z轴方向的坐标增量,是带正负号的增量值。圆心坐标值大于圆弧起点的坐标值为正值,反之为负。

圆弧中心也可用半径指定,在G02、G03指令的程序段中,可直接指示圆弧半径,指示半径的尺寸字地址一般是$R(K)$。在相同半径的条件下,从圆弧起点到终点有三个圆弧的可能性,即圆弧所对应的圆心角小于180°,用$+R(+K)$表示;圆弧所对应的圆心角大于180°,

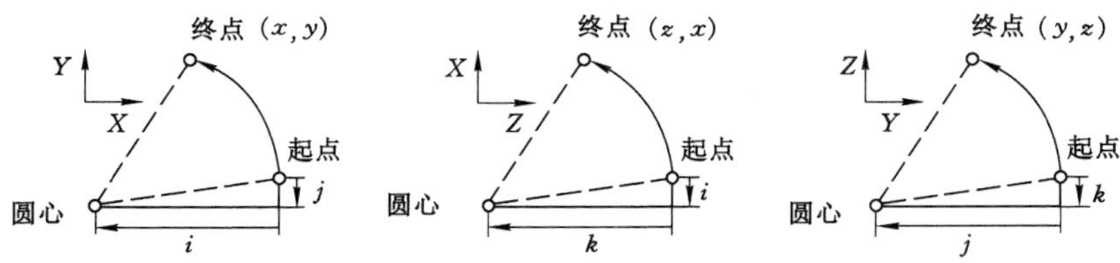

图 10-14　用 I,J,K 指定圆心

用 $-R(-K)$ 表示；对于 180°的圆弧，正负号均可。

当 X、Y、Z 同时省略时表示终点和始点是同一位置。用 I、J、K 指示圆心时，为 360°的圆弧。

3. 参考点

(1) 返回参考点(G28)

指令格式：G28 X_ Y_ Z _；。

执行 G28 指令，各轴快速移动到设定的坐标值为 X、Y、Z 中间点位置，返回到参考点定位。指示轴的中间点坐标值，可用绝对值指令或增量值指令。

(2) 从参考点返回(G29)

指令格式：G29 X_ Y_ Z_；

执行 G29 指令，各轴首先快速移动到 G28 所设定的中间点位置，然后再移动到 G29 所设定的坐标值为 X、Y、Z 的返回点位置上。用增量值指令时其值为相对中间点的增量值。

4. 固定循环指令

固定循环通常是用含有 G 功能的一个程序段完成用多个程序段指令才能完成的加工动作，使程序得以简化。

(1) 固定循环的动作顺序组成

如图 10-15 所示，固定循环常由六个动作顺序组成。

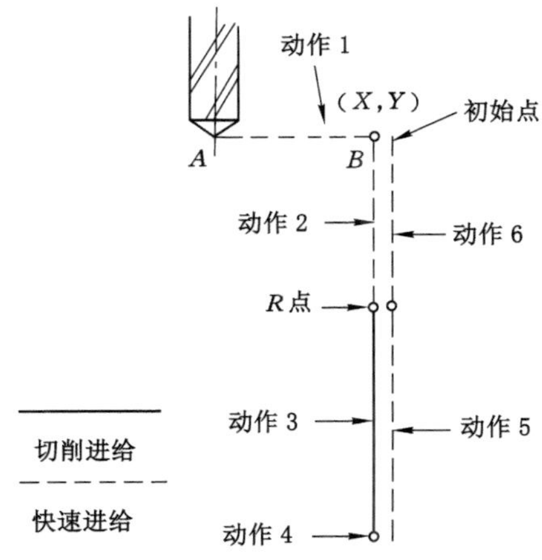

图 10-15　固定循环动作

① X 轴和 Y 轴定位，起刀点 A→初始点 B（如图 10-15 动作 1 所示）。

② 快速进给到 R 点。

③ 孔加工（钻孔或镗孔等）。

④ 孔底的动作（暂停、主轴停等）。

⑤ 退回到 R 点。

⑥ 快速运行到初始点位置。

（2）固定循环编程格式

指令格式：G90/G91 G99/G98 G□□ X_ Y_ Z_ R_ Q_ P_ F_ K_；。

说明：G99、G98 决定固定循环在孔加工完成后返回 R 点还是初始点。在返回动作中，G99 指令返回到 R 点平面[见图 10-16(b)]，G98 指令返回到初始点平面[见图 10-16(a)]。通常，如果被加工孔在一个平整的平面上就用 G99 指令，因为 G99 模态下返回 R 点后再进行下一个孔的定位，而一般 R 点非常靠近工件表面；如果工件表面有高于被加工孔的凸台或肋，使用 G99 指令可能发生刀具和工件的碰撞，这时使用 G98 指令，使 Z 轴返回初始点再加工下一个孔，这样比较安全。

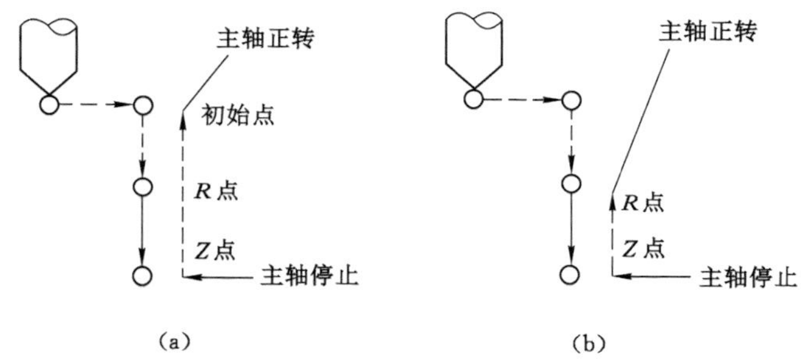

图 10-16 初始点平面和 R 点平面

G 为孔加工方式，如 G81 为定点钻孔循环，G83 为深孔钻削循环。

X，Y 为孔位置坐标，用绝对值或增量值指定孔的位置，刀具以快速进给方式到达（X，Y）点。

Z 为孔加工轴方向切削进给最终位置坐标值，在采用绝对值方式时，Z 值为孔底坐标值；采用增量值方式时，Z 值规定为 R 点平面到孔底的增量距离，如图 10-17 所示。R 在绝对方式 G90 时，为 R 点平面的绝对坐标如图 10-17(a)所示；在增量方式 G91 时，为初始点到 R 点平面的增量距离如图 10-17(b)所示。

Q 用于深孔钻削加工，G83 方式中，被规定为每次切削深度，始终是一个增量值。

P 为规定在孔底的暂停时间，用整数表示，以 ms 为单位。

F 为切削进给速度，以 mm/min 为单位。

K 用于规定固定循环重复加工次数，执行一次可不写 K；当 $K=0$ 时，则系统存储加工数据，但不执行加工。

孔加工方式建立后，一直有效，而不需要在执行相同孔加工方式的每一个程序段中指

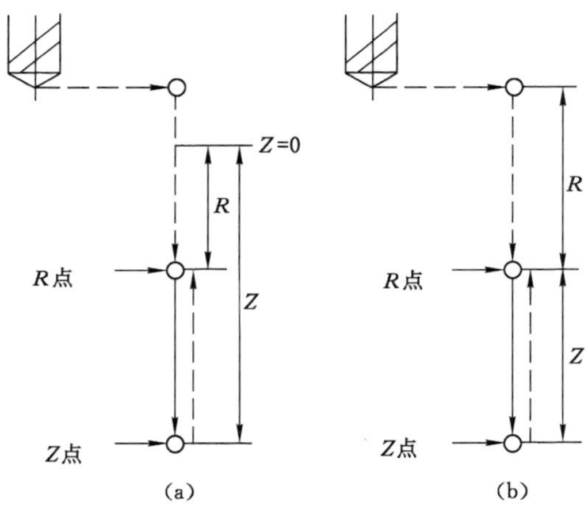

图 10-17　Z 轴的绝对值指令和增量值指令

定，直到被新的孔加工方式所更新或被撤销。

上述孔加工数据，不一定全部都写，根据需要可省去若干地址和数据。

这里固定循环指令是模态指令，一旦指定，就一直保持有效，直到用 G80 取消指令为止。此外，G00、G01、G02、G03 也起取消固定循环指令的作用。

(3) 两种孔加工循环

① 定点钻孔循环(G81)：是一种常用的钻孔加工方式，其循环动作如图 10-18 所示。

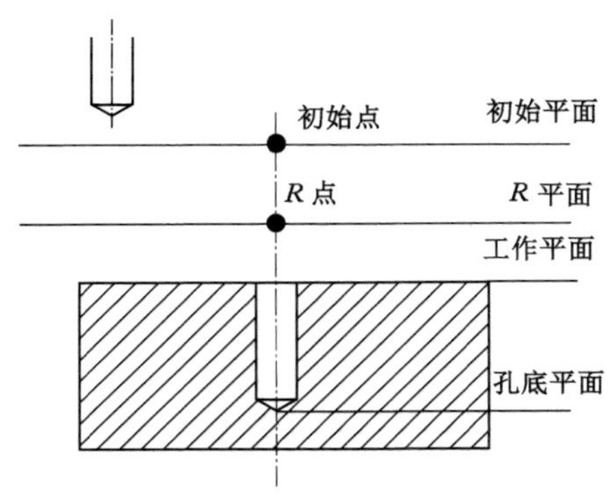

图 10-18　钻孔循环

② 深孔钻削循环(G83)，如图 10-19 所示。其中有一个加工数据 D 即为每次切削深度，当钻削深孔时，需间断进给，这样有利于断屑、排屑，钻削深度到 D 值时，退回到 R 点平面。当第二次切入时，先快速进给到距刚加工完的位置 d 处，然后变为切削进给。钻削到要求孔深度的最后一次进刀的进刀量是进刀若干个 D 之后的剩余量，它小于或等于 D。D 用增量值指令，必须是正值，即使指示了负值，符号也无效。d 用系统参数设定，不必单独指示。

5. 刀具补偿

(1) 刀具长度补偿(G43、G44、G49)

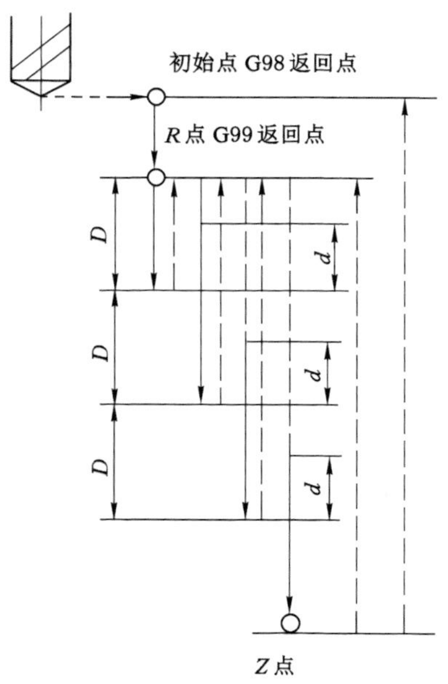

图 10-19　深孔钻削循环

在加工过程中，利用该功能可以补偿刀具因磨损、重磨、换新刀而长度发生变化，或者加工一个零件需用几把刀，而各刀的长度不同。刀具长度补偿功能用于在 Z 轴方向的刀具补偿，它可使刀具在 Z 轴方向的实际位移量大于或小于编程给定位移量。

指令格式：G01/G00 G43 Z_ H_；

G01/G00 G44 Z_ H_；

G01/G00 G49；

说明：G43 为刀具长度正补偿。

G44 为刀具长度负补偿。

G49 为取消刀具长度补偿。

Z 为程序中的指令值。

H 为偏置号，后面一般用两位数字表示代号。H 代码中放入刀具的长度补偿值作为偏置量。这个号码与刀具半径补偿共用。

对于存放在 H 中的数值，在使用 G43 时是加到 Z 轴坐标值中，在使用 G44 时是从原 Z 轴坐标中减去，从而形成新的 Z 轴坐标。

如图 10-20 所示，执行 G43 时，Z 实际值为 Z 指令值＋H××；执行 G44 时，Z 实际值为 Z 指令值－H××。

当偏置量是正值时，执行 G43 指令在正方向移动一个偏置量，执行 G44 是在负方向上移动一个偏置量。偏置量是负值时，则以上述反方向移动。

(2) 刀具半径补偿(G40，G41，G42)

在数控铣床进行轮廓加工时，因为铣削刀具有一定的半径，所以刀具中心轨迹和零件轮廓不重合。如不考虑刀具半径，直接按照零件轮廓编程是比较方便的，但加工出的零件尺寸会比图样要求小了一圈(外轮廓加工时)或大了一圈(内轮廓加工时)，为此必须使刀具沿零

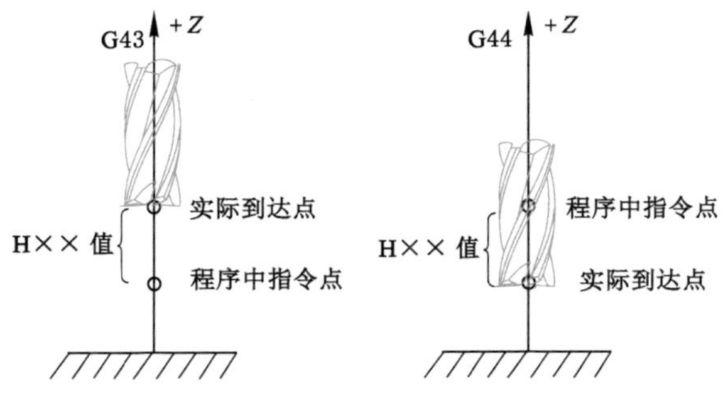

图 10-20　刀具长度补偿

件轮廓的法向偏移一个刀具半径，这就是所谓的刀具半径补偿，如图 10-21 所示。

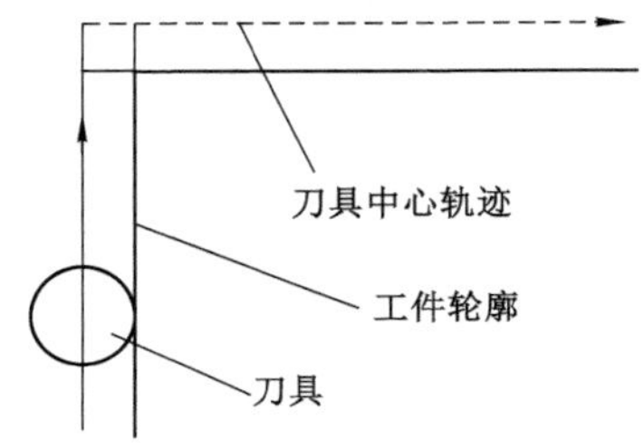

图 10-21　刀具半径补偿

指令格式：G17 G00/G01 G41/G42 X_ Y_ H_（或 D_ ）（F_ ）；。

G17 G00/G01 G40 X_ Y_（F_ ）；。

说明：G41 为左偏刀具半径补偿，是指沿着刀具运动方向向前看（假设零件不动），刀具位于零件左侧的刀具半径补偿。这时相当于顺铣，如图 10-22(a)所示。

G42 为右偏刀具半径补偿，是指沿着刀具运动方向向前看（假设零件不动），刀具位于零件右侧的刀具半径补偿。此时相当于逆铣，如图 10-22(b)所示。

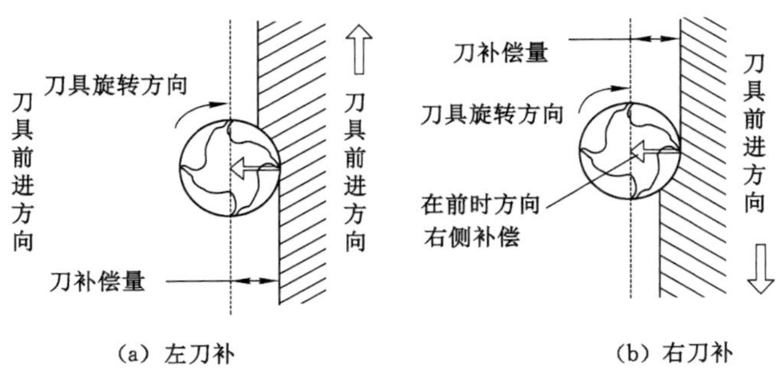

图 10-22　刀具补偿方向

G40 为刀具半径补偿取消，使用该指令后，使 G41、G42 指令无效。

G17 在 XY 平面内指定，G18、G19 的平面形式虽然不同，但原则一样。

X、Y 为建立与撤销刀具半径补偿直线段的终点坐标值。

H 或 D 为刀具半径补偿寄存器的地址字，在对应刀具补偿号码的寄存器中存有刀具半径补偿值。

6. 子程序

(1) 调用子程序(M98)

指令格式：M98 P_；

说明：调用地址 P 后跟 8 位数字，前 4 位为调用次数，后 4 位为子程序号。例如 M98P00120001，表示调用 1 号子程序 12 次。调用次数为 1 次时，可省略调用次数。

(2) 子程序的格式(M99)

指令格式：O××××；

⋮

M99；

说明：O 后跟的 4 位数字为子程序号。M99 指令表示子程序结束，并返回主程序 M98 P_的下一程序段，继续执行主程序。

10.3.4 数控铣床的编程实例

利用数控铣床加工如图 10-23 所示的零件，材料为 Q235 碳素结构钢，毛坯尺寸为 105 mm×105 mm×25 mm，6 个面已加工平整，尺寸(长×宽×高)为 100 mm×100 mm×20 mm，生产批量为小批，在数控铣床上加工外台阶、内轮廓、槽、孔至要求。

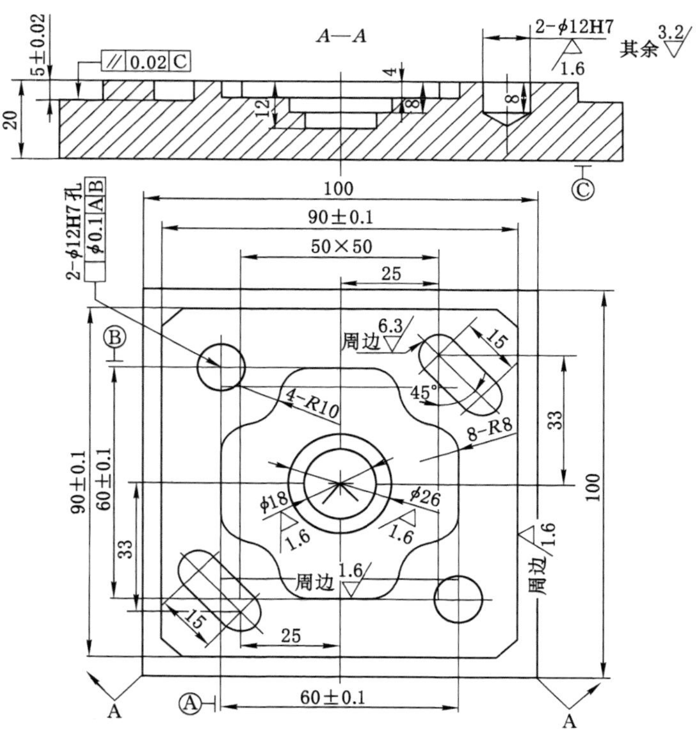

图 10-23　内台阶零件

1. 工艺分析

根据图样需加工深 5±0.02 mm 外台阶；内腔，两长孔；2-ϕ12H7 盲孔。除两长孔侧面粗糙度要求较高，其余各加工面粗糙度要求较低，*Ra* 为 3.2 μm 或 1.6 μm。两长孔用键槽铣刀加工，孔采用钻扩铰的加工方法。其余各加工面采用同一把刀加工，并且遵循先粗后精的加工原则；批量生产时粗、精加工采用不同的刀具，本例为小批生产，采用同一把刀具加工。孔相对于工件的对称中心线有较高的位置度要求，取工件的对称中心为零点。

2. 装夹方案

该零件外形规则，6 个面都已在普通铣床上加工，加工面与不加工面的位置精度要求不高，且生产批量为小批量，故采用通用台式虎钳装夹。用等高铁垫平，以底面和两侧面定位，台钳钳口从侧面夹紧。

3. 工艺过程

(1) 粗铣外台阶，粗铣各内腔。

(2) 精铣外台阶，精铣各内腔。

(3) 粗、精铣两长孔。

(4) 钻扩铰 2-ϕ12H7 至要求。

加工路线如图 10-24 所示。

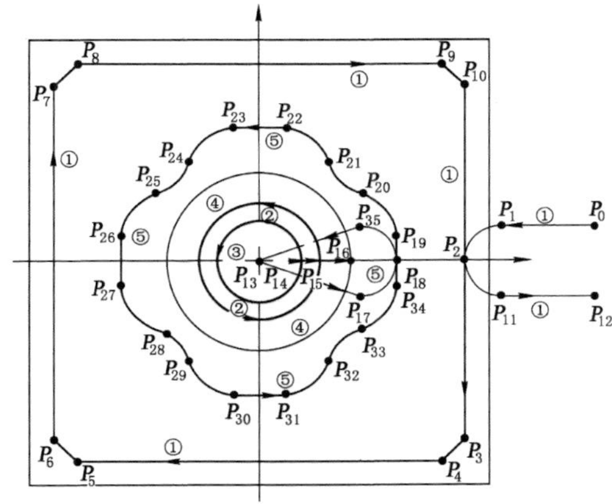

P_9(70,8)	P_{12}(70,−8)	P_{24}(−15.140,23.333)
P_1(53,8)	P_{13}(0,0)	P_{25}(−23.333,15.140)
P_2(45,0)	P_{14}(9,0)	P_{26}(−30,7.252)
P_3(45,−40)	P_{15}(10,0)	P_{27}(−30,−7.252)
P_4(40,−45)	P_{16}(13,0)	P_{28}(−23.333,−15.140)
P_5(−40,−45)	P_{17}(22,−8)	P_{28}(−15.140,−23.333)
P_6(−45,−40)	P_{18}(30,0)	P_{30}(−7.252,−30)
P_7(−45,40)	P_{19}(30,7.252)	P_{31}(7.252,−30)
P_8(−40,45)	P_{20}(23.333,15.140)	P_{32}15.140,−23.333)
P_9(40,45)	P_{21}(15.140,23.333)	P_{33}(23.333,−15.140)
P_{10}(45,40)	P_{22}(7.252,30)	P_{34}(30,−7.252)
P_{11}(53,−8)	P_{23}(−7.252,30)	$P_3$5(22,8)

图 10-24　内外轮廓加工路线图

4. 刀具与工艺参数

数控加工刀具如表 10-6 所示，数控加工工序卡如表 10-7 所示。

表 10-6 刀具参数

序号	刀具号	刀具名称	刀具		刀补号	
			直径/mm	长度	半径	长度
1	T01	立铣刀	ϕ14		7	
2	T02	键槽铣刀	ϕ10			
3	T03	中心钻	ϕ3			
4	T04	麻花钻	ϕ10			
5	T05	扩孔钻	ϕ11.8			
6	T06	铰刀	ϕ12			

表 10-7 数控加工工序卡

工序号	工步内容	刀具号	主轴转速 /(r/min)	进给速度 /(mm/min)	背吃刀量 /mm
1	粗铣外台阶，Z 向留精加工余量 0.5 mm，XY 平面单边留精加工余量 0.2 mm	T01	1 000	150	2.5
2	粗铣 ϕ26 内腔，粗铣 ϕ18 内腔，粗铣 60×60 内腔。Z 向留精加工余量 0.5 mm，XY 平面单边留精加工余量 0.2 mm	T01	1 000	150	2
3	精铣外台阶至要求	T01	1 200	120	0.5
4	精铣 ϕ26 内腔、ϕ18 内腔、60×60 内腔至要求	T01	1 200	120	0.5
5	粗铣两长孔至要求	T02	1 000	120	
6	钻 2-ϕ12H7 中心孔 ϕ3 mm	T03	1 500	100	
7	钻 2-ϕ12H7 孔至 ϕ8 mm	T04	1 500	120	
8	扩 2-ϕ12H7 至 ϕ11.8 mm	T05	1 500	120	
9	铰 2-ϕ12H7 孔至要求	T06	200	60	

5. 程序编制

以工件上表面中心为零点建立工件坐标系，利用寻边器在 X、Y 方向对刀，Z 方向由刀具本身对刀。轮廓尺寸公差为对称公差，用基本尺寸编程。刀具材料为硬质合金。编写程序可参考如下加工步骤：

(1) 粗精铣外轮廓及各内腔，用 ϕ14 mm 的立铣刀。加工外轮廓时，刀具从 P_0 点下刀，快速定位到 P_1 点，通过直线插补 P_0P_1 建立左刀补，沿圆弧 P_1P_2 切入，顺时针沿外轮廓铣削，轮廓加工后沿圆弧 P_2P_{11} 切出，通过直线 $P_{11}P_{12}$ 取消刀补，Z 向分层，加工路线见①。抬刀，快速定位到 P_{13} 点，按②—③—④—⑤的加工路线铣削内轮廓，Z 向分层，加工完后刀具返回 P_{13} 点，抬刀。各基点的坐标可通过 CAD、MasterCAM 等软件作图直接找点的坐标，也可通过人工计算。

（2）粗精铣外轮廓及各内腔的子程序。

（3）加工两斜槽，用 ϕ10 mm 的键槽铣刀，采用垂直下刀。

（4）加工 ϕ12H7 孔，先钻中心孔，钻扩铰至要求。

粗、精加工的程序表 10-8 所示。

表 10-8　加工程序及注释

程　　序	注　　释
粗铣外轮廓与各内腔的主程序	
O1000；	程序初始化
N10 G54 G90 G00 X70 Y8 Z50 M03S1000；	刀具定位到安全平面
N20 Z5 M03 S1000；	启动主轴
N30 G01 Z0.5 F200 M08；	刀具定位到达 P_0 点上方 0.5 mm 处
N40 M98 P020100；	调用子程序 O0100，Z 向分层粗铣外轮廓
N50 G00 Z5；	
N60 X0 Y0；	
N70 G01 Z0.5 F200；	刀具定位到达 P_{13}点表面 0.5 mm 处
N80 M98 P040200；	调用子程序 O0200，Z 向分层粗铣 ϕ26 mm 内轮廓
N90 G00 Z5；	
N100 X0 Y0；	
N110 G01 Z-7.5 F200；	刀具定位到达 P_{13}点下表面 7.5 mm 处
N120 M98 P020300；	调用子程序 O0300，Z 向分层粗铣 ϕ18 mm 内轮廓
130 G00 Z5；	
N140 X0 Y0；	
N150 G01 Z0.5 F200；	
N160 M98 P020400；	调用子程序 O0400，Z 向分层粗铣 60 mm×60 mm 内轮廓
N170 G00 Z50；N180 M09；N190 M30；	
精铣外轮廓与各内腔的主程序	
O1000；	程序初始化
N10 G54 G90 G00 X70 Y8 Z50 M03 S1200；	刀具定位到安全平面，启动主轴
N20 Z5；	
N30 G01 Z-2.5 F200 M08；	刀具定位到达 P_0 点下方
N40 M98 P0100；	调用子程序 O0100，Z 向精铣外轮廓
N50 G00 Z5；	
N60 X0 Y0；	
N70 G01 Z-6 F200；	刀具定位到达 P_{13}点下方 6 mm 处
N80 M98 P0200；	调用子程序 O0200，精铣 ϕ26 mm 内轮廓
N90 G00 Z5；	
N100 X0 Y0；	
N110 G01 Z-10 F200；	刀具定位到达 P_{13}点下方 10 mm 处
N120 M98 P0300；	调用子程序 O0300，精铣 ϕ18 mm 内轮廓
N130 G00 Z5；	
N140 X0 Y0；	
N150 G01 Z-2 F200；	刀具定位到达 P_{13}点下方 2 mm 处
N160 M98 P0400；	调用子程序 O0400，Z 向分层粗铣 60 mm×60 mm 内轮廓

表 10-8(续)

程　　序	注　　释
N170 G00 Z50；	
N180 M09；	
N190 M30；	
粗精铣外轮廓及各内腔的子程序	
铣外轮廓的子程序	
O0100；	
N10 G91 G01 Z-2.5 F200 ；	
N20 G90 G41 X53 F150 D01；	垂直下刀建立 1 号刀补
N30 G03 X45 Y0 R8；	圆弧切入
N40 G01 Y-40；	铣外轮廓
N50 X40 Y-45；	
N60 X-40 Y-45；	
N70 X-45 Y-40；	
N80 X-45 Y40；	
N90 X-40 Y45；	
N100 X40；	
N110 X45 Y40；	
N120 Y0；	
N130 G03 X53 Y-8 R8；	圆弧切出
N140 G01 G40 X70；	直线段取消刀补
N150 Y8；N160 M99；	
铣 ϕ26 mm 内轮廓的子程序	
O0200；	
N10 G91 G01 X10 Z-2 F100；	垂直下刀
N20 G90 G41 X13 F150 D02；	建立 2 号刀补
N30 G03 I-13；	铣 ϕ26 mm 的内轮廓
N40 G01 G40 X0 Y0；	取消刀补，刀具返回(0,0)
N50 M99；	
铣 ϕ18 mm 内轮廓的子程序	
O0300；	
N10 G91 G41 G01 X9 Z-2 F80 D03；	斜线下刀 建立 3 号刀补
N20 G90 G03 I-9 F150；	铣 ϕ18 mm 的内轮廓
N30 G01 G40 X0 Y0；	取消刀补，刀具返回(0,0)
N40 M99；	
铣 60 mm×60 mm 内轮廓的子程序	
O0400；	
N10 G91 G01 Z-2 F100 ；	垂直下刀
N20 G90 G41 X20 Y0 F150 D04；	建立 4 号刀补
N30 G03 I-20；	刀具沿 $R20$ 的圆弧切削，去除内轮廓残料
N40 G01 G40 X0 Y0；	取消刀补，刀具返回(0,0)

表 10-8(续)

程　　序	注　　释
N50 G41 X22 Y-8 D05;	
N60 G03 X30 Y0 R8;	经过直线段 $P_{13}P_{17}$ 建立左刀补
N70 G01 X30 Y7.252;	圆弧切入
N80 G03 X23.333 Y15.140 R8;	铣 60 mm×60 mm 内轮廓
N90 G02 X15.140 Y23.333 R10;	
N100 G03 X7.252 Y30 R8;	
N110 G01 X-7.252;	
N120 G03 X-15.140 Y23.333 R8;	
N130 G02 X-23.333 Y15.140 R10;	
N140 G03 X-30 Y7.252 R8;	
N150 G01 Y-7.252;	
N160 G03 X-23.333 Y-15.140 R8;	
N170 G02 X-15.140 Y-23.333 R10;	
N180 G03 X-7.252 Y-30 R8;	
N190 G01 X7.252;	
N200 G03 X15.140 Y-23.333 R8;	
N210 G02 X23.333 Y-15.140 R10;	
N220 G03 X30 Y-7.252 R8;	
N230 G01 Y0;	
N240 G03 X22 Y8 R8;	
N250 G01 G40 X0 Y0;	圆弧切出
N260 M99	取消刀补,刀具返回(0,0)
加工两斜槽,用 ϕ10 mm 的键槽铣刀,采用垂直 下刀	注:上述子程序各刀补值为粗加工 D01-04=7.2,精加工 D01-04=7(精加工根据实测尺寸调整)。精加工 XY 平面的进给量取 F120,通过倍率修调。
加工两斜槽的主程序	
O2000;	
N10 G54 G90 G00 X25 Y33 Z50;	
N20 M03 S1000;	
N30 Z5;	刀具定位到 A 点上方的安全平面
N40 G01 Z0 F200 M08;	启动主轴
N50 M98 P0500;	
N60 G00 Z5;	刀具定位到达点 A 上表面
N70 X25 Y33;	调用子程序 O0500,粗、精铣右上方斜槽
N80 G68 α0 β0 R180;	
N90 G01 Z0 F200;	
N100 M98 P0500;	左下方斜槽使用旋转指令
N110 G00 Z50 M09;	
N120 G69;	调用子程序 O0500,粗、精铣左下方斜槽
N130 M09;	抬刀
N140 M30;	取消旋转指令

表 10-8(续)

程　　序	注　　释
加工两斜槽的子程序	
O0500;	
N10 G90 G01 Z-2.5 F80 ;	
N20 X35.607 Y22.393 F120;	
N30 Z-4.5 F80;	
N40 X25 Y33 F120;	
N50 Z-5 F80;	垂直下刀
N60 X35.607 Y22.393 F100;	粗铣斜槽
N70 M99;	
加工 ϕ12H7 孔	精铣斜槽底面
O3000	
N10 G17 G21 G40 G54 G80 G90 G94;	
N20 G00 X-30 Y30 Z50 M03 S1000;	
N30 G90 G99 M08 G81 Z-3 R5 F100;	
N40 G00 G98 X30 Y-30;	
N50 G80 M09;	程序初始化
N60 M05;	刀具定位到左上角孔的安全平面,启动主轴
N70 M00;	采用 T03 中心钻点钻 2-ϕ12H7 的孔至 ϕ3 mm
N80 G00 X-30 Y30 M03 S1000;	
N90 G90 G99 M08 G82 Z-11.5 R5 P5 F100	
N100 G00 G98 X30 Y-30;	
N110 G80 M09;	程序暂停,手动换 T04 的钻头
N120 M05;	
N130 M00;	钻 2-ϕ12H7 的孔至 ϕ10 mm
N140 G00 X-30 Y30 M03 S1000;	
N150 G90 G99 M08 G82 Z-11.5 R5 F100;	
N160 G00 G98 X30 Y-30;	
N170 G80 M09;	程序暂停,手动换 T05 的扩孔钻
N180 M05;	
N190 M00;	扩 2-ϕ12H7 的孔至 ϕ11.8 mm
N200 G00 X-30 Y30 M03 S200;	
N210 G90 G99 M08 G81 Z-11.5 R5 P2000 F60;	
N220 G00 G98 X30 Y-30 P2000;	
N230 M05;	程序暂停,手动换 T06 的铰刀
N240 M30;	换转速
	铰 2-ϕ12H7 的孔至要求

复习思考题

1. 什么是数控加工?

2. 简述数控机床编程的一般步骤。

3. 简述数控车床编程的特点。

4. 简述数控铣床的结构特点及分类情况。

5. 编制如图 10-25 所示零件的数控车加工程序。加工刀具为 1 号外圆刀、2 号切槽刀，切槽刀宽度为 4 mm，毛坯直径为 32 mm。

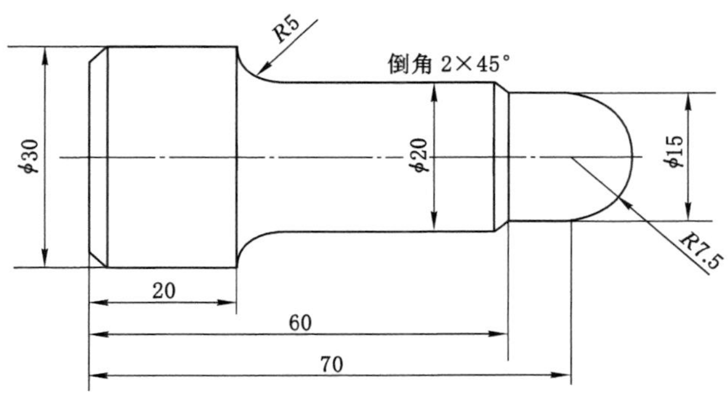

图 10-25

6. 编制如图 10-26 所示零件的数控加工程序（材料为 6063 铝合金。毛坯尺寸为 85 mm×85 mm×15 mm，对磨平面。手工编程，单件生产）。

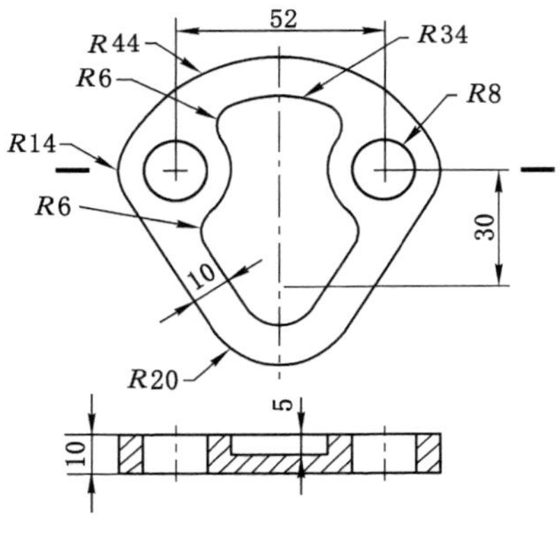

图 10-26

第11章 特种加工技术

【学习要点及工程思政】

1. 实训要求

（1）了解电火花、线切割、超声波、激光加工、3D打印的概念、加工原理、工艺特点及应用范围。

（2）掌握电火花线切割机床的操作方法，能独立完成工件的加工。

2. 实训操作规程

（1）进入训练场地要听从指导教师安排，认真听讲，仔细观摩，严禁嬉戏打闹，保持实训场地干净整洁。

（2）开始实训之前必须穿好工作服，扣好衣领和袖口，长发的同学必须戴好工作帽，不准戴手套工作。

（3）特种加工设备属贵重精密设备，操作时必须严格遵守机床操作规程。

（4）对机床数控系统内部存储的所有参数和程序，严禁私自打开、改动和删除。

（5）严禁将未经指导老师验证的程序输入控制器进行零件加工。

（6）装夹工件时注意不要碰断电极丝或碰撞电极，工件安装位置要正确，以免造成超程。

（7）加工前应上好防护罩，防止冷却液溅出及残余应力使工件在切割过程中开裂伤人。

（8）加工过程中，不可用手或手持导电体同时接触脉冲电源的两输出端，以防触电。

（9）严禁烟火，未经许可不得私自开动其他设备，不得擅离工作岗位。

（10）训练结束后整理好工具等物品，擦净机床，做好机床的维护保养工作，切断电源，将场地清扫干净。

3. 工程思政

◆ 辛勤耕耘 上下求索

刘晋春，毕业后曾在哈尔滨工业大学机械系任教。1960年赴苏留学，专门学习电加工技术。1963年他最早在国内开设了“电火花加工”“特种加工”课程并编写了相应的教材，是我国电加工界著名的专家和学者。

粉碎“四人帮”以后，全国上下处处欣欣向荣，刘普春教授也将全部精力投入到科研攻关之中。当时，我国电加工行业从基础理论到实践应用与国际水平相比都有相当大的差距。刘老师首先从满足实际应用出发，在三年的时间里，先后开发了两种具有不同驱动方式、各有将色并居当时国内先进水平的电火花加工机床，获得了同行的赞誉。

随着研究工作的不断深入，刘老师深深感到没有一种合适的手段用来监控加工状态。而与此同时，国际上以比利时的斯诺伊思教授为代表，将放电状态分成十多种类型，并研制成相应的测试仪器，成为国际上公认的研究放电状态的权威。在这种情况下，刘老师并没有盲目采用已有的方案，而是从实际应用出发，觉得斯诺伊思将放电状态分成十多种类型过于烦琐，难以应用。其实，只要将加工波形中真正影响加工、影响加工生产率的开路、短路以及正常放电、电弧和电弧前兆等五种波形分开即可。这样做，不但能充分满足生产实践对加工监控的需要，而且对波形划分更加简单、确切，使得所研制的电火花加工放电状态检测仪的线路结构更加简单、可靠，具有中国特色。后来，当斯诺伊思到中国进行学术交流，与刘老师及其研究生一起讨论有关这方面问题时，也不禁对我们的放电状态检测仪中独到的构思表示钦佩。放电状态检测仪的研制成功，开创了我国研制电火花加工放电状态监测手段的先河。一时间，国内许多单位都受到启发，着手开展这方面的工作。在这种情况下，刘教授和他的研究生再接再厉，又研制成功了电火花多参数放电状态检测分析仪，经过鉴定，达到了国际先进水平。

电火花放电状态检测仪的研制成功，使得研制微机自适应控制电火花加工脉冲电源成为可能，经过将近三年的努力，我国第一台微机自适应电火花加工脉冲电源终于研制成功，它不但填补了国内空白，而且某些技术指标已达到并超过了国际水平。

11.1　概述

特种加工亦称非传统加工或现代加工，泛指用电能、热能、光能、电化学能、化学能、声能及特殊机械能等能量达到去除或增加材料的加工方法，从而实现材料被去除、变形、改变性能或被镀覆等。特种加工的特点如下：

(1) 与加工对象的机械性能无关。有些加工方法，如激光加工、电火花加工、等离子弧加工、电化学加工等，利用的是热能、化学能、电化学能等，这些加工方法与工件的硬度、强度等机械性能无关，故可加工各种硬、软、脆、热敏、耐腐蚀、高熔点、高强度、特殊性能的金属和非金属材料。

(2) 非接触加工。不一定需要工具，有的虽使用工具，但与工件不接触，因此，工件不承受大的作用力，工具硬度可低于工件硬度，故使刚性极低元件及弹性元件得以加工。

(3) 微细加工，工件表面质量高。有些特种加工，如超声、电化学、水喷射、磨料流等，加工时每次的进给量都非常微小，故不仅可加工尺寸微小的孔或狭缝，还能获得高精度、极低粗糙度的加工表面。

(4) 尺寸稳定性好。不存在加工中的机械应变或大面积的热应变，可获得较低的表面粗糙度，其热应力、残余应力、冷作硬化等均比较小，尺寸稳定性好。

(5) 加工效果明显，易推广。两种或两种以上的不同类型的能量可相互组合形成新的复合加工，其综合加工效果明显，且便于推广使用。

(6) 可简化加工工艺。特种加工对简化加工工艺、变革新产品的设计及零件结构工艺性等产生积极的影响。

11.2　电火花加工

电火花加工又称放电加工(electrical discharge machining，简称 EDM)，是一种利用电、热能量进行加工的方法。它是在加工过程中，利用工具和工件两极间脉冲放电时局部瞬时产生的高温把金属腐蚀去除来对工件进行加工的一种方法。因放电过程中可见到火花，故称之为电火花加工，日、英、美称之为放电加工，苏联称电蚀加工。

11.2.1 基本原理

图 11-1 所示为电火花加工原理图。它由脉冲电源、自动进给调节装置、工作液循环系统、工具电极等组成。

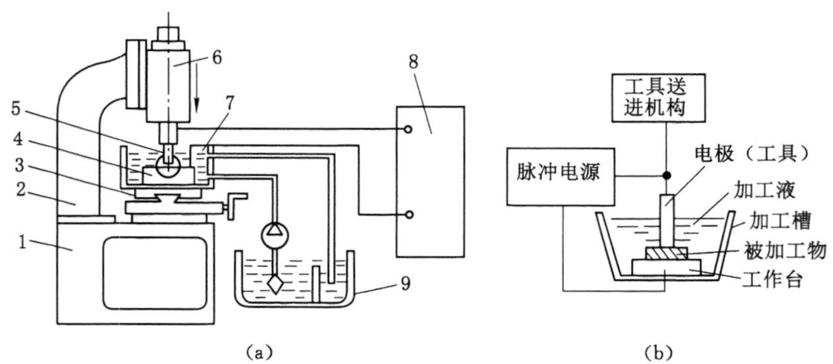

1—床身；2—立柱；3—工作台；4—工件电极；5—工具电极；6—进给结构及间隙调节器；7—工作液；8—脉冲电源；9—工作液箱。

图 11-1 电火花加工原理示意图

加工时，脉冲电源的一极接工具电极，另一极接工件电极。两极均浸入具有一定绝缘度的液体介质（常用煤油或矿物油）中。工具电极由自动进给调节装置控制，以保证工具与工件在正常加工时维持一很小的放电间隙（0.01～0.05 mm）。将脉冲电压（100 V 左右）加到两极之间，工具电极和工件之间的表面不是完全平滑的，而是存在着凹凸不平处，便将当时条件下极间最近点的液体介质击穿，形成放电通道。

通道的截面积很小，放电时间极短，致使能量高度集中（10^6～10^7 W/mm^2），放电区域产生的瞬间高温（5 000 ℃）足以使材料熔化甚至气化，以致形成一个小凹坑。第一次脉冲放电结束之后，间隔极短时间，第二个脉冲又在另一极间最近点击穿放电。如此周而复始高频率地循环下去，工具电极不断地向工件进给，它的形状最终就复制在工件上，形成所需要的加工表面。当然工具也有损耗。

11.2.2 电火花加工的特点与应用

1. 电火花加工的特点

(1) 可加工任何硬、脆、软、韧和高熔点的导电材料，如淬火钢、硬质合金、导电陶瓷、不锈钢、钛合金、工业纯铁、立方氮化硼和人造聚晶金刚石等，在一定条件下，还可加工半导体和非导体材料。

(2) 加工时，工具与工件不接触，“切削力”极小。故适于低刚度工件和微细结构的加工。配以数控技术的运用，特别适合加工复杂截面的型孔和型腔，甚至可以使用简单的工具电极加工出复杂形状的零件。

(3) 虽然切削机理是用热效应来切除金属，但脉冲放电持续时间极短，对加工表面的影响极小，故可加工热敏感性很强的材料。

(4) 用电火花加工的表面，由许多小的弧坑组成，有助于油膜形成，改善润滑。

(5) 若调整脉冲参数，可以在同一台机床上依次进行粗、精加工。

(6) 易于实现自动控制。

(7) 一般加工速度较慢。因此通常安排工艺时多采用切削来去除大部分余量，然后再进行电火花加工，以提高生产率，但最近已有新的研究成果表明，采用特殊水基不燃性工作液进行电火花加工，其生产率甚至可不亚于切削加工。

(8) 存在电极损耗。电极损耗多集中在尖角或底面，影响成形精度。但近年来粗加工时已能将电极相对损耗比降至 0.1%以下。

(9) 小角部半径有限制。一般电火花加工能得到的最小角部半径等于加工间隙(通常为 0.02～0.3 mm)，若电极有损耗或采用平动或摇动加工则角部半径还要增大。

2. 电火花加工的应用

电火花加工在国防、民用和科学研究中的应用极为广泛，并且应用形式也正朝着多样化方向发展。归纳起来大体有成形穿孔加工、磨削、线电极加工、展成加工、非金属电火花加工和表面强化等，如图 11-2 所示。

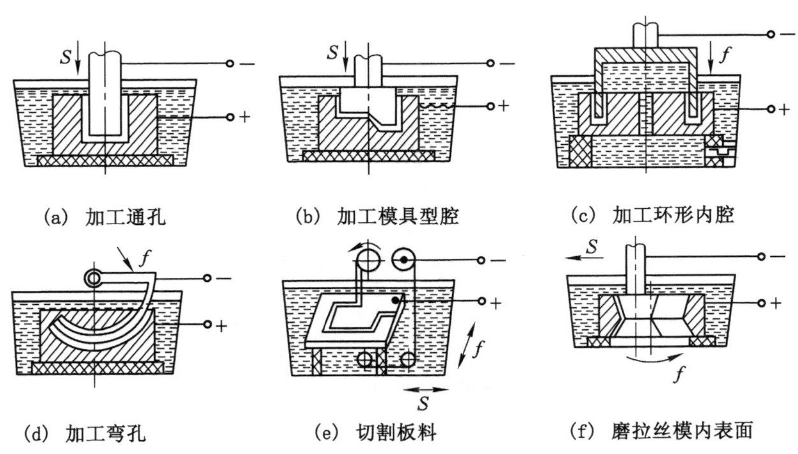

图 11-2　电火花加工示意图

(1) 电火花成形加工

它包括电火花型腔加工和穿孔加工两种。

① 电火花型腔加工包括三维型腔和型面加工，及电火花雕刻，具体可应用于热锻模、压铸模、挤压模、塑料模和胶木模的型腔以及各类叶轮、叶片的曲面加工。

② 电火花穿孔加工主要用于型孔(圆孔、方孔、多边形孔、异形孔)、曲线孔(弯孔、螺旋孔)、小孔和微孔的加工。

直径小于 0.2 mm 的孔称为细微孔，目前国外已加工出深径比为 5，直径为 ϕ0.015 mm 的细微孔；我国能稳定地加工出深径比为 10，直径为 ϕ0.05 mm 的细微孔。

(2) 电火花线切割加工

电火花线切割加工(wire cut EDM，简称 WEDM)利用移动的细金属丝作工具电极，按预定的轨迹脉冲放电切割。其原理如图 11-3 所示。

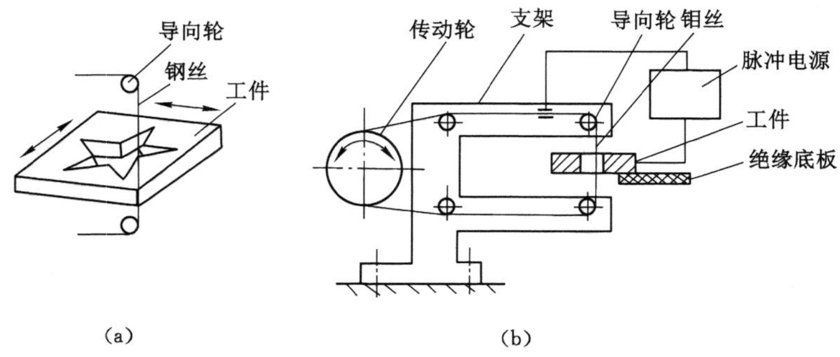

图 11-3　电火花线切割加工原理图

按线电极移动速度的大小分为高速走丝线切割(走丝速度为 8～10 m/s)和低速走丝线切割(走丝速度低于 0.2 m/s)。我国应用高速走丝线切割较多,近年正在发展低速走丝线切割。电火花线切割基本上实现了切割数控化。如图 11-4所示是在我国广泛应用的快速走丝线切割机床。

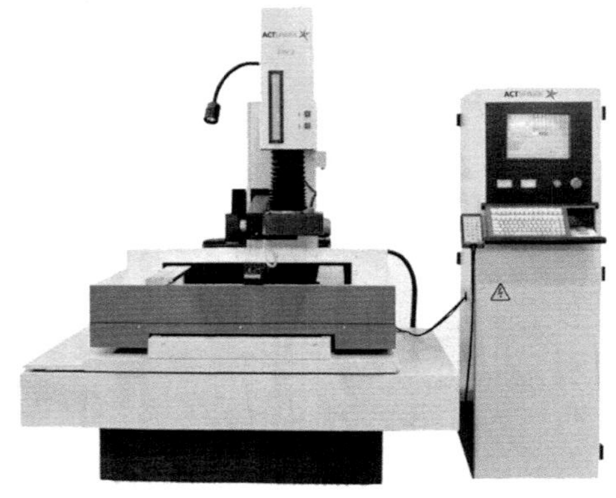

图 11-4　快速走丝线切割机床

电火花线切割广泛用于加工各种冲裁模样板以及形状复杂的型孔、型面和窄缝等。

(3) 电火花展成加工

使用插齿机、滚齿机加工齿轮齿形就是一种用强制啮合运动来形成齿轮的渐开线齿廓的展成加工。电火花展成加工正是利用了这一原理,利用工具电极相对工件进行成形运动而进行加工。由我国发明的电火花共轭回转加工就是展成加工中的突出例子。用共轭同步回转法加工出的内螺纹精度非常高,其螺纹中径误差可小于 4 μm,而且还可以精密加工内外齿轮、回转圆弧面和锥面等。

11.3　超声波加工

超声波加工又称超声加工,是利用超声振动对工件进行加工的一种方法。它不仅能加工硬质合金、淬火的钢材等导电材料,而且更适于加工玻璃、陶瓷、半导体锗、硅片等非金属脆硬材料，同时可以应用于清洗、焊接、探伤、测量等其他方面。

11.3.1　基本原理

超声波加工是利用振动频率超过 16 000 Hz 的工具头，通过磨料悬浮液对工件进行成形加工的一种方法。超声波加工原理如图 11-5 所示，当工具以 16 000 Hz 以上的振动频率作用于磨料悬浮液时，磨料便以极高的速度强力冲击加工表面。同时，磨料悬浮液的搅动使磨粒以高速度抛磨工件表面。此外，磨料悬浮液受工具端面的超声振动而产生交变的冲击波和“空化现象”。磨料悬浮液循环流动，带走被粉碎下来的材料微颗粒，并使磨粒不断更新。随着加工的不断进行，工具的形状就逐渐“复制”在工件上

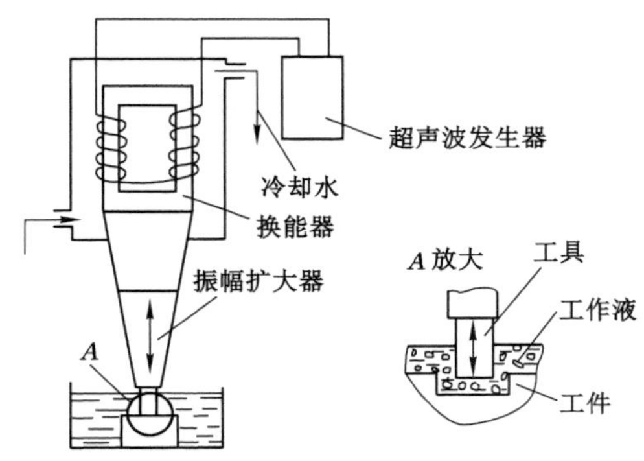

图 11-5　超声波加工原理

由于超声加工基于的是局部的撞击作用，由此不难理解，越是硬脆的材料，受到的破坏越大，也就越好加工。反之，脆性和硬度不大的塑性材料，由于有缓冲作用而难加工。

11.3.2　超声波加工的特点与应用

1. 超声波加工的特点

(1) 由于工具可用相对较软的材料（如 45 钢）做成较复杂的形状，故工具和工件间无须复杂的相对运动，因此超声波机床的结构简单，操作、维修也方便。

(2) 加工过程中，工具对工件材料的宏观作用力小，热影响小，不致引起变形及烧伤，表面粗糙度也较低，Ra 可达 1～0.1 μm，加工精度可达 0.02～0.05 mm，适合加工薄壁、窄缝、低刚度工件。

(3) 因为材料的去除是靠磨粒的直接作用，故磨粒硬度一般应比被加工材料高，虽加工精度高，但工具磨损大，生产效率低。

超声波加工主要用于加工各种不导电的硬脆材料。对导电的硬质材料虽能加工，但效率低些。

2. 超声波加工的应用

超声波加工虽生产率低，但其加工精度、表面粗糙度都较理想，而且能加工半导体、非导体的硬脆材料，如石英、宝石、钨及钨合金、玛瑙等。

(1) 型孔与型腔加工：主要指对脆硬材料进行圆孔、型孔、型腔、套料、微细孔的加工，示例见图 11-6。

(2) 切割加工：锗、硅等半导体材料又硬又脆，用传统的机械切割极其困难，运用超声波

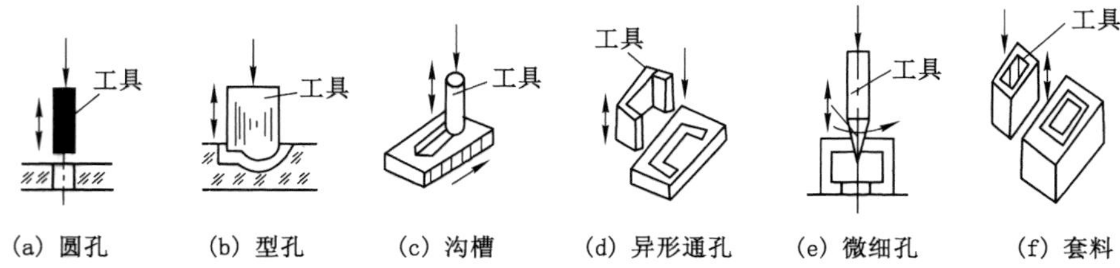

图 11-6　超声波加工的型腔、型孔类型

切割则十分方便(图 11-7)。用钎焊法将工具(钢片或磷青铜片)焊在变幅杆的端部,一次可以切割 10～20 片。

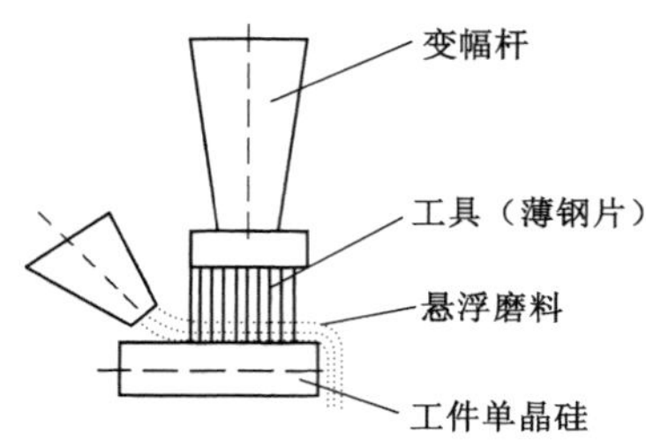

图 11-7　超声波切割单晶硅片

(3) 超声波清洗:用超声波在流体中会产生交变冲击波和超声空化现象的微冲击,可以使被清洗物表面的污渍脱落下来。超声波作用无孔不入,即使是小孔和窄缝中的污物也会被清洗干净。目前超声波清洗不但用于机械零件、电子器件的清洗,而且也用于医疗器皿如生理盐水瓶、葡萄糖水瓶的清洗。已有利用超声波技术的超声波洗衣机。据报道,超声波牙刷,仅十几秒便可将牙刷干净。

超声波的应用十分广泛,利用其定向发射、反射等特性,可以用于测距和无损检测,还可以利用超声振动制作医疗用的超声波手术刀。

11.4　激光加工

激光加工是利用光的能量经过透镜聚焦后在焦点上达到很高的能量密度,靠光热效应来加工各种材料的。

相对于普通光,激光有强度高、单色性好、相干性好和方向性好的特性。根据这些特性将激光高度集中起来,聚焦成一个极小的光斑(直径$<1/100\ mm^2$),可以获得极高的功率密度($100\ 000\ kW/cm^2$),这就能提供足够的热量来熔化或气化任何一种已知的高强度工程材料,故可以进行非接触加工及适合各种材料的微细加工。

11.4.1　基本原理

图 11-8 是固体激光器中激光的产生和工作原理图。当激光的工作物质钇铝石榴石受到光泵的激发后,吸收具有特定波长的光,在一定条件下可导致工作物质中的亚稳态粒子数大于低能级粒子数,这种现象称为粒子数反转。此时一旦有少量激发粒子产生受激辐射跃

迁，造成光放大，再通过谐振腔内的全反射镜和部分反射镜的反馈作用产生振荡，由谐振腔的一端就会输出激光。再通过透镜聚焦形成高能光束，照射在工件表面上，即可进行加工。

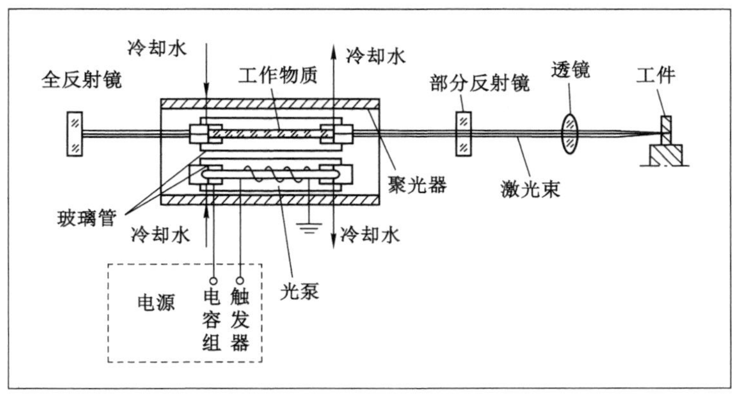

图 11-8　固体激光器中激光的产生与加工原理

11.4.2　激光加工的特点与应用

1. 激光加工的特点

(1) 激光加工属高能束流加工，其功率密度高，可以加工以往认为难加工的任何材料。

(2) 由于能将工件离开加工机床，以适当的距离进行非接触式加工，所以不会污染材料。其加工速度快、热影响区小，变形也小，易于实现自动控制。

(3) 能通过透明体进行加工，如对真空管内部进行焊接等。

(4) 因为输出功率可调，所以可用于精密微细加工，加工速度极高，打一个孔只需 0.001 5 s，加工精度可达 0.001 mm，表面粗糙度 Ra 可达 0.4～0.1 μm。

(5) 作为非接触性加工，不需要工具，所以不存在工具损耗和更换等问题。

(6) 与电子束加工机相比，不需要真空，也不需要 X 射线进行防护。因此装置简单，工作性能良好。

2. 激光加工的应用

目前已把激光的上述特点用于下列领域：

(1) 打孔。应用于金刚石模具、钟表轴承等特殊零部件，陶瓷、橡胶、塑料等非金属材料，以及硬质合金、不锈钢等金属材料，如硬质合金的喷丝头，一般要在 ϕ100 mm 的部位打出 12 000 多个直径为 60 μm 的小孔。

(2) 激光切割。应用于金属、木材、纸、布料、皮革、陶瓷、塑料等的加工。用激光切割半导体划片，可将 1 cm^2 的硅片切割为几十个集成电路块或几百个晶体管管芯。

(3) 焊接。焊接过程迅速，效率高，热影响区极小，无焊渣，尤其能焊接不同材料，如以陶瓷为基体的集成电路。

(4) 热处理。将激光束扫射零件表面，其红外光能量被零件表面吸收而迅速产生极高的温度，使金属产生相变甚至熔融。随着激光束离开零件表面，零件表面的热量迅速向内部传递而产生极高的冷却速度，形成自淬火，不需冷却介质，不仅节省能源，并且工作环境也清洁。

目前已研究的激光热处理技术有表面相变硬化、表面合金化、表面非晶态化、激光"上亮"和表面冲击硬化等。

(5) 存储。它是利用激光进行视频、音频、文字资料以至计算机信息存取，是近代多种技术综合应用的产物。

激光还在画线、调动平衡、微调等多方面有新用途。

11.5 3D 打印技术

11.5.1 3D 打印概述

3D 打印，是快速成形技术的一种，它是一种以数字模型文件为基础，运用粉末状金属、塑料等可粘合材料，通过逐层打印的方式来构造物体的技术。3D 打印通常是采用数字技术材料打印机(如图 11-9 所示)来实现的，常在模具制造、工业设计等领域用于模型的构建，后逐渐用于一些产品的直接制造，目前已经有利用这种技术打印而成的零部件。该技术在珠宝，鞋类，工业设计，建筑、工程和施工(AEC)，汽车，航空航天，医疗产业教育，地理信息系统，土木工程，枪支及其他领域有所应用。

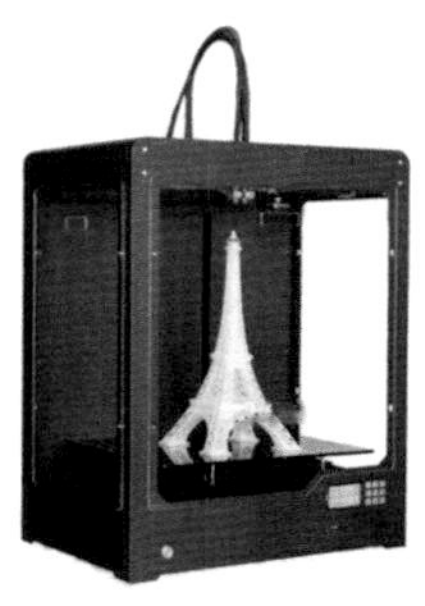

图 11-9　一种 3D 打印机

11.5.2 原理与技术

日常生活中使用的普通打印机可以打印电脑设计的平面图形，而所谓的 3D 打印机与普通打印机工作原理基本相同，只是打印材料有些不同，普通打印机的打印材料是墨水和纸张，而 3D 打印机内装有金属、陶瓷、塑料、砂等不同的"打印材料"，是实实在在的原材料，打印机与电脑连接后，通过电脑控制可以把"打印材料"一层层叠加起来，最终把计算机上的蓝图变成实物。通俗地说，3D 打印机是可以"打印"出真实的 3D 物体的一种设备，比如打印一个机器人、玩具车、各种模型，甚至是食物等。之所以通俗地称其为"打印机"是参照了普通打印机的技术原理，因为分层加工的过程与喷墨打印十分相似。这项打印技术称为 3D 立体打印技术。

3D 打印的一些特殊工艺技术见表 11-1。它们的不同之处在于以可用的材料的方式，并以不同层构建创建部件。3D 打印常用材料有玻纤尼龙、聚乳酸、ABS 树脂、耐用性尼龙材料、石膏材料、铝材料、钛合金、不锈钢、镀银、镀金、橡胶类材料。

表 11-1　3D 打印工艺技术

类型	累积技术	基本材料
挤压	熔融沉积式(FDM)	热塑性塑料,共晶系统金属,可食用材料
线	电子束自由成形制造(EBF)	几乎任何合金
粒状	直接金属激光烧结(DMLS)	几乎任何合金
	电子束熔化成形(EBM)	钛合金
	选择性激光熔化成形(SLM)	钛合金,钴铬合金,不锈钢,铝
	选择性热烧结(SHS)	热塑性粉末
	选择性激光烧结(SLS)	热塑性塑料,金属粉末,陶瓷粉末
粉末层喷头 3D 打印	石膏 3D 打印 (PP)	石膏
层压	分层实体制造(LOM)	纸,金属膜,塑料薄膜
光聚合	立体平板印刷(SLA)	光硬化树脂
	数字光处理 (DLP)	光硬化树脂

11.5.3　3D 打印过程

3D 打印机工作步骤如下:

先通过计算机建模软件进行三维建模,或直接使用现成的模型,如动物模型、人物或微缩建筑等。目前市面上的 3D 打印机所使用的模型文件大部分都是 STL 格式的文件。STL 文件以三角面来近似模拟物体的表面,三角面越小,其生成的表面分辨率越高。因此,建议最好用高精度的机械软件来建模,如 CAXA 制造工程师、Mastercam、CATIA、Creo 等。

也可以用三维扫描仪来扫描物体的外形,从而得到 STL 格式的模型文件,这种方法常见艺术类造型、医疗等行业,但扫描出的模型精度不如建模软件生成的高。

模型建立完成后通过 U 盘等存储设备把它复制到与 3D 打印机连接的计算机中,完成打印设置即可使用打印机打印模型。

11.5.4　3D 打印发展趋势

1. 应用领域

(1) 航天、航海、国防业:现已经有用 3D 打印机打印出的航空发动机重要零部件。与传统制造相比该技术使该零件成本缩减 30%,制造周期缩短 40%。

(2) 医疗行业可利用 3D 打印设备打印出各种尺寸的骨骼、牙齿及活性细胞,用于临床使用。目前,用于替代真实人体骨骼的打印材料正在紧锣密鼓地测试之中。在实验室测试中,这种可替代骨骼的打印材料已经被证明可以支持人体骨骼细胞在其中生长,并且其有效性也已经在老鼠和兔子身上得到了验证。未来数年内,使用 3D 打印技术打印出的质量更好的骨骼替代品或将帮助外科手术医生进行骨骼损伤的修复,也可用于牙科,甚至帮助骨质疏松症患者恢复健康。器官移植可以拯救很多人体器官功能衰竭或损坏的患者生命,但这项技术也存在器官来源不足、排异反应难以避免等弊端,随着未来“生物细胞打印机”的问世,这些问题将迎刃而解。

(3) 文物行业博物馆里常常会用很多复杂的替代品来保护原始作品,使其不受环境或意外事件的伤害;同时,复制品也能将艺术或文物的影响传递给更多、更远的人。美国德雷塞尔大学的研究人员通过对化石进行 3D 扫描,利用 3D 打印技术做出了适合研究的 3D 模型,不但保留了原化石所有的外在特征,同时还按比例进行了缩减,更适合研究。

(4) 建筑行业号称"全球首批 3D 打印实用建筑"的房屋已亮相上海青浦。该技号称可将建筑垃圾变废为宝,让建筑工人做更体面的工作,让建筑成本降低 50%,房型家具可私人定制。建筑学专家认为,作为全球建筑革命的热点,3D 打印改变了传统的建筑施工工艺,从环保节能、省时省力角度看,有其创新意义。不过新型"油墨"打印的建筑,其刚度、强度和耐久性等综合性能还待进一步验证。

(5) 生活时尚用品:这是最广阔的一个市场。不管是个性笔筒,还是有自己头像的手机外壳,或是自己和爱人共同设计的世界上独一无二的戒指,都有可能是通过 3D 打印机打印出来的。

2. 限制因素

(1) 材料的限制。虽然高端工业印刷可以实现塑料、某些金属或陶瓷的打印,但总的来说 3D 打印使用的材料都是比较昂贵和稀缺的。另外,打印机也还没有达到支持日常生活中所接触到的各种各样材料的水平。研究者们在多材料打印上已经取得了一定的进展,但除非这些技术成熟并有效,否则材料依然会是 3D 打印的一大障碍。

(2) 打印技术的限制。3D 打印技术在重建物体的几何形状和机能上已经达到了一定的水平,几乎任何静态的形状甚至部分装配体(例如轴承)都可以被打印出来,但表面粗糙度、机械性能等还不能完全满足需求。

(3) 知识产权的忧虑及道德安全的挑战。全球对知识产权的关注越来越多,移动互联网的高速发展使现实中很多东西广泛地传播,如 3D 打印的源文件,而且利用 3D 打印技术可以制作手枪或者人体生物组织,如何制定相关法律法规保护 3D 打印的知识产权以及可能出现的道德挑战将会是一个重要的课题。

复习思考题

1. 简述特种加工的特点。
2. 简述电火花加工的原理和应用。
3. 简述电火花线切割机床的组成及加工过程。
4. 简述电火花线切割加工的特点和应用。
5. 简述激光加工的原理和应用。
6. 简述 3D 打印的技术类型。其发展趋势是什么?

第 12 章　综合与创新训练

12.1　综合与创新训练概述

为主动应对新一轮科技革命和产业变革，推动工程教育改革创新，加快培养适应未来社会发展所需的卓越工程师，教育部从 2017 年开始推动的新工科建设，成为近年我国高等教育人才培养面向未来、主动求变、影响最大、范围最广的改革之一。新工科是高等工程教育教学改革的新范式，其核心目标是提升高等工程人才培养质量，积极回应新时代对于卓越工程师的迫切需求。卓越的工程师应具有家国情怀、锐意进取的创新精神和锲而不舍的求真意识，同时具有批判性的思维、自拓展的知识结构、技术理解力、设计思维和领导能力。

综合实践训练是指以项目驱动的方式，以问题为核心，在教师指导下，主动获取知识、应用知识、解决问题的学习活动。与基本技能训练相比，综合实践训练更强调实训过程的亲历和体验，注重知识与技能的融合与应用。综合实践训练是一种研究性训练，是以一种积极的、协作的方式解决一个较复杂的问题为目的的实践训练，通过项目研究、设计、制作和调试等环节培养学生动手实践和创新能力，使其形成良好的工程素养。

12.2　机械产品设计与装配

设计与装配是机械产品制造的两个重要组成部分。机械设计决定机械产品的最主要机械性能，而装配则是决定机械制造的产品质量的重要工艺过程。

12.2.1　机械产品设计

机械产品的种类繁多，功能目标也不尽相同，对产品的要求也因不同产品而异，但基本的目的、要求是相同的，都是为市场提供高质量、高性能、高效率、低能耗、低成本的机电产品。对机械产品的设计要求，一是应满足社会发展的需要，二是要有好的经济效益，三是具备良好的使用性能（安全性、便捷性、可靠性等），四是具备最佳的制造工艺。机械产品的设计基本流程见图 12-1。

12.2.2　机械产品的加工

机械产品的加工指零部件生产加工的过程。它的工艺过程分为热处理、铸造、锻造、焊接、机械加工、装配等工艺等。图 12-2 所示为零件加工的步骤，现以轴类零件的加工为例进行详细说明。

轴类零件是旋转体零件，主要用来支撑传动零件和传递转矩。轴类零件的结构特点是其轴向尺寸远大于径向尺寸。轴类零件的轴颈、安装传动件的外圆、装配定位用的轴肩等尺

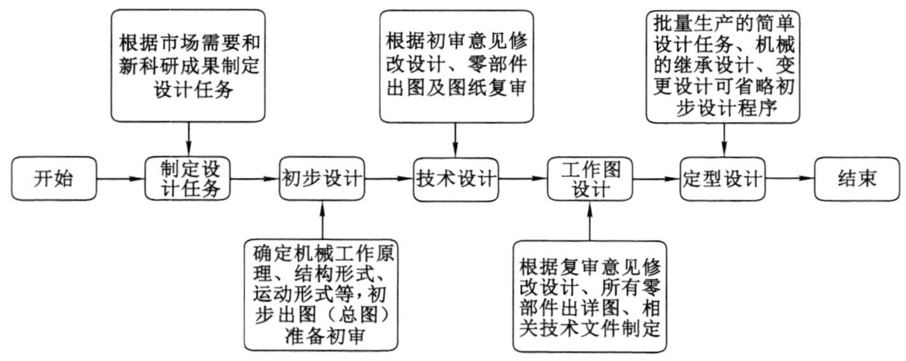

图 12-1　机械产品设计基本流程

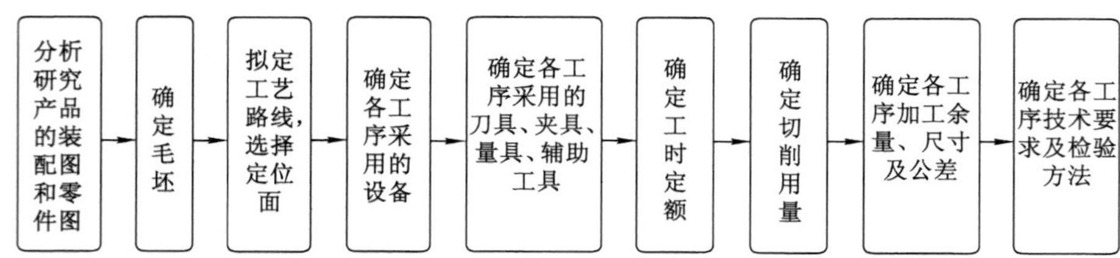

图 12-2　机械零件加工步骤

寸精度、形位精度、表面粗糙度等是要解决的主要工艺问题。

1. 材料与毛坯

轴类零件大都承受交变载荷，工作时处于复杂应力状态，其材料应具有良好的综合力学性能，常选用 45 钢、40Cr 和低合金结构钢等。

光轴的毛坯一般选用热轧圆钢或冷轧圆钢。阶梯轴的毛坯，可选用热轧或冷轧圆钢，也可选用锻件。产量越大，直径相差越大，则采用锻件越有利。当要求轴具有较高力学性能时，应采用锻件。单件小批量生产采用自由锻，成批生产采用模锻。对某些大型、结构复杂的轴可采用铸件，如曲轴及机床主轴可用铸钢或球墨铸铁作毛坯材料。在有些情况下可选用铸-焊或锻-焊结合方式制造轴类零件毛坯。

2. 加工工艺分析

轴类零件加工时常以两端中心孔或外圆面定位，以顶尖或卡盘装夹。在加工过程中应体现基准先行的原则和粗精分开的原则。

轴类零件的主要组成表面有外圆面、轴肩、螺纹和沟槽等。外圆用于安装轴承、齿轮和带轮等；轴肩用于轴本身或轴上安装零件时定位；螺纹用于安装各种锁紧螺母或调整螺母；沟槽是指键槽或退刀槽等；轴的两端一般要钻出中心孔；轴肩及端面一般要倒角。

阶梯轴是轴类零件中用得最多的一种。它一般由外圆、轴肩、螺纹、螺纹退刀槽、砂轮越程槽和键槽等组成。下面以减速箱中的输出轴（如图 12-3 所示）为例，介绍阶梯轴的典型加工工艺过程。

(1) 加工工艺过程

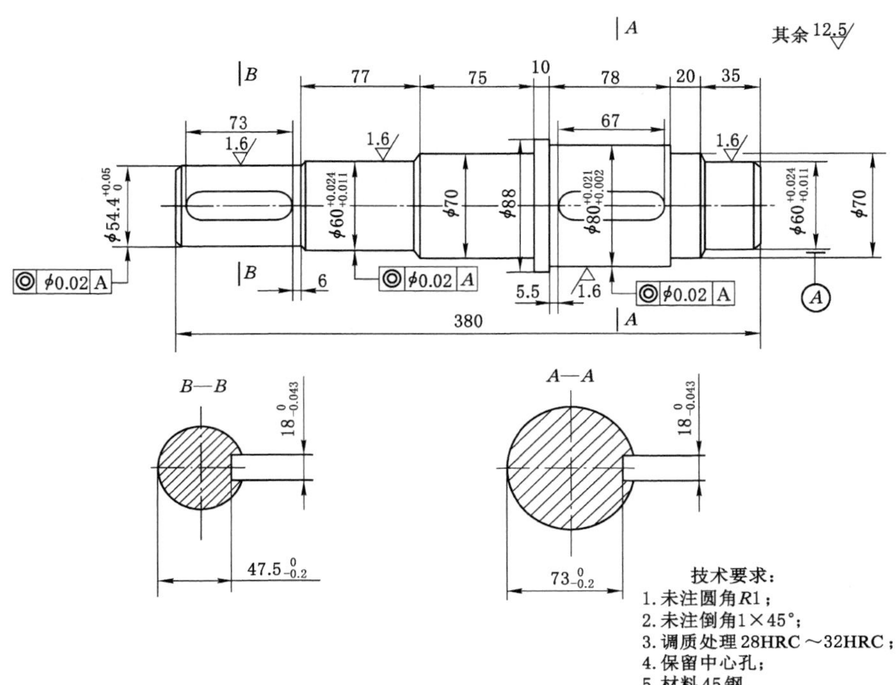

图 12-3　输出轴

输出轴加工工艺过程见表 12-1。

表 12-1　输出轴加工工艺过程　　单位：mm

工序号	工序名称	工序内容	设备
1	下料	下料 $\phi 90\times400$	锯床
2	热处理	调质处理 28HRC～32HRC	
3	车	夹左端，车右端面见平。钻 $\phi 2.5$ 中心孔，粗车右端各外圆，除 $\phi 88$ 外圆车至尺寸外，其余均余精加工余量 3。调头装夹零件，车左端面，保证总长 380，钻 $\phi 2.5$ 中心孔，粗车左端各外圆，留精加工余量 3	CA6140
4	精车	夹左端，顶右端，精车右端各部，其中 $\phi 60^{+0.024}_{+0.011}\times35$、$\phi 80^{+0.021}_{+0.002}\times78$ 处分别留磨削余量 0.8。调头，一夹一顶精车左端各外圆，其中 $\phi 54.4^{+0.05}_{0}\times85$、$\phi 60^{+0.024}_{+0.011}\times77$ 处分别留磨削余量 0.8	CA6140
5	车	修正顶尖孔	CA6140
6	磨	用两顶尖装夹工件，磨削 $\phi 60^{+0.024}_{+0.011}$、$\phi 80^{+0.021}_{+0.002}\times$至尺寸。 调头用两顶尖装夹工件，磨削 $\phi 54.4^{+0.05}_{0}\times85$ 至尺寸	M1432
7	画线	画键槽线	
8	铣	铣键槽至尺寸	X5032、组合夹具
9	检验	按图样要求检验	

（2）工艺分析

① 该轴的结构比较典型，代表了一般传动的结构形式，其加工工艺过程具有普遍性。在加工工艺流程中，也可以采用粗车加工后进行调质处理。

图样中键槽未标注对称度要求，但在实际加工中应保证±0.025 mm 的对称度，这样便于与齿轮装配。键槽对称度的检查，可采用偏摆仪及量块配合完成，也可采用专用对称度检具检查。

② 输出轴各部分同轴度的检查，可采用偏摆仪和百分表结合进行检查。

12.2.3 机械产品的装配与调试

装配是根据规定的技术要求，将零件或部件进行配合和连接，使之成为半成品或成品的过程。它包括装配、调整、检验和试验等工作。装配过程使零件、套件、组件和部件间获得一定的相互位置关系，所以装配过程也是一种工艺过程。即使是全部合格的零件，如果装配不当，往往也不能形成质量合格的产品。复杂的产品须先将若干零件装配成部件，称为部件装配；然后将若干部件和另外一些零件装配成完整的产品，称为总装配。产品装配完成后需要进行各种检验和试验，以保证其装配质量和使用性能；有些重要的部件装配完成后还进行测试。机械产品的装配过程如图 12-4 所示。

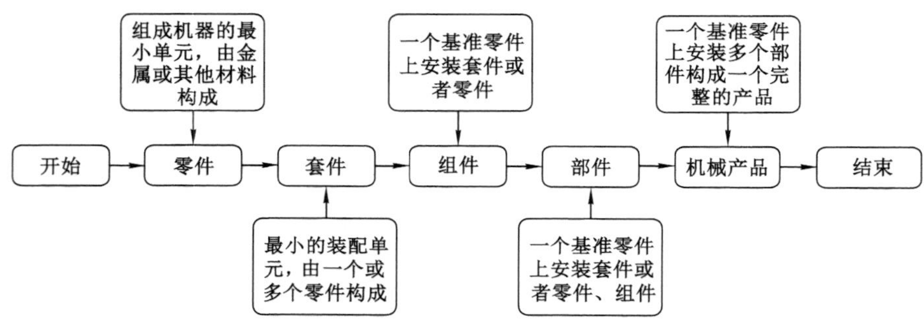

图 12-4 机械产品装配步骤

产品的装配和调试属于产品开发的后期工作，装配工作对产品质量影响重大。产品的装配应按照产品图样和装配工艺过程进行，遵循装配基本原则，采用合理的装配工艺，提高装配质量和效率。

1. 装配的类型与装配过程

（1）装配类型

装配类型一般可分为组件装配、部件装配和总装配。

组件装配是将两个以上的零件连接组合成为组件的过程，例如曲轴、齿轮等零件组成的一根传动轴系的装配。

部件装配是将组件、零件连接组合成独立机构（部件）的过程，例如车床主轴箱、进给箱等的装配。

总装配是将部件、组件和零件连接组合成为整台机器的过程。

(2) 装配过程

机器的装配过程一般由三个阶段组成:一是装配前的准备阶段,二是装配阶段(部件装配和总装配),三是调整、检验和试车阶段。

装配过程一般是先下后上,先内后外,先难后易,先装配保证机器精度的部分后装配一般部分。

2. 零、部件连接类型

组成机器零件、部件的连接基本上可归纳成两类:固定连接和活动连接。每一类连接中,按照零件结合后能否拆卸又分为可拆连接和不可拆连接。

3. 装配方法

(1) 完全互换法

它指装配时,在各类零件中任意取出要装配的零件,不需任何修配就可以装配,并能完全符合质量要求。装配精度由零件的制造精度保证。

(2) 选配法(不完全互换法)

按选配法装配的零件,在设计时其制造公差可适当放大。装配前,按照严格的尺寸范围将零件分成若干组,然后将对应的各组配合件装配在一起,以达到所要求的装配精度。

(3) 修配法

当装配精度要求较高,采用完全互换不够经济时,常用修正某个配合零件的方法来达到规定的装配精度。如车床两顶尖不等高,装配时可刮尾架底座来达到精度要求。

(4) 调整法

调整法比修配法方便,也能达到很高的装配精度,在大批生产或单件生产中都可采用此法。但增设了调整用的零件,使部件结构显得复杂,而且刚性降低。

4. 装配前的准备工作

装配前必须认真做好以下几点准备工作:

(1) 研究和熟悉产品图样,了解产品结构以及零件作用和相互连接关系,掌握其技术要求。

(2) 确定装配方法、程序和所需的工具。

(3) 备齐零件,进行清洗,涂防护润滑油。

◆ 装配实例

下面着重介绍螺纹连接及滚动轴承、齿轮等几种典型连接件的装配方法。

1. 螺纹连接件的装配

如图 12-5 所示,螺纹连接常用零件有螺钉、螺母、双头螺栓及各种专用螺纹等。对于一般的螺纹连接可用普通扳手拧紧。对于有规定预紧力要求的螺纹连接,常用测力扳手或其他限力扳手,以控制扭矩,如图 12-6 所示。

在紧固成组螺钉、螺母时,应按一定的顺序来拧紧。如图 12-7 所示为两种拧紧顺序的实例。按图中数字顺序拧紧,可避免被连接件的偏斜、翘曲和受力不均。而且每个螺钉或螺母不能一次就完全拧紧,应按顺序各分 2～3 次拧紧。

零件与螺母的贴合面应平整光洁,否则螺纹容易松动。为提高贴合面质量,可加垫圈。

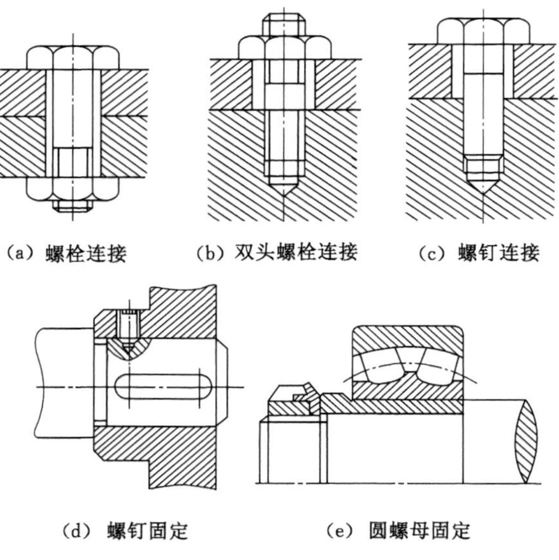

图 12-5　常见的螺纹连接类型

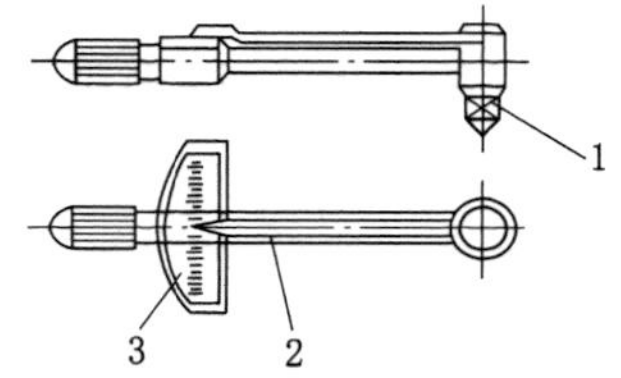

1—扳手头;2—指示针;3—读数板。

图 12-6　测力扳手

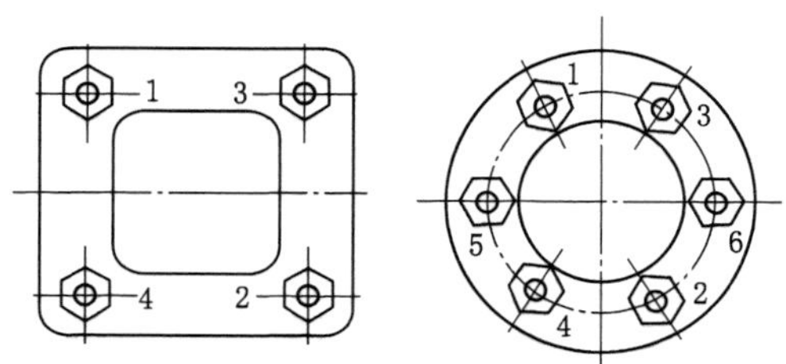

图 12-7　拧紧成组螺母顺序

为防止螺纹连接松动,可用弹簧垫圈、止退垫圈、开口销和止动螺钉等防松装置,如图 12-8 所示。

2. 滚动轴承的装配

滚动轴承的配合多数为较小的过盈配合,常用手锤或压力机采用压入法装配。为了使轴承圈受力均匀,采用垫套加压。轴承压到轴颈上时应施力于内圈端面,如图 12-9(a)所示;轴承压到座孔中时,要施力于外圈端面上,如图 12-9(b)所示;若同时压到轴颈和座孔中,整

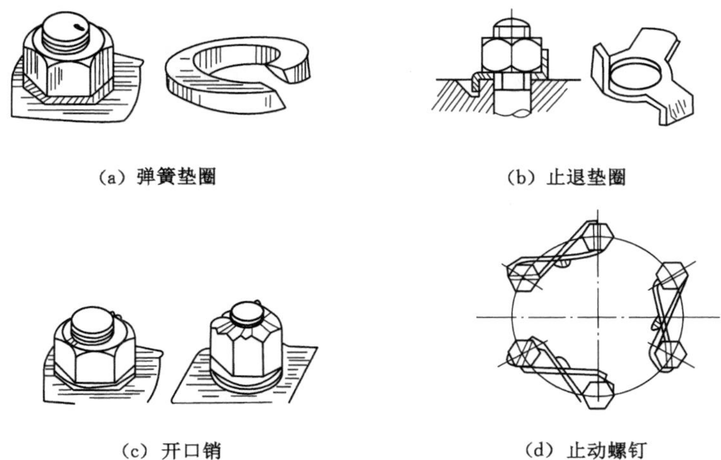

图 12-8　各种螺母防松装置

套应能同时对轴承内外端面施力，如图 12-9(c)所示。

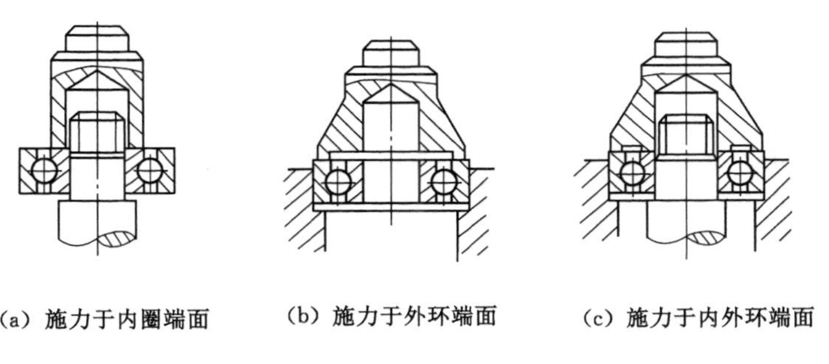

图 12-9　滚动轴承的装配

当轴承的装配是较大的过盈配合时，应采用加热装配，即将轴承吊在 80～90 ℃的热油中加热，使轴承膨胀，然后趁热装入。注意轴承不能与油槽底接触，以防过热。如果是装入座孔的轴承，需将轴承冷却后装入。轴承安装后要检查滚珠是否被咬住，是否有合理的间隙。

3. 齿轮的装配

齿轮装配的主要技术要求是保证齿轮传递运动的准确性、平稳性，轮齿表面接触斑点和齿侧间隙合乎要求等。

轮齿表面接触斑点可用涂色法检验。先在主动轮的工作齿面上涂上红丹，使相啮合的齿轮在轻微制动下运转，然后看从动轮啮合齿面上接触斑点的位置和大小，如图 12-10 所示。

齿侧间隙一般可用塞尺插入齿侧间隙中检查。塞尺由一套厚薄不同的钢片组成，每片的厚度都标在它的表面上。

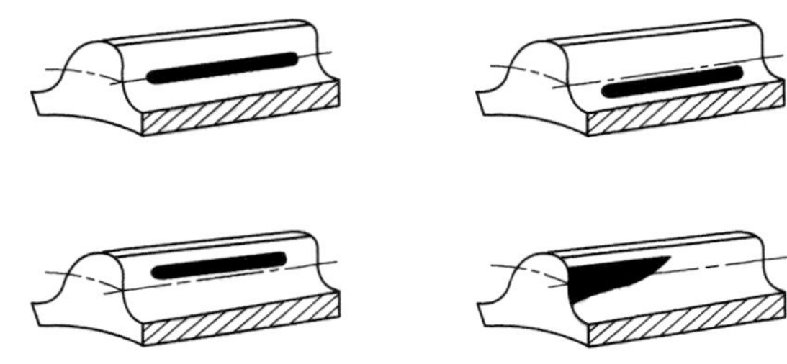

图 12-10　涂色法检验齿轮啮合情况

◆ 部件装配和总装配

完成整台机器装配，必须经过部件装配和总装配过程。

1. 部件的装配

部件装配包括以下四个阶段：

(1) 装配前按图样检查零件的加工情况，根据需要进行补充加工。

(2) 组合件的装配和零件相互试配。在这阶段内可用选配法或修配法来消除各种配合缺陷。组合件装好后不再分开，以便一起装入部件内。互相试配的零件，当缺陷消除后，仍要加以分开(因为它们不是属于同一个组合件)，但分开后必须做好标记，以便重新装配时不会调错。

(3) 部件的装配及调整，即按一定的次序将所有的组合件及零件互相连接起来，同时对某些零件通过调整正确地加以定位。这一阶段，对部件所提出的技术要求都应达到。

(4) 部件的检验，即根据部件的专门用途做工作检验。如水泵要检验每分钟出水量及水头；齿轮箱要进行空载检验及负荷检验；有密封性要求的部件要进行水压(或气压)检验；高速转动部件要进行动平衡检验等。只有通过检验确定合格的部件，才可以进入总装配。

2. 总装配

总装配过程及注意事项如下：

(1) 总装前，必须了解所装机器的用途、构造、工作原理以及与此有关的技术要求，接着确定它的装配程序和必须检查的项目，最后对总装好的机器进行检查、调整、试验，直至机器合格。

(2) 总装配执行装配工艺规程所规定的操作步骤，采用工艺规程所规定的装配工具。应按从里到外，从下到上，以不影响下道装配为原则的次序进行。操作中不能损伤零件的精度和表面粗糙度，对重要的复杂的部分要反复检查，以免搞错或多装、漏装零件。在任何情况下应保证污物不进入机器的部件、组合件或零件内。机器总装后，要在滑动和旋转部分加润滑油，以防运转时出现拉毛、咬住或烧损现象。最后要严格按照技术要求，逐项进行检查。

(3) 装配好的机器必须加以调整和检验。调整的目的在于查明机器各部分的相互作用及各个机构工作的协调性。检验的目的是确定机器工作的正确性和可靠性，发现由于零件制造的质量、装配或调整的质量问题所造成的缺陷。小的缺陷可以在检验台上加以消除，大的缺陷应将机器送到原装配处返修。修理后再进行第二次检验，直至检验合格为止。

(4) 检验结束后应对机器进行清洗，随后送修饰部门上漆。

◆ **机器拆卸**

机器经过长期使用，一些零件会发生变形和损坏，需要进行检查和修理。此时需对机器进行拆卸，拆卸的一般要求如下：

(1) 机器拆卸前，要先熟悉图纸，了解机器零、部件的结构，确定拆卸方法和拆卸程序。

(2) 拆卸的顺序与装配顺序相反，一般先拆外部附件，然后按总成、部件进行拆卸。在拆卸部件或组件时，应按先外后内，先上后下的顺序，依次进行。

(3) 拆卸时，应尽量使用专用工具，以防损坏零件，严禁使用铁锤敲击零件。

(4) 拆卸时，对采用螺纹连接或锥度配合的零件，必须辨清回旋方向。紧固件上的防松装置(如开口销等)，拆卸后一般要更换，避免再次使用时断裂而造成事故。

(5) 拆下的零、部件，必须按次序、有规则地摆放并按原来结构套在一起。有些零、部件(配合体)拆卸时要做好标志(如成套加工的或不能互换的零件等)，以防装配时装错。对丝杠、长轴零件要用布包好并用绳索将其吊起放置，以防弯曲变形或碰伤。

12.3　工程实践凝匠心，筑匠技

工匠精神是一丝不苟、精益求精的精神。重细节、追求完美是工匠精神的关键要素。几千年来，我国古代工匠制造了无数精美的工艺美术品，如历代精美陶瓷以及玉器。这些精美的工艺品是古代工匠智慧的结晶，同时也是中国工匠对细节完美追求的体现。现代机械工业尤其是智能工业对细节和精度有着十分严格的要求，细节和精度决定成败。对细节与精确度的把握，是长期工艺实践和训练的结果，通过训练培养成为习惯、成为品格，就能“从心所欲不逾矩”。“功夫”一词，不仅指的是武功，而且也是指各种工匠所具有的习惯性能力。功夫是长期苦练得来的。不下一定的苦功，不可能出细活。工匠从细处见大，在细节上没有终点。2015 年，中央电视台播出《大国工匠》纪录片，讲述了大国工匠的动人故事。这些大国工匠令人感动的地方之一，就是他们对精度的要求。无数动人的故事告诉人们，我国作为制造大国，弘扬工匠精神、培育大国工匠是提升我国制造品质与水平的重要环节。

工匠精神的核心要素是创新精神。在现代工业条件下，对于工匠的要求已经不仅仅是像传统工匠那样，只是从师傅那里学得技艺从而能够保持和发扬祖传工艺技法。实际上，传统工艺也是在传承与创新中得到发展的，我们要将传承与创新统一起来，在传承的前提下追求创新。现代机械制造尤其是现代智能制造，对技艺提出了越来越高的难度和精度要求，不仅要有娴熟的技能，而且要求技术创新。每一个产品的开发，每一项技术的革新，每一道工艺的更新，都需要有工匠的创新技艺参与其中。《大国工匠》纪录片中的那些卓越工匠，不仅具有高超的技艺，而且具有强烈的创新意识和创新能力。高凤林在他所参与攻关的多项重大项目中，不断改进工艺措施，不断创造新工艺，不断攻克一个个难关，从而达到世界第一的水准。创新能力，不是对以往工艺墨守成规，而是对现有的生产技艺的大胆革新，给行业技艺带来突破性贡献，促进生产技艺水平提升，推动社会经济发展。

以山东科技大学项目双选会为例，依托项目张榜招贤，架起项目、导师、学生三者之间的桥梁，鼓励能者“揭榜”、智者“挂帅”，激发学生双创热情，激发项目创新活力。以课题、项目为载体开展技能训练的同时注重成果转化和技艺提升，凝匠心筑匠技。具体运行如图 12-11 所示。

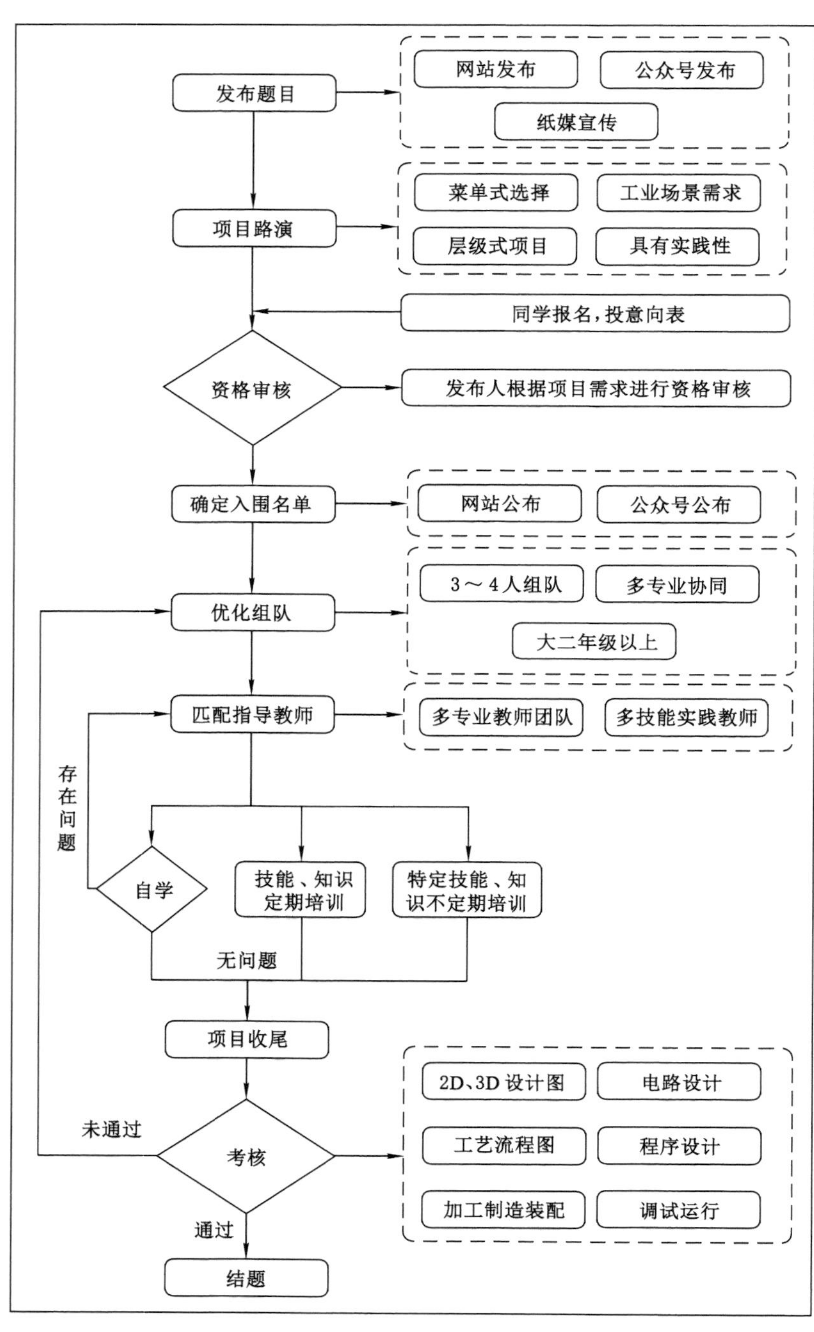

图 12-11　项目双选运行流程

复习思考题

1. 简述产品的装配过程。
2. 拆卸时，应注意哪些问题？
3. 如何理解工匠精神？
4. 在本实训课程中你最大的心得体会是什么？

参 考 文 献

[1] 李建明.金工实习[M].北京:高等教育出版社,2010.
[2] 郗安民.金工实习[M].北京:清华大学出版社,2009.
[3] 李晓舟主编.机械工程综合实训教程[M].北京:北京理工大学出版社, 2012.
[4] 毕海霞,王伟,郑红伟.工程训练[M].北京:机械工业出版社, 2019.
[5] 张秀东,王涛,张悦主编.工程实训[M].天津:天津科学技术出版社, 2018.06.
[6] 陈志鹏主编.金工实习[M].北京:机械工业出版社, 2015.09.
[7] 毛志阳编著.机械工程实训[M].北京:清华大学出版社, 2009.09.
[8] 王好臣,刘江臣主编.工程实训[M].北京:机械工业出版社, 2020.02.
[9]《大国工匠》节目组著.大国工匠[M].北京:新世界出版社,2019.10.
[10] 侯书林, 张炜, 杜新宇.机械工程实训[M].北京大学出版社, 2015.
[11] 汪荣青吴兴.工程实训学生职业素质培养[M].大连理工大学出版社 2012.
[12] 舒敬萍尹光明.机械制造工程实训及创新教育实训报告[M].清华大学出版社 2014.
[13] 王志海舒敬萍马晋.机械制造工程实训及创新教育[M].清华大学出版社 2014.
[14] 曾艳明刘会霞.机械制作基础工程实训[M].江苏大学出版社 2014.
[15] 宋瑞宏.机械工程实训教程[M].机械工业出版社 2015.
[16] 许斌.工程实训.第 2 版[M].高等教育出版社 2014.
[17] 廖凯 韦绍杰.机械工程实训(普通高等教育十二五规划教材)[M].科学出版社 2014.
[18] 蔡安江陈隽.工程实训(实习报告)[M].国防工业出版社 2014.
[19] 刘科高崔明铎.工程训练指导书[M].化学工业出版社 2014.
[20] 徐淑波 李阳 崔明铎.工程训练报告(十二五普通高等教育规划教材)[M].化学工业出版社 2014.